智囊图书·建筑书系

全国土木工程类实用创新型规划教材

材料力学

CAILIAO LIXUE

主　审　申向东
主　编　王　静
副主编　韩立夫　胡　敏　谢春霞　魏丽丽
编　者　曹泽民　李　延　许　霞　张　燕　于巾茹

哈爾濱工業大學出版社

内容简介

本书是依据教育部高等学校非力学专业力学基础课程教学指导分委员会研究制定的《理工科非力学专业力学基础课程教学基本要求》中《“材料力学”课程教学基本要求》，并结合应用型本科培养目标编写的。

全书分为7个模块，内容包括：绪论、平面图形的几何性质、内力及内力图、应力和变形、应力状态分析和强度理论、强度计算和刚度计算、轴心压杆的稳定性计算、动荷载作用下的动应力计算。在每个模块前有模块概述、知识目标、能力目标和学习重点，使学生明确每个模块的教学主线及要求。利用重点串联的形式总结提炼出本模块相关知识的内在联系，最后通过拓展与实训、链接执考等环节达到进一步强化学习、提高分析解决问题的能力。

本书适合土木工程、水利水电工程、农业水利工程、给排水科学与工程、机械自动化、交通工程等专业的应用型本科、高职高专、成人教育等各专业使用。

图书在版编目(CIP)数据

材料力学/王静主编. —哈尔滨：哈尔滨工业大学出版社，2014.7

ISBN 978-7-5603-4775-2

Ⅰ.①材… Ⅱ.①王… Ⅲ.①材料力学—高等学校—教材 Ⅳ.①TB301

中国版本图书馆CIP数据核字(2014)第121538号

责任编辑 张 瑞
出版发行 哈尔滨工业大学出版社
社 址 哈尔滨市南岗区复华四道街10号 邮编 150006
传 真 0451-86414749
网 址 http://hitpress.hit.edu.cn
印 刷 三河市越阳印务有限公司
开 本 850mm×1168mm 1/16 印张 12 字数 360千字
版 次 2014年11月第1版 2014年11月第1次印刷
书 号 ISBN 978-7-5603-4775-2
定 价 25.00元

Preface 前言

本书编写时结合了编者多年的教学经验，汇集了合作院校教师的优秀思想，注重基础性、实用性和科学性。在保证知识完整性和系统性的前提下，对教学内容进行了有机整合，按照材料力学的任务，从内力到应力和变形，再到强度和刚度计算及稳定性计算，进行了模块划分。

全书分为 7 个模块，内容包括绪论、平面图形的几何性质、内力及内力图、应力和变形、应力状态分析和强度理论、强度计算和刚度计算、轴心压杆的稳定性计算、动荷载作用下的动应力计算。每个模块采用思维导图进行归纳总结，并分别附有拓展与实训和链接执考，便于学生进行自我训练提高。

本书适合土木工程、水利水电工程、农业水利工程、给排水科学与工程、机械自动化、交通工程等专业的应用型本科、高职高专、成人教育等各专业使用。

本书承蒙内蒙古农业大学申向东教授主审，他提出了许多精辟而中肯的意见，在此致以衷心感谢。

由于编者水平有限，书中难免存在疏漏与不妥之处，恳请读者批评指正。

编　者

编审委员会

本书学习导航

模块 1

平面图形的几何性质

【模块概述】

计算杆在外力作用下的应力和变形时，需要用到与杆的横截面形状、尺寸有关的几何量，例如在轴向拉伸或压缩问题中，需要用到杆的横截面面积A；圆杆扭转问题中，需要用到横截面的极惯性矩和抗扭截面系数；在弯曲问题和组合变形问题中，还要用到面积矩和惯性矩等。所有这些与杆的横截面（即平面图形）的形状和尺寸有关的量称为平面图形的几何性质。本章将介绍平面图形的各种几何性质的计算方法。

【学习目标】

知识目标	能力目标
1. 掌握面积矩及惯性矩的概念； 2. 熟悉惯性积及极惯性矩的概念； 3. 会进行各种面积矩、惯性矩的计算； 4. 掌握平行移轴公式的使用； 5. 了解组合图形的几何参数及形心主惯性轴、形心主惯性矩的概念。	培养学生独立思考，会利用本模块知识分析解决实际工程中构件的合理截面形式。

【学习重点】

面积矩和惯性矩的概念、面积矩和惯性矩的计算、平行移轴公式的应用。

【课时建议】

[illegible]课时

学习目标

包括知识目标和技能目标，列出了学生应了解与掌握的知识点。

课时建议

建议课时，供教师参考。

模块 2

杆件的[illegible]分析

【模块概述】

材料力学的任务之一是研究杆件的强度问题，而杆件的强度是通过"应力"这个物理量衡量的。为了确定杆件的应力，一般需要先求出杆件横截面上的内力分量，即截面上分布内力向某一选定坐标系简化所得的主矢和主矩的分量。本章将具体地运用求内力的方法——截面法来对杆件进行内力分析，并绘制相应的内力图。

【学习目标】

知识目标	能力目标
1. 掌握轴心拉压杆件的受力特点； 2. 学会绘制轴心拉压杆的内力图； 3. 学会用截面法求受扭圆轴的内力； 4. 了解梁的计算简图和静定梁的3种基本形式； 5. 掌握用写方程法作梁的内力图的方法； 6. 学会用叠加法作梁的内力图。	1. 培养学生独立思考、解决实际工程问题的能力； 2. 培养学生熟练运用内力分析的本领； 3. 培养学生分析和解决实际杆件内力分析问题的能力。

【学习重点】

轴向拉伸与压缩、扭转变形、平面弯曲变形的内力计算。

【课时建议】

[illegible]课时

模块概述

简要介绍本模块与整个工程项目的联系，在工程项目中的意义，或者与工程建设之间的关系等。

【模块导图】

模块导图

用结构图将整个模块的重点内容贯穿起来，给学生完整的模块概念和思路，便于复习总结。

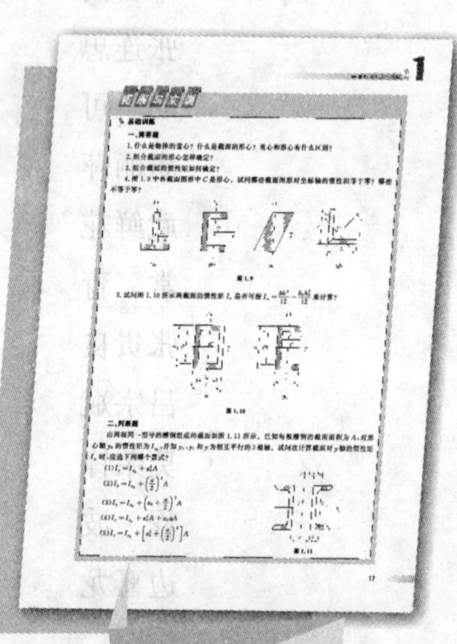

拓展与实训

包括基础训练、链接执考两部分，从不同角度考核学生对知识的掌握程度。

目录 Contents

模块4 应力状态分析和强度理论

模块5 强度计算和刚度计算

模块6 轴心压杆的稳定性计算

模块 0

绪　　论

0.1　材料力学发展概况

与其他学科一样，材料力学的产生与发展是生产的发展所推动的，同时反过来又对社会生产实践起指导作用。人类从长期生产、生活实践中不断制造和改造各种工具、建造各种结构物，这就不能不使用各种材料，从最初使用的天然材料：石、竹、木材等到后来使用的砖、铜、铁、水泥、钢筋等，并在长期使用过程中逐渐认识了材料的各种性能，并能结合构件受力特点正确使用材料。

我国是世界文明发达最早的国家之一，勤劳智慧的中国人民对合理利用各种材料力学性能，制造各种器械和建筑物具有丰富的知识。3 500 年前就使用了木结构，在 3 000 多年前就用辐条代替了车轮圆板，2 000 多年前就开始使用铁轴。在春秋战国时代的铜器上已经看到我国特有的斗拱结构图案。特别是至今尚完整保存的河北赵州桥比世界上同类型石拱桥要早 1 200 多年，并在构造处理和施工方法上有诸多创新。我国很早就利用抗拉性能较好的铁索建造悬索桥，如红军长征时强渡的大渡河泸定桥，是在 1696 年(清康熙四十五年)建造的，是当时世界上第一座长达 100 m 的铁索桥。

总之，我国人民对有关材料强度的基本规律，以及石、铁、竹、木等材料力学性质的合理使用与创造性的劳动在历史的长河中留下了许多不可磨灭的记忆。从 2 世纪开始就创造了各种水力机械，如水磨、水排、水转翻车、水力纺织机等，这些在古罗马、埃及、印度也有类似创造，不过出现的时期较我国晚一些。直到 14 世纪我国在这方面的成就都居于世界前列。

至 14 世纪以后，随着资本主义的兴起和发展，在欧洲各国，海外贸易活跃，采矿冶金工业萌芽和发展等新经济情况，提出了一系列新的复杂的技术问题。例如，满足海内外贸易要求需增大航船的吨位，修建水闸改进内河交通等。意大利科学家伽利略正是为了解决建造船只和水闸口门需要的梁的设计问题，一方面总结了前人的经验，一方面进行刻苦钻研，通过试验与计算，初步研究梁及其他杆件的截面尺寸与其承担荷载间的关系，并于 1638 年把他的研究成果在《关于两种新科学的叙述和数学证明》一书中正式发表，使他成为第一个提出强度计算概念的科学家。现在普遍认为正是伽利略开创了“材料力学”这门新学科的发展。作为材料力学物理基础的力与变形关系是由英国科学家胡克(R. Hooke，1635—1703)通过对一系列试验资料的总结于 1678 年提出的，即著名的胡克定律。

18 世纪后材料力学得到迅速发展，机器的广泛运用，钢材由实体变为薄壁，稳定问题的提出，俄国彼得堡科学院院士欧拉(L. Euler，1707—1783)研究了压杆稳定理论；俄国大科学家罗蒙诺索夫(M.

Z. TIomoHocoB,1711—1765)开始用试验方法研究机械的力学性质，法国工程师库仑(C. A. Coulomb,1736—1806)对弯曲和扭转等问题做了理论及试验研究，得出了梁的正应力和圆轴扭转、剪应力的正确结论。

19世纪中期，由于铁路的兴建，大大推动了材料力学向各个方向发展，机车轴损伤问题引起了交变应力的研究，铁路钢架中稳定问题促使压杆弹性稳定性的研究，同时促使人们对动荷载、振动、冲击等问题展开了研究。

20世纪中期，航空工业的发展又大大推动了材料力学的研究，由于飞机质量的限制，促进了对轻型薄壳结构的研究、喷气发动机在高温下工作、材料在高温下的力学性能的研究。近年来由于人造卫星和宇宙飞船等的发展，又促使材料在高温下强度问题的进一步研究、动荷载问题、光弹性力学及电测技术等试验方法的研究，并随着高强度材料的运用，出现构件由于存在初始裂纹而发生低应力脆断事故，又促进了对带裂纹材料和结构的强度及裂纹扩展规律的研究等。

第一本《材料力学》教材，是法国科学家纳维(C. L. M. H. Navier,1785—1836)于1826年编写出版的。三峡大坝及三峡五级大型船闸的建成，南水北调工程的开工，长江上许多各种形式的跨江大桥、鸟巢和水立方等许多具有世界先进技术水平的工程，尤其是航空航天卫星的崛起，计算机的出现且不断更新换代，各种新型材料(复合材料、纳米及高分子材料)不断问世并运用于工程实践，试验设备日趋完善提高，使材料力学这门古老的学科注入新的活力、新涉猎领域更为广泛，特别在日趋完备不断推陈出新的建筑领域仍散发着灿烂的光辉。

0.2 材料力学的研究任务

人们在改善生活和征服自然、改造自然的活动中，经常要建筑各种各样的建筑物。任何一座建筑物(水工建筑、工业与民用建筑、桥梁隧道等)，都是由很多的零部件按一定的规律组合而成的，这些零部件统称为构件。如图0.1所示为传统具有柱、檩、椽的木制房屋结构。

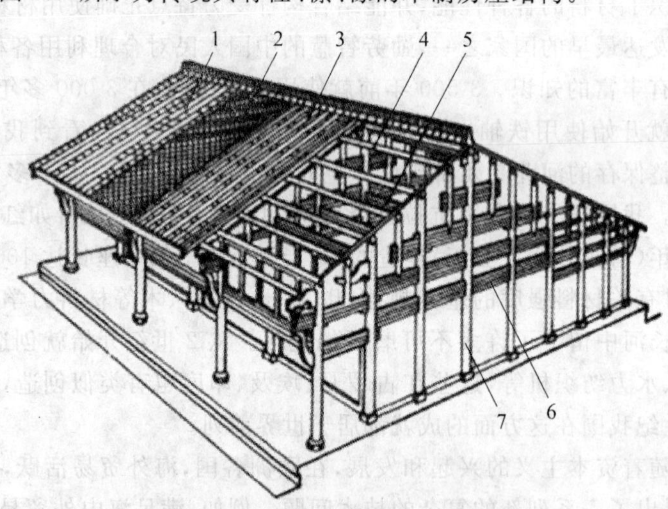

图0.1 传统具有柱、檩、椽的木制房屋结构

1—瓦；2—竹篾编织物；3—椽；4—檩；5—斗枋；6—穿枋；7—柱

根据构件的主要几何特征，可将其分成若干种类型，其中一种称为杆件，它是材料力学研究的主要对象。

杆件的几何特征是长度 l 远大于横向尺寸(高 h、宽 b 或直径 d)。其轴线(横截面形心的连线)为直线的称为直杆(图0.2(a))；轴线为曲线的称为曲杆(图0.2(b))。截面变化的杆称为变截面杆；截面不变化的直杆简称为等直杆。等直杆是最简单也是最常见的杆件，如图0.2(a)所示。工程中的梁、轴、柱均属于杆件。

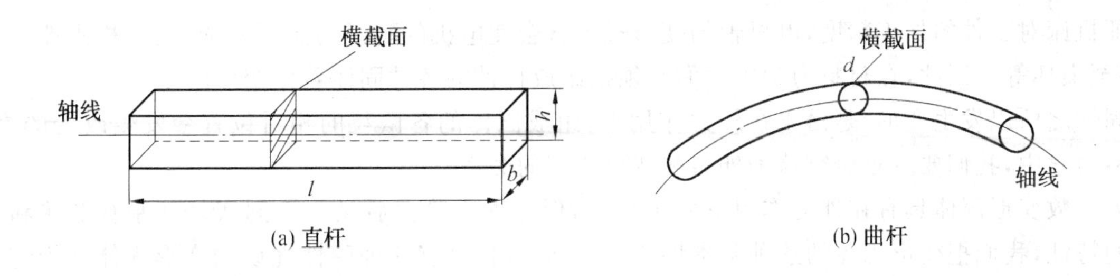

图 0.2 杆件

当建筑物承受到外力作用(或其他外在因素的影响)时，组成该建筑物的各杆件都必须能够正常地工作，这样才能保证整个建筑物的正常工作。为此，要求杆件不发生破坏，如建筑物的大梁断裂时，整个结构就无法使用。不破坏并不一定能正常工作，若杆件在外力作用下发生过大的变形，也不能正常工作，如，吊车梁若因荷载过大而发生过度的变形，吊车就不能正常行驶。又如，机床主轴若发生过大的变形，则引起振动，影响机床的加工质量。此外，有一些杆件在荷载作用下，其所有的平衡形式可能丧失稳定性。例如，受压柱如果是细长的，则在压力超过一定限度后，就有可能明显地变弯。直柱受压突然变弯的现象称为丧失了稳定性。杆件失稳将造成类似房屋倒塌的严重后果。总而言之，杆件要能正常工作，必须同时满足以下 3 方面的要求：

①不会发生破坏，即杆件必须具有足够的强度。

②不产生过大变形，发生的变形能限制在正常工作许可的范围以内，即杆件必须具有足够的刚度。

③不失稳，杆件在其原有形状下的平衡应保持为稳定的平衡，即杆件必须具有足够的稳定性。

这 3 方面的要求统称为构件的承载能力。一般来说，在设计每一杆件时，应同时考虑到以上 3 方面的要求，但对某些具体的杆件来说，有时往往只需考虑其中的某一主要方面的要求(例如以稳定性为主)，当这些主要方面的要求满足了，其他两个次要方面的要求也就自动地得到满足。

当设计的杆件能满足上述 3 方面的要求时，就可认为设计是安全的，杆件能够正常工作。一般说来，只要为杆件选用较好的材料和较大的几何尺寸，安全总是可以保证的，但这样又可能造成财力、人力和物力上的浪费，不符合经济原则。显然，过分地强调安全可能会造成浪费，而片面地追求经济可能会使杆件设计不安全，这样安全和经济就会产生矛盾。材料力学正是解决这种矛盾的一门科学。根据材料力学的知识，就能知道怎样在保证安全的条件下尽量地使杆件消耗最少的材料。也正是由于这种矛盾的不断出现和不断解决，才促使材料力学不断地向前发展。

为了能既安全又经济地设计杆件，除了要有合理的理论计算方法外，还要了解杆件所使用材料的力学性能。有的材料的力学性能虽然从有关手册中可以找到，但是有的情况下还必须自己测定，因此还必须掌握材料力学的试验技术。通过杆件的材料力学试验，一方面可以测定各种材料的基本力学性质；另一方面，对于现有理论不足以解决的某些形式复杂的杆件设计问题，有时也可以根据试验的方法得到解决。故试验工作在材料力学中也占有重要的地位。

综上所述，我们可得出如下结论：材料力学是研究杆件的强度、刚度和稳定性的学科，它提供了有关的基本理论、计算方法和试验技术，使我们能合理地确定杆件的材料和截面形式尺寸，以达到安全与经济的目的。

0.3 变形体及其基本假定

材料力学研究的主要问题是杆件的强度、刚度和稳定性问题，因此，制成杆件的物体就应该是变形固体，而不能像理论力学中那样认为是刚体。变形固体的变形就成为它的主要基本性质之一，必须予以重视。例如，在土建、水利工程中，组成水闸闸门或桥梁的个别杆件的变形会影响到整个闸门或桥梁的稳固，基础的刚度会影响到大型坝体内的应力分布；在机电设备中，机床主轴的变形过大就不能保证机床对工件的加工精度，电机轴的变形过大就会使电机的转子与定子相撞，使电机不能正常运转，甚至损坏等。因此，在材料力学中我们必须把组成杆件的各种固体看作变形固体。

固体之所以发生变形，是由于在外力作用下，组成固体的各微粒的相对位置会发生改变的缘故。在材料力学中，我们要着重研究这种外力和变形之间的关系。

大多数变形固体具有在外力作用下发生变形，但在外力除去后又能立刻恢复其原有形状和尺寸大小的特性，我们把变形固体的这种基本性质称为弹性，把具有这种弹性性质的变形固体称为完全弹性体。若变形固体的变形在外力除去后只能恢复其中一部分，这样的固体称为部分弹性体。部分弹性体的变形可分为两部分：一部分是随着外力除去而消失的变形，称为弹性变形；另一部分是在外力除去后仍不能消失的变形，称为塑性变形(残余变形或永久变形)。

严格地说，自然界中并没有完全弹性体，一般的变形固体在外力作用下，总会是既有弹性变形也有塑性变形。不过，试验指出，像金属、木材等常用建筑材料，当所受的外力不超过某一限度时，可以看成是完全弹性体。

为了能采用理论的方法对变形固体进行分析和研究，从而得到比较通用的结论，在材料力学中，有必要根据固体材料的实际性质，进行科学的抽象假定，正像在理论力学中可以把固体当作绝对刚体一样。这是因为真实固体的性质非常复杂，每一门科学都只能从某一角度来研究它，即只研究其性质的某一方面。为了研究上的方便，就有必要将那些和问题无关或影响不大的次要因素加以忽略，而只保留与问题有关的主要性质。为此提出如下有关变形固体的基本假定。

1. 连续均匀假定

根据近代物理学的知识，组成固体的各微粒之间都存在着空隙，而并不是密实的、连续的；同时，真实固体的结构和性质也不是各处均匀一致的。例如，所有金属都是结晶体物质，具有晶体的结构，若在同一金属物体中取出几个小块，其大小和晶粒的大小差不多，则在几个晶粒交接处所取出的小块(图 0.3 中 B)的性质，显然与在一个晶粒内所取出的小块(图 0.3 中 A)的性质不会相同。不过在材料力学中所研究物体的大小比晶体要大得多，从同一金属物体不同部分所取的任何小的试件里，都会包含着非常多的、排列错综复杂的晶粒。故在这些试件之间，由于个别晶粒性质不同所引起的差别，就忽略不计了。又如混凝土物体也有类似情况，在混凝土物体中，石块、砂子和水泥是混杂地固结在一起的，若只考虑个别的石块、砂子和水泥微粒，它们的性质是很不同的，但因一般混凝土建筑物的体积都比较大，我们从建筑物中取出的任一块混凝土试件，都必定会包含很多的石块、砂子和水泥在内，故可认为混凝土也是均匀材料。另外，对比组成固体的微粒大很多的物体来讲，考虑微粒间空隙的存在也是没有意义的。故可认为，材料是毫无空隙地充满在物体的整个几何容积中，且物体的性质在各处都均匀一致。

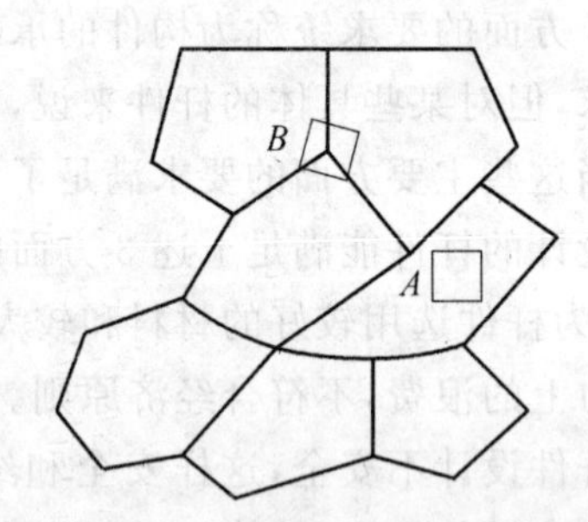

图 0.3 结晶体材料中的小块

根据这一假定，我们就可以从物体中的任何部分取出微小的立方体来研究物体的性质，同时也可把那些大尺寸试件在试验中所获得的材料性质，应用到微小的立方体上。此外，对于有明显裂纹的材料，就不能看成是连续的，这种材料制成的杆件将由断裂力学来研究。

2. 各向同性假定

在结晶物质中，每个晶粒在不同的方向有不同的性质，故单晶体的性质是有方向性的。但如上所述，一般物体的体积远大于单个晶粒的体积，无数晶粒在物体内错综交叠地排列着，材料在各个方向的力学性质必然趋向一致。故可将钢铁等多晶体金属材料认为是各向同性材料。至于均匀的非晶体材料，一般都是各向同性的，故可认为塑胶、玻璃和浇筑得较好的混凝土等都是各向同性材料。

有了材料各向同性的假定，我们就可以在物体的同一处沿不同方向截取出性质相同的微小立方体。但应注意，有些材料只在某一方向上才有相同的性质，称之为单向同性材料，例如各种轧制钢筋、冷拉的钢丝以及纤维整齐的木材等都是单向同性材料。单向同性材料在相同方向可以应用各向同性理论。至于完全不具备各向同性和单向同性的材料，例如纤维纠结杂乱无章的木材、经过冷扭的钢丝、胶合板、纺织品等都是各向异性材料，将在复合材料力学中予以研究。

3. 弹性小变形假设

固体材料在荷载的作用下所发生的变形可分为弹性变形和塑性变形。荷载卸除后能完全消失的变形称为弹性变形，不能消失的变形称为塑性变形。一般地说，当荷载不超过一定范围时，材料只产生弹性变形。弹性变形可能很小也可能很大，在材料力学中通常做出小变形假设。认为构件的变形极其微小，比构件本身尺寸要小得多。如图 0.4 所示，δ 远小于构件的最小尺寸，所以通过节点平衡求各杆内力时，把支架的变形略去不计。计算得到很大的简化。

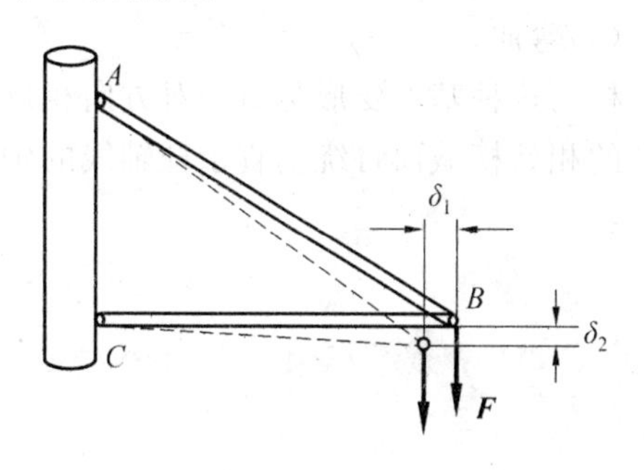

图 0.4　构件发生微小变形

综上所述，材料力学认为一般的工程材料是连续均匀、各向同性的变形固体。材料力学主要研究在线弹性范围内小变形条件下的强度、刚度、稳定性问题。

0.4　杆件的基本变形形式

工程实际中的杆件可能受到各式各样的外力作用，故杆件的变形也可能是各种各样的，但根据任一空间力向截面形心简化和在轴线上投影可以看出，杆件变形总不外乎是以下 4 种基本变形中的一种或是其中任意几种的组合。

(1)轴心拉伸和压缩

杆的这种基本变形是由力作用线与杆轴线重合的外力所引起的(图 0.5(a)、(b))，直杆的主要变形是长度的改变。

(2)剪切

杆的这种基本变形是由一对相距很近、方向相反的横向外力所引起的(图 0.5(c))，直杆的主要变形是横截面沿外力作用方向发生相对错动。

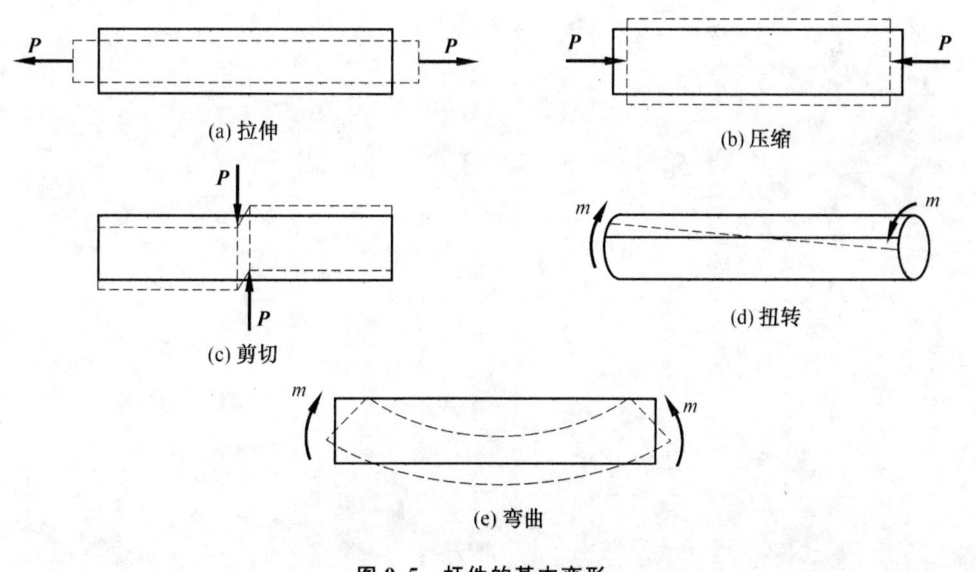

图 0.5　杆件的基本变形

(3)扭转

杆的这种基本变形是由一对转向相反、作用在垂直于杆轴线的两平面内的力偶所引起的(图 0.5(d)),直杆的主要变形是相邻横截面将绕轴线发生相对转动,杆件表面纵向线将变成螺旋线,而轴线仍维持直线。

(4)弯曲

杆的这种基本变形是由一对方向相反、作用在杆的纵向对称平面内的力偶所引起的(图 0.5(e)),直杆的相邻横截面将绕垂直于杆轴线的轴发生相对转动,变形后的杆件轴线将弯成曲线。

模块 1

平面图形的几何性质

【模块概述】

计算杆在外力作用下的应力和变形时，需要用到与杆的横截面形状、尺寸有关的几何量，例如在轴向拉伸或压缩问题中，需要用到杆的横截面面积 A；圆杆扭转问题中，需要用到横截面的极惯性矩和扭转截面系数；在弯曲问题和组合变形问题中，还要用到面积矩和惯性矩等。所有这些与杆的横截面(即平面图形)的形状和尺寸有关的量称为平面图形的几何性质。本章将介绍平面图形的各种几何性质的计算方法。

【学习目标】

知识目标	能力目标
1. 掌握面积矩及惯性矩的概念； 2. 熟悉惯性积及极惯性矩的概念； 3. 会进行各种面积矩、惯性矩的计算； 4. 掌握平行移轴公式的使用； 5. 了解组合图形的几何参数及形心主惯性轴、形心主惯性矩的概念。	培养学生勤于思考，会利用本模块知识分析解决实际工程中构件的合理截面形式。

【学习重点】

面积矩和惯性矩的概念、面积矩和惯性矩的计算、平行移轴公式的应用。

【课时建议】

4～6 课时

1.1 平面图形的形心位置和面积矩

1.1.1 重心和形心

1. 重心

地球表面上的任何物体，都受到地球对它的吸引力，即重力的作用。如果把一个物体分成许多微小部分，则这些微小部分所受的重力形成汇交于地心的空间汇交力系。但是由于地球的半径很大，这些微小部分所受的重力可看成空间平行力系，该力系的合力的大小就是该物体的重量，合力的作用点就是该物体的重心。物体重心的位置是唯一的，不随物体空间方位的变化而变化。物体的重心不一定在物体上，例如一个圆环的重心在圆心上。

对重心的研究在实际工程中具有重要意义，例如，水坝、挡土墙、起重机等的倾覆稳定性问题就与这些物体的重心位置有直接关系；混凝土振捣器，其转动部分的重心必须偏离转轴才能发挥预期的作用；在建筑设计中，重心的位置影响着建筑物的平衡与稳定；在建筑施工过程中，采用两吊点起吊柱子就是保证柱子重心在两吊点之间。

根据静力学力矩理论，可以得到重心的坐标公式。

(1)一般物体重心的坐标

$$x_C = \frac{\int_G x\,\mathrm{d}G}{G}$$

$$y_C = \frac{\int_G y\,\mathrm{d}G}{G}$$

$$z_C = \frac{\int_G z\,\mathrm{d}G}{G}$$

式中 $\mathrm{d}G$—— 物体微小部分的重量(或所受的重力)；

x,y,z—— 分别为物体微小部分的空间坐标；

G—— 物体的总重量。

(2) 均质物体重心的坐标

$$x_C = \frac{\int_V x\,\mathrm{d}V}{V}$$

$$y_C = \frac{\int_V y\,\mathrm{d}V}{V}$$

$$z_C = \frac{\int_V z\,\mathrm{d}V}{V}$$

式中 $\mathrm{d}V$—— 物体微小部分的体积；

x,y,z—— 分别为物体微小部分的空间坐标；

V—— 物体的总体积。

2. 形心

在静力学中推导出三维物体的形心为

$$x_C = \frac{\int_V x\,\mathrm{d}V}{V},\quad y_C = \frac{\int_V y\,\mathrm{d}V}{V},\quad z_C = \frac{\int_V z\,\mathrm{d}V}{V}$$

对于 xOy 平面内的平面图形(图 1.1),其形心则退化为二维问题:

$$x_C=\frac{\int_A x\,\mathrm{d}A}{A},\quad y_C=\frac{\int_A y\,\mathrm{d}A}{A} \tag{1.1}$$

式中　$\mathrm{d}A$—— 平面图形微小部分的面积;

x,y—— 分别为图形微小部分在平面坐标系 xOy 中的坐标;

A—— 平面图形的总面积。

可见,平面图形的形心就是它们的几何中心。

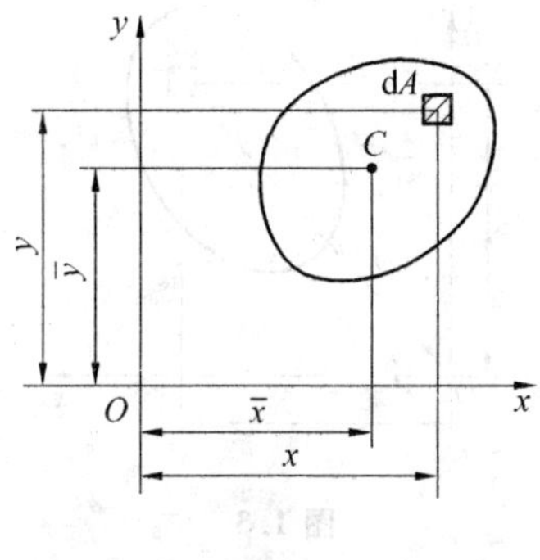

图 1.1

1.1.2 面积矩

式(1.1) 中的积分称为图形对 x 轴和 y 轴的面积矩,或称静矩:

$$S_x=\int_A y\,\mathrm{d}A,\quad S_y=\int_A x\,\mathrm{d}A \tag{1.2}$$

面积矩 S_x 和 S_y 的大小不仅与平面图形的面积 A 有关,还与平面图形的形状以及坐标轴的位置有关,即同一平面图形对于不同的坐标轴有不同的面积矩,面积矩可正可负,也可为零。其量纲为 L^3,常用单位为 m^3 或 mm^3。面积矩的这些性质,与静力学和动力学中的质量矩、力对轴的矩有相似之处。式(1.1) 可改写为

$$x_C=\frac{S_y}{A},\quad y_C=\frac{S_x}{A} \tag{1.3}$$

或

$$S_y=Ax_C,\quad S_x=Ay_C$$

上式表明,平面图形对 x 轴(或 y 轴)的面积矩,等于图形的面积乘以形心的坐标 y_C(或 x_C)。若面积矩 $S_x=0$,则 $y_C=0$;$S_y=0$,则 $x_C=0$。所以,若图形对某一轴的面积矩等于零,则该轴必然通过图形的形心;反之,若某一轴通过图形的形心,则图形对该轴的面积矩必等于零。

【例 1.1】 试计算图 1.2 所示三角形截面对于与其底边重合的 x 轴的静矩。

解 取平行于 x 轴的狭长条(图 1.2) 作为面积元素,即

$$\mathrm{d}A=b(y)\,\mathrm{d}y$$

由相似三角形关系,可知 $b(y)=\frac{b}{h}(h-y)$,因此有 $\mathrm{d}A=\frac{b}{h}(h-y)\,\mathrm{d}y$。将其代入式(1.2) 的第一式,即得

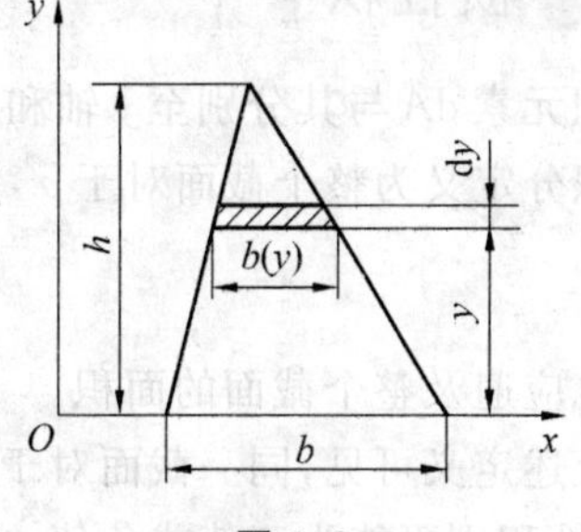

图 1.2

$$S_x=\int_A y\,\mathrm{d}A=\int_0^h \frac{b}{h}(h-y)\,y\,\mathrm{d}y=b\int_0^h y\,\mathrm{d}y-\frac{b}{h}\int_0^h y^2\,\mathrm{d}y=\frac{bh^2}{6}$$

【例题点评】 本题通过积分公式推导出三角形对于一底边的面积矩的具体公式,主要是要求学生掌握面积矩公式的应用。

1.2 惯性矩、极惯性矩、惯性积

1.2.1 惯性矩

设一面积为A的任意图形截面如图1.3所示。从截面中坐标至y轴或x轴距离平方的乘积$x^2\mathrm{d}A$或$y^2\mathrm{d}A$分别称为该面积元素对于y轴或x轴的惯性矩或截面二次轴矩。

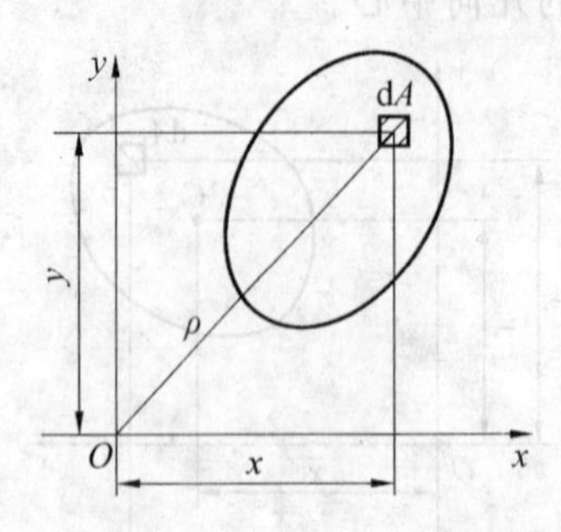

图 1.3

而以下两积分则分别定义为整个截面对y轴或x轴的惯性矩：

$$I_y=\int_A x^2\mathrm{d}A,\quad I_x=\int_A y^2\mathrm{d}A \tag{1.4}$$

上述积分应遍及整个截面的面积A。显然，惯性矩的数值恒为正值，其单位为m^4或mm^4。

1.2.2 极惯性矩

面积元素$\mathrm{d}A$与其至坐标原点距离平方的乘积$\rho^2\mathrm{d}A$称为面积元素对O点的极惯性矩或截面二次极矩。而以下积分定义为整个截面对于O点的极惯性矩：

$$I_\rho=\int_A \rho^2\mathrm{d}A \tag{1.5}$$

上述积分也应遍及整个截面面积A。显然，极惯性矩的数值恒为正值，其单位为m^4或mm^4。

由图1.3可见，$\rho^2=x^2+y^2$，故有

$$I_\rho=\int_A \rho^2\mathrm{d}A=\int_A (x^2+y^2)\mathrm{d}A=I_x+I_y$$

即任意截面对一点的极惯性矩的数值，等于截面对以该点为原点的任意两正交坐标轴的惯性矩之和。

1.2.3 惯性积

面积元素$\mathrm{d}A$与其分别至y轴和x轴距离的乘积$xy\mathrm{d}A$，称为该面积元素对于两坐标轴的惯性积。而以下积分定义为整个截面对于x，y两坐标轴的惯性积：

$$I_{xy}=\int_A xy\mathrm{d}A \tag{1.6}$$

其积分也应遍及整个截面的面积。

从上述定义可见，同一截面对于不同坐标轴的惯性矩或惯性积一般是不同的，惯性矩数值恒为正值，而惯性积则可能为正值或负值，也可能等于零。若x，y两坐标轴中有一为截面的对称轴，则其惯性积I_{xy}恒等于零。因在对称轴两侧，处于对称位置的两面积元素$\mathrm{d}A$的惯性积$xy\mathrm{d}A$，数值相等而正负号相反，致使整个截面的惯性积必等于零。惯性矩和惯性积的单位相同，均为m^4或mm^4。

在某些应用中，将惯性矩表示为截面面积A与某一长度平方的乘积，即

$$I_y=i_y^2A,\quad I_x=i_x^2A$$

式中　i_y, i_x—— 分别为截面对于 y 轴和 x 轴的惯性半径，其单位为 m 或 mm。

当已知截面面积 A 和惯性矩 I_x 和 I_y 时，惯性半径即可从下式求得

$$i_y=\sqrt{\frac{I_y}{A}},\quad i_x=\sqrt{\frac{I_x}{A}} \tag{1.7}$$

【例 1.2】　试计算图 1.4 所示矩形截面对于其对称轴（即形心轴）x 和 y 的惯性矩。

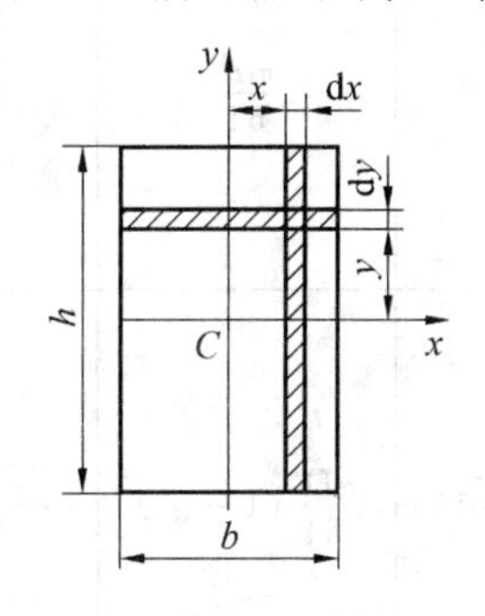

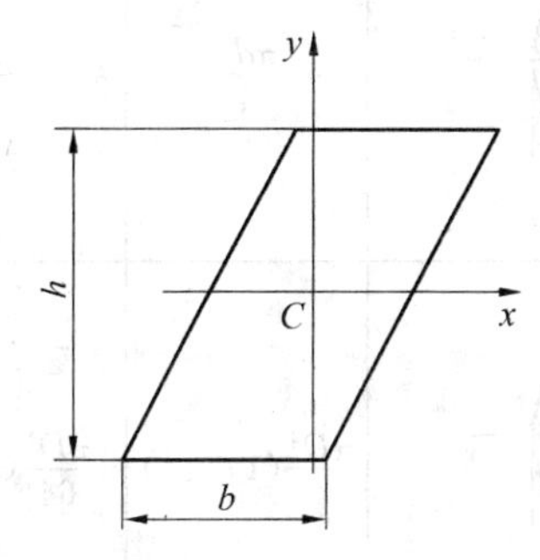

图 1.4

解　取平行于 x 轴的狭长条作为面积元素，即 $dA=bdy$，根据式(1.4)的第二式，可得

$$I_x=\int_A y^2 dA=\int_{-\frac{h}{2}}^{\frac{h}{2}} by^2 dy=\frac{bh^3}{12}$$

同理，在计算对 y 轴的惯性矩 I_y 时，可取 $dA=hdx$，即得

$$I_y=\int_A x^2 dA=\int_{-\frac{b}{2}}^{\frac{b}{2}} hx^2 dx=\frac{b^3h}{12}$$

若截面是高度为 h 的平行四边形，则其对形心轴 x 的惯性矩同样为 $\frac{bh^3}{12}$。

【例题点评】　本题讲解了惯性矩积分公式对于矩形截面和平行四边形图形的求解。一方面要求掌握求解方法，另一方面要求记住常用简单图形的惯性矩公式。

对于矩形和圆形截面，由于 x、y 两轴都是截面的对称轴，因此惯性积 I_{xy} 均等于零。

表 1.1 列出了常用简单截面的几何性质。

表 1.1　简单截面的几何性质

编号	截面形状和形心轴位置	面积 A	惯性矩		惯性半径	
			I_y	I_z	i_y	i_z
(1)	y, h, C, z, b	bh	$\frac{hb^3}{12}$	$\frac{bh^3}{12}$	$\frac{b}{2\sqrt{3}}$	$\frac{h}{2\sqrt{3}}$
(2)	y, h, C, $\frac{h}{3}$, z, b	$\frac{bh}{2}$		$\frac{bh^3}{36}$		$\frac{h}{3\sqrt{2}}$

续表 1.1

编号	截面形状和形心轴位置	面积 A	惯性矩		惯性半径	
			I_y	I_z	i_y	i_z
(3)		$\frac{\pi d^2}{4}$	$\frac{\pi d^4}{64}$	$\frac{\pi d^4}{64}$	$\frac{d}{4}$	$\frac{d}{4}$
(4)	$\alpha=\frac{d}{D}$	$\frac{\pi D^2}{4}(1-\alpha^2)$	$\frac{\pi D^4}{64}(1-\alpha^4)$	$\frac{\pi D^4}{64}(1-\alpha^4)$	$\frac{D}{4}\sqrt{1+\alpha^2}$	$\frac{D}{4}\sqrt{1+\alpha^2}$

1.2.4 组合图形的几何参数

工程实际中，有些杆件的截面是由矩形、圆形、三角形等简单几何图形组合而成的，称为组合截面。组合截面对某一轴的面积矩等于各简单几何图形对该轴面积矩的代数和，即

$$S_x=\sum_{i=1}^{n}A_i y_{Ci},\quad S_y=\sum_{i=1}^{n}A_i x_{Ci} \tag{1.8}$$

式中 n—— 简单几何图形的个数；

A_i—— 第 i 个几何图形的面积；

y_{Ci}，x_{Ci} —— 第 i 个几何图形的形心坐标。

同样，组合截面形心坐标的计算公式为

$$y_C=\frac{\sum_{i=1}^{n}A_i y_{Ci}}{A},\quad x_C=\frac{\sum_{i=1}^{n}A_i x_{Ci}}{A} \tag{1.9}$$

根据惯性矩和惯性积的定义可知，组合截面对于某坐标轴的惯性矩（或惯性积）就等于其各组成部分对于同一坐标轴的惯性矩（或惯性积）之和。若截面由 n 部分组成，则组合截面对于 x，y 两轴的惯性矩和惯性积分别为

$$I_x=\sum_{i=1}^{n}I_{xi},\quad I_y=\sum_{i=1}^{n}I_{yi},\quad I_{xy}=\sum_{i=1}^{n}I_{xyi} \tag{1.10}$$

式中 I_{xi}，I_{yi}，I_{xyi}—— 分别为组合截面中组成部分 i 对于 x、y 两轴的惯性矩和惯性积。

不规则截面对坐标轴的惯性矩或惯性积，可将截面分割成若干等高度的窄长条，然后应用式(1.10)，计算其近似值。

【例 1.3】 求图 1.5 所示平面图形的形心位置。

解 取参考坐标系 Oxy，其中 y 轴为对称轴，该图形由 3 个矩形组成，各矩形的面积及形心坐标分别为

$$A_1=150\ \text{mm}\times 50\ \text{mm}=7.5\times 10^3\ \text{mm}^2$$

$$y_{C1}=\left(50+180+\frac{50}{2}\right)\text{mm}=255\ \text{mm}$$

$$A_2=180\ \text{mm}\times 50\ \text{mm}=9.0\times 10^3\ \text{mm}^2$$

$$y_{C2}=\left(50+\frac{180}{2}\right)\text{mm}=140\ \text{mm}$$

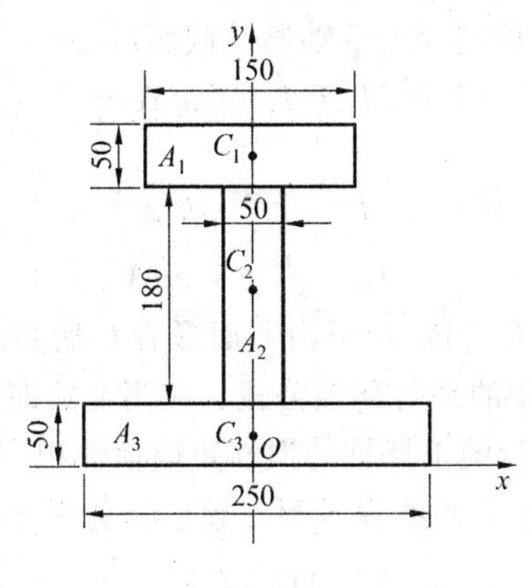

图 1.5

$$A_3 = 250\ \text{mm} \times 50\ \text{mm} = 12.5 \times 10^3\ \text{mm}^2$$

$$y_{C3} = \frac{50}{2}\ \text{mm} = 25\ \text{mm}$$

将以上数据代入式(1.9)，得

$$y_C = \frac{7.5 \times 10^3 \times 225 + 9.0 \times 10^3 \times 140 + 12.5 \times 10^3 \times 25}{7.5 \times 10^3 + 9.0 \times 10^3 + 12.5 \times 10^3}\ \text{mm} = 120\ \text{mm}$$

$$x_C = 0$$

【例题点评】 本题是一个组合图形，要求利用组合图形形心公式确定其形心，主要是公式的应用。

1.3 平行移轴公式

设一面积为 A 的任意形状的截面如图 1.6 所示。截面对任意的 x,y 两坐标轴的惯性矩和惯性积分别为 I_x,I_y 和 I_{xy}。另外，通过截面的形心 C 分别与 x,y 轴平行的 x_C,y_C 轴，称为形心轴。截面对于形心轴的惯性矩和惯性积分别为 I_{x_C},I_{y_C} 和 I_{xy_C}。

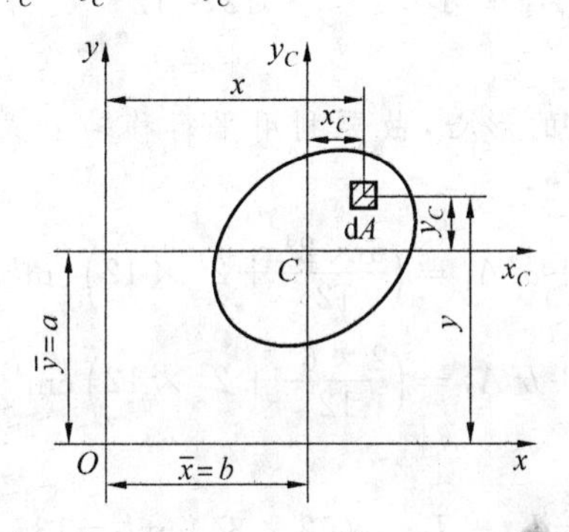

图 1.6

由图 1.6 可见，截面上任一面积元素 $\mathrm{d}A$ 在两坐标系内的坐标 (x,y) 和 (x_C,y_C) 之间的关系为

$$x = x_C + b, \quad y = y_C + a \tag{a}$$

式中 a,b—— 截面形心在 Oxy 坐标系内的坐标值，即 $\bar{x} = b$,$\bar{y} = a$。

将式(a) 中的 y 代入式(1.4) 中的第二式，经展开并逐项积分后，可得

$$I_x = \int_A y^2 \mathrm{d}A = \int_A (y_C + a)^2 \mathrm{d}A = \int_A y_C^2 \mathrm{d}A + 2a\int_A y_C \mathrm{d}A + a^2 \int_A \mathrm{d}A \tag{b}$$

根据惯性矩和静矩的定义，上式右端的各项积分分别为

$$\int_A y_C^2 \mathrm{d}A = I_{x_C}, \quad \int_A y_C \mathrm{d}A = A \cdot \overline{y_C}, \quad \int_A \mathrm{d}A = A$$

其中$\bar{y}_C$应为截面形心C到x_C轴的距离，但x_C轴通过截面形心C，因此$\bar{y}_C$等于零。于是，式(b)可写为

$$I_x = I_{x_C} + a^2 A$$

同理

$$I_y = I_{y_C} + b^2 A \tag{1.11}$$

$$I_{xy} = I_{x y_C} + abA$$

注意，上式中的a，b两坐标值有正负号，可由截面形心C所在的象限来决定。

式(1.11)称为惯性矩和惯性积的平行移轴公式。应用上式即可根据截面对于形心轴的惯性矩或惯性积，计算截面对于与形心轴平行的坐标轴的惯性矩或惯性积，或进行相反的运算。

【例1.4】 试计算图1.7所示T形截面对形心轴y，z的惯性矩。

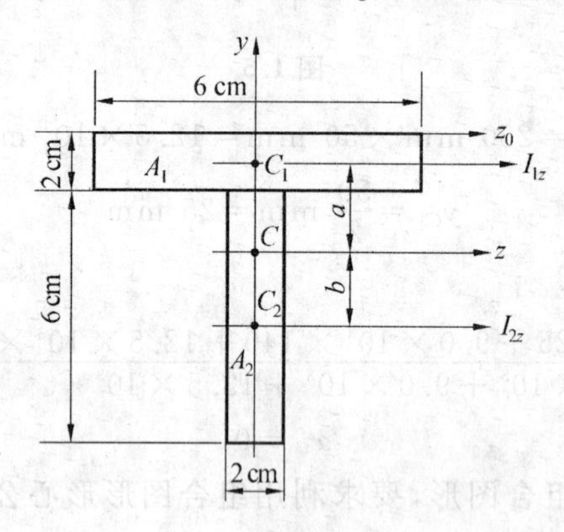

图1.7

解 (1) 确定形心位置C的坐标

因为y轴是对称轴，所以$z_C=0$，确定y_C，将图形分为两个矩形A_1，A_2，其各自形心坐标为

$$A_1 = 2\ \text{cm} \times 6\ \text{cm} = 12\ \text{cm}^2,\quad y_1 = 1\ \text{cm}$$

$$A_2 = 6\ \text{cm} \times 2\ \text{cm} = 12\ \text{cm}^2,\quad y_2 = 5\ \text{cm}$$

$$y_C = \frac{y_1 A_1 + y_2 A_2}{A_1 + A_2} = \frac{1 \times 12 + 5 \times 12}{12 + 12}\ \text{cm} = 3\ \text{cm}$$

(2) 计算惯性矩I_z

由于z轴不通过矩形A_1，A_2的形心，故要利用平行移轴公式计算。由题意得知$a=2\ \text{cm}$，$b=2\ \text{cm}$，则

$$I_{1z} = I_1 + a^2 A_1 = \left(\frac{6 \times 2^3}{12} + 2^2 \times 12\right)\text{cm}^4 = 52\ \text{cm}^4$$

$$I_{2z} = I_2 + b^2 A_2 = \left(\frac{2 \times 6^3}{12} + 2^2 \times 12\right)\text{cm}^4 = 84\ \text{cm}^4$$

所以

$$I_z = I_{1z} + I_{2z} = (52 + 84)\text{cm}^4 = 136\ \text{cm}^4$$

(3) 计算惯性矩I_y

由于y轴通过矩形A_1，A_2的形心，所以直接等于两个矩形对y轴的惯性矩之和，即

$$I_y = I_{1y} + I_{2y} = \left(\frac{2 \times 6^3}{12} + \frac{6 \times 2^3}{12}\right)\text{cm}^4 = 40\ \text{cm}^4$$

【例题点评】 本题其实是一个综合考查题，主要考查内容包括形心的确定、惯性矩公式的应用及平行移轴公式的应用，这些都是要求熟练掌握的内容。

1.4 形心主惯性轴、形心主惯性矩

1.4.1 惯性矩和惯性积的转轴公式

设一面积为 A 的任意形状截面如图 1.8 所示。截面对于通过其上任意一点 O 的两坐标轴 x，y 的惯性矩和惯性积已知为 I_x，I_y 和 I_{xy}。若坐标轴 x，y 绕 O 旋转 α 角（α 角以逆时针方向旋转为正）到 x_1，y_1 位置，则该截面对于新坐标轴 x_1，y_1 的惯性矩和惯性积分别为 I_{x_1}，I_{y_1} 和 $I_{x_1y_1}$。

由图 1.8 可见，截面上任一面积元素 $\mathrm{d}A$ 在新、老两坐标系内的坐标 (x_1,y_1) 和 (x,y) 间的关系为

$$x_1 = OC = OE + BD = x\cos\alpha + y\sin\alpha$$

$$y_1 = AC = AD - EB = y\cos\alpha - x\sin\alpha$$

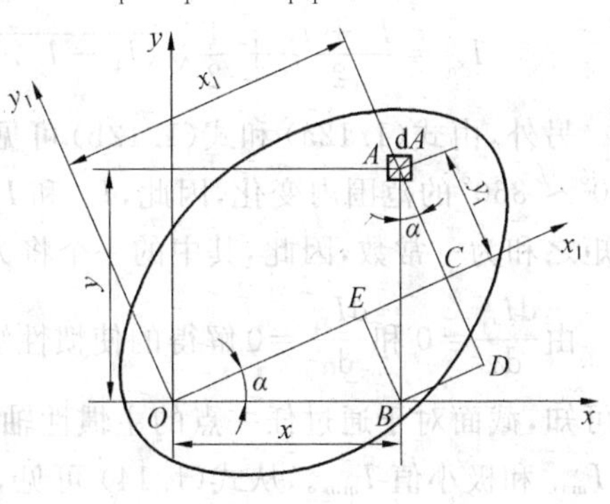

图 1.8

将 y_1 代入式(1.3) 中的第二式，经过展开并逐项积分后，即得该截面对于坐标轴 x_1 的惯性矩为

$$I_{x_1} = \cos^2\alpha\int_A y^2\mathrm{d}A + \sin^2\alpha\int_A x^2\mathrm{d}A - 2\sin\alpha\cos\alpha\int_A xy\mathrm{d}A \tag{a}$$

根据惯性矩和惯性积的定义，上式右端的各项积分分别为

$$\int_A y^2\mathrm{d}A = I_x,\quad \int_A x^2\mathrm{d}A = I_y,\quad \int_A xy\mathrm{d}A = I_{xy}$$

将其代入式(a) 并改用二倍角函数的关系，即得

$$I_{x_1} = \frac{I_x + I_y}{2} + \frac{I_x - I_y}{2}\cos 2\alpha - I_{xy}\sin 2\alpha \tag{1.12a}$$

同理

$$I_{y_1} = \frac{I_x + I_y}{2} - \frac{I_x - I_y}{2}\cos 2\alpha + I_{xy}\sin 2\alpha \tag{1.12b}$$

$$I_{x_1y_1} = \frac{I_x - I_y}{2}\sin 2\alpha + I_{xy}\cos 2\alpha \tag{1.12c}$$

以上 3 式就是惯性矩和惯性积的转轴公式，可用来计算截面的主惯性矩和主惯性积。

将式(1.12a) 和式(1.12b) 中的 I_{x_1} 和 I_{y_1} 相加，可得

$$I_{x_1} + I_{y_1} = I_x + I_y$$

上式表明，截面对于通过同一点的任意一对相互垂直的坐标轴的两惯性矩之和为一常数，并等于截面对该坐标原点的极惯性矩。

1.4.2 形心主惯性轴和形心主惯性矩

由式(1.12c) 可知，当坐标轴旋转时，惯性积 $I_{x_1y_1}$ 将随着 α 角做周期性变化，且有正有负。因此，必有一特定的角度 α_0，使截面对于新坐标轴 x_0，y_0 的惯性积等于零。截面对其惯性积等于零的一对坐标轴，称为主惯性轴。截面对于主惯性轴的惯性矩，称为主惯性矩。当一对主惯性轴的交点与截面的形心重合时，就称为形心主惯性轴。截面对于形心主惯性轴的惯性矩，称为形心主惯性矩。

首先确定主惯性轴的位置，并导出主惯性矩的计算公式。设 α_0 角为主惯性轴与原坐标轴之间的夹角（参照图 1.8），则将 α_0 角代入惯性积的转轴公式(1.12c) 并令其等于零，即

$$\frac{I_x - I_y}{2}\sin 2\alpha_0 + I_{xy}\cos 2\alpha_0 = 0$$

上式可改写为

$$\tan 2\alpha_0 = \frac{-2I_{xy}}{I_x - I_y} \tag{1.13}$$

由上式解得的 α_0 值,就确定了两主惯性轴中 x_0 轴的位置。

将所得 x_0 值代入式(1.12a)和式(1.12b),即得截面的主惯性矩。为计算方便,直接导出主惯性矩的计算公式。为此,利用式(1.13),并将 $\cos 2\alpha_0$ 和 $\sin 2\alpha_0$ 写成如下形式:

$$\cos 2\alpha_0 = \frac{1}{\sqrt{1+\tan^2 2\alpha_0}} = \frac{I_x - I_y}{\sqrt{(I_x - I_y)^2 + 4I_{xy}^2}}$$

$$\sin 2\alpha_0 = \frac{\tan 2\alpha_0}{\sqrt{1+\tan^2 2\alpha_0}} = \frac{-2I_{xy}}{\sqrt{(I_x - I_y)^2 + 4I_{xy}^2}}$$

将其代入式(1.12a)和式(1.12b),经简化后即得主惯性矩的计算公式为

$$I_{x_0} = \frac{I_x + I_y}{2} + \frac{1}{2}\sqrt{(I_x - I_y)^2 + 4I_{xy}^2},\quad I_{y_0} = \frac{I_x + I_y}{2} - \frac{1}{2}\sqrt{(I_x - I_y)^2 + 4I_{xy}^2} \tag{1.14}$$

另外,由式(1.12a)和式(1.12b)可见,惯性矩 I_{x_1} 和 I_{y_1} 都是 α 角的正弦函数和余弦函数,而 α 角可在 $0^\circ \sim 360^\circ$ 的范围内变化,因此,I_{x_1} 和 I_{y_1} 必然有极值。由于对通过同一点的任意一对坐标轴的两惯性矩之和为一常数,因此,其中的一个将为极大值,另一个则为极小值。

由 $\dfrac{\mathrm{d}I_{x_1}}{\mathrm{d}\alpha}=0$ 和 $\dfrac{\mathrm{d}I_{y_1}}{\mathrm{d}\alpha}=0$ 解得的使惯性矩取得极值的坐标轴位置的表达式与式(1.13)完全一致。从而可知,截面对于通过任一点的主惯性轴的主惯性矩之值,也就是通过该点所有轴的惯性矩中的极大值 $I_{\max}$ 和极小值 $I_{\min}$。从式(1.14)可见,I_{x_0} 就是 $I_{\max}$,而 I_{y_0} 则为 $I_{\min}$。

在确定形心主惯性轴的位置并计算形心主惯性矩时,同样可以应用上述式(1.12)和式(1.13),但式中的 I_x,I_y 和 I_{xy},应为截面对于通过其形心的某一对坐标轴的惯性矩和惯性积。

在通过截面形心的一对坐标轴中,若有一个为对称轴,则该对称轴就是形心主惯性轴,因为截面对于包括对称轴在内的一对坐标轴的惯性积等于零。

在计算组合截面的形心主惯性矩时,首先应确定其形心位置,然后通过形心选择一对便于计算惯性矩和惯性积的坐标轴,算出组合截面对于这一对坐标轴的惯性矩和惯性积。将上述结果代入式(1.12)和式(1.13),即可得截面的形心主惯性轴的位置角度 α_0 和形心主惯性矩的数值。

若组合截面具有对称轴,则包括此轴在内的一对互相垂直的形心轴就是形心主惯性轴。此时,只需利用转轴公式(1.13)和式(1.14),即可得截面的形心主惯性矩。

【重点串联】

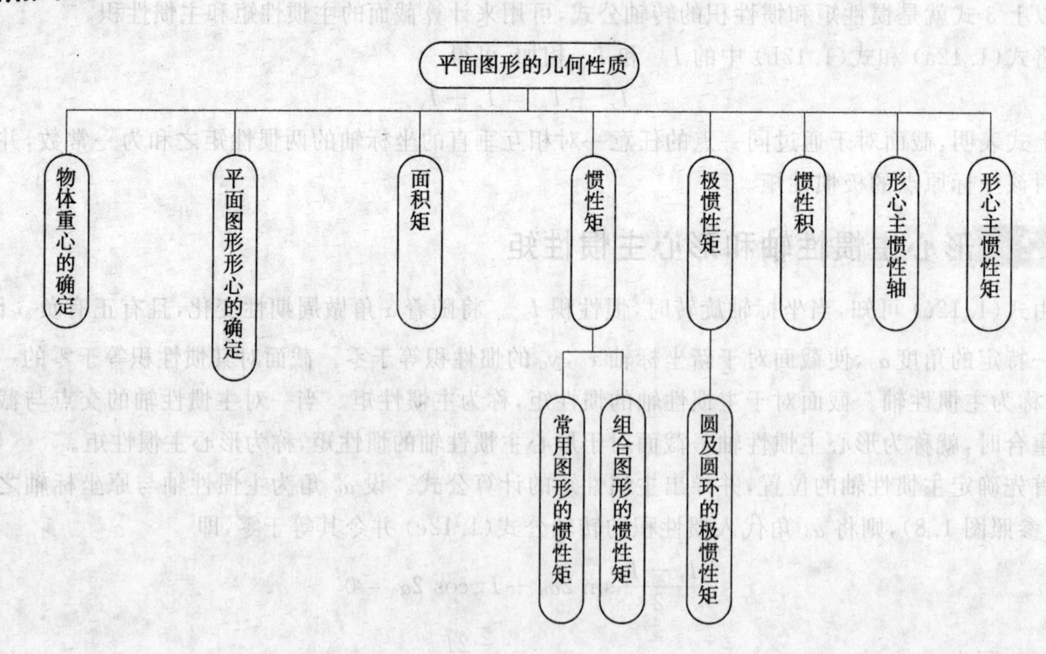

拓展与实训

基础训练

一、简答题

1. 什么是物体的重心？什么是截面的形心？重心和形心有什么区别？

2. 组合截面的形心怎样确定？

3. 组合截面的惯性矩如何确定？

4. 图 1.9 中各截面图形中 C 是形心。试问哪些截面图形对坐标轴的惯性积等于零？哪些不等于零？

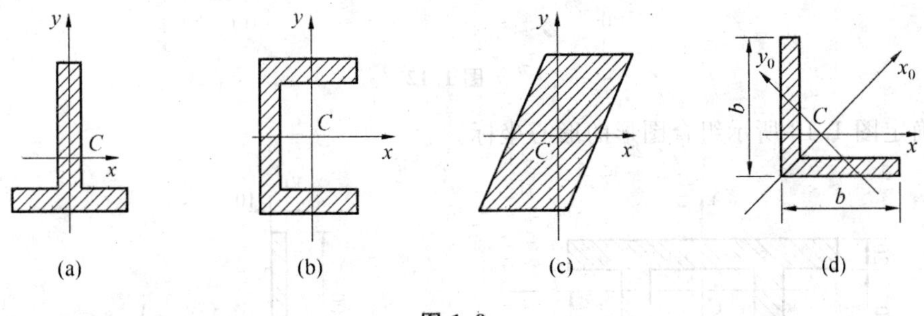

图 1.9

5. 试问图 1.10 所示两截面的惯性矩 I_x 是否可按 $I_x=\dfrac{bh^3}{12}-\dfrac{b_0h_0^3}{12}$ 来计算？

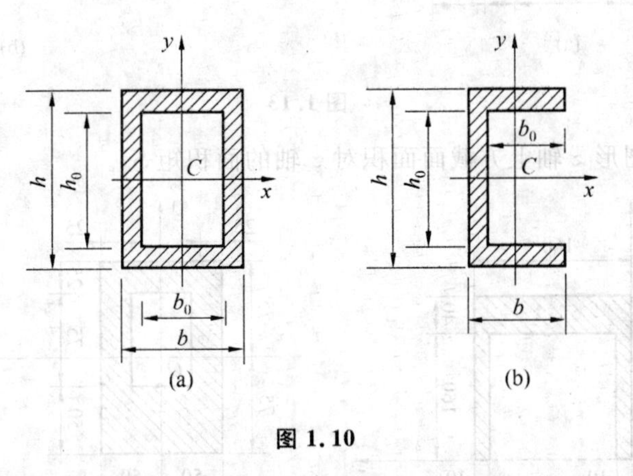

图 1.10

二、判断题

由两根同一型号的槽钢组成的截面如图 1.11 所示。已知每根槽钢的截面面积为 A，对形心轴 y_0 的惯性矩为 I_{y_0}，并知 y_0，y_1 和 y 为相互平行的 3 根轴。试问在计算截面对 y 轴的惯性矩 I_y 时，应选下列哪个算式？

(1) $I_y=I_{y_0}+z_0^2A$

(2) $I_y=I_{y_0}+\left(\dfrac{a}{2}\right)^2A$

(3) $I_y=I_{y_0}+\left(z_0+\dfrac{a}{2}\right)^2A$

(4) $I_y=I_{y_0}+z_0^2A+z_0aA$

(5) $I_y=I_{y_0}+\left[z_0^2+\left(\dfrac{a}{2}\right)^2\right]A$

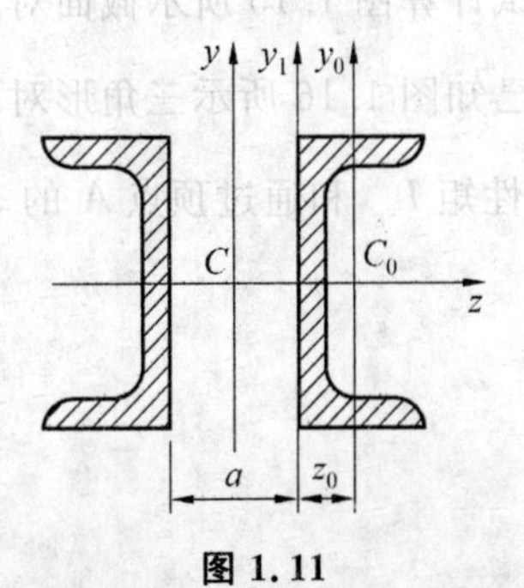

图 1.11

三、计算题

1. 试求图 1.12 所示各截面的阴影部分面积对 x 轴的面积矩。

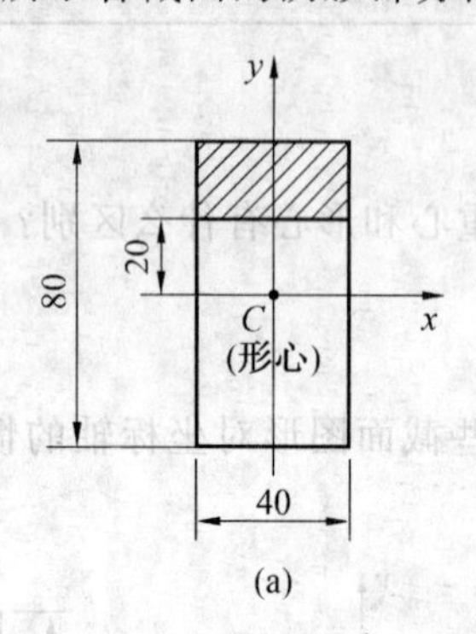

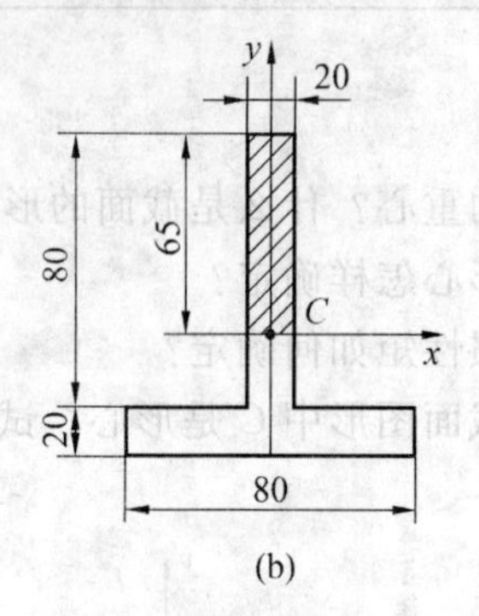

图 1.12

2. 确定图 1.13 所示组合图形的形心坐标。

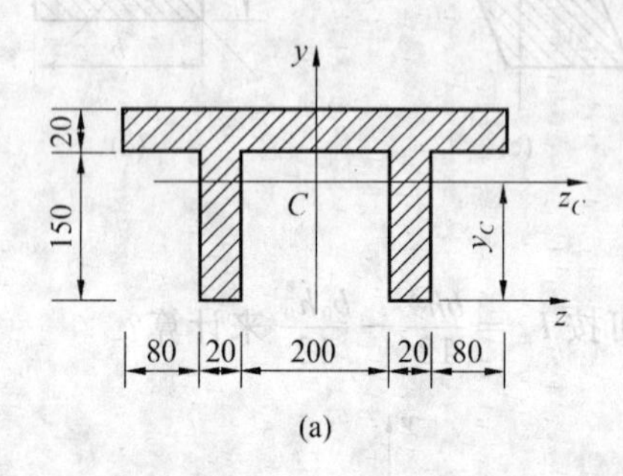

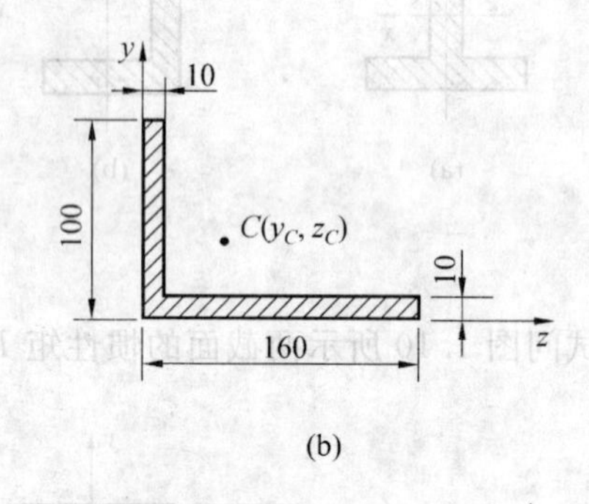

图 1.13

3. 求图 1.14 中图形 z 轴上方截面面积对 z 轴的面积矩 S_z。

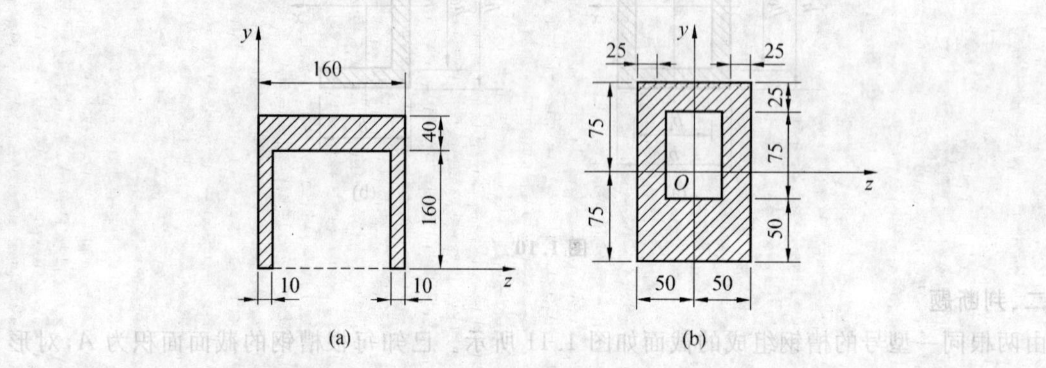
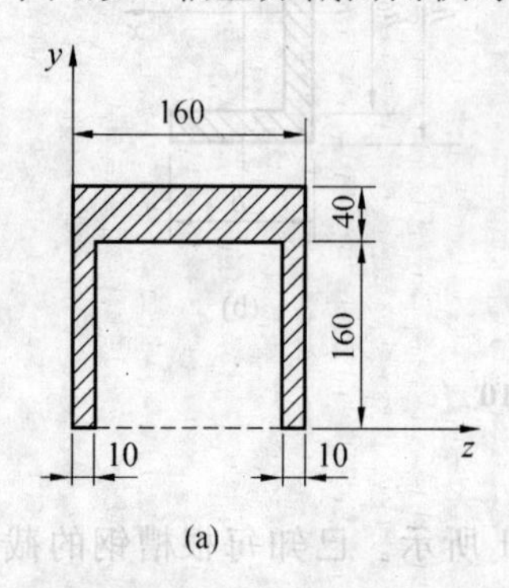

图 1.14

4. 试计算图 1.15 所示截面对水平形心轴 z 的惯性矩。

5. 已知图 1.16 所示三角形对底边轴 z_1 的惯性矩 $I_{z_1}=\dfrac{bh^3}{12}$，试用平行移轴公式求对形心轴 z_C 的惯性矩 I_{z_C} 和通过顶点 A 的 z_2 轴的惯性矩 I_{z_2}。

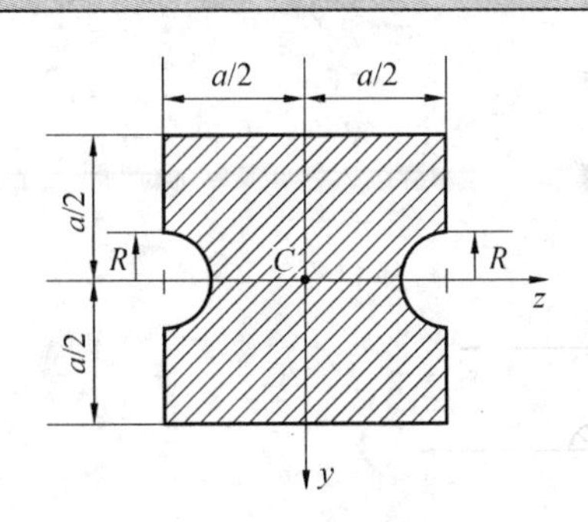

图 1.15

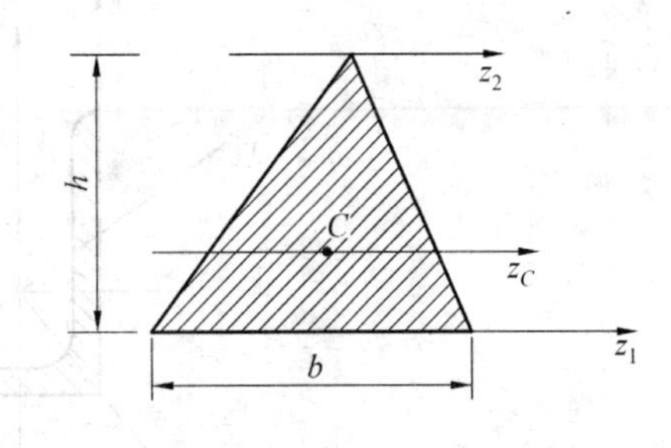

图 1.16

6. 试计算图 1.17 所示截面对水平形心轴 z 的惯性矩。

7. 试求图 1.18 所示各截面的主形心轴位置及主形心惯性矩。

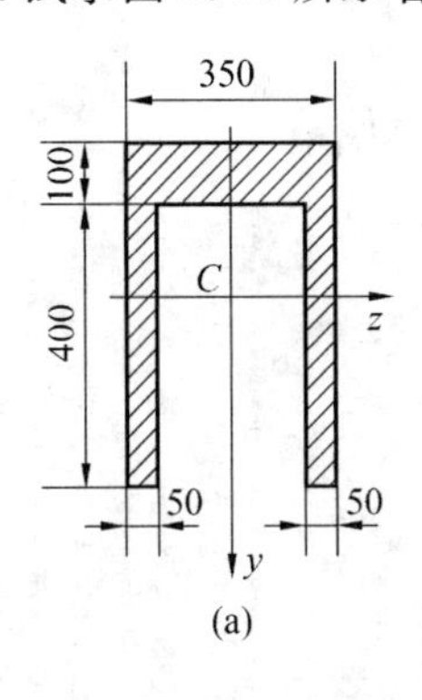

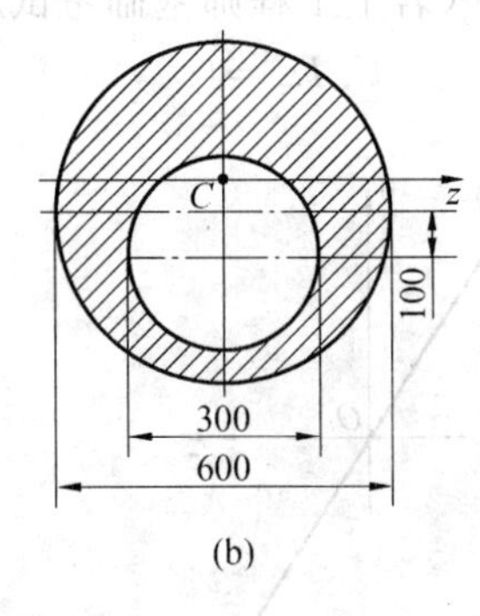

图 1.17

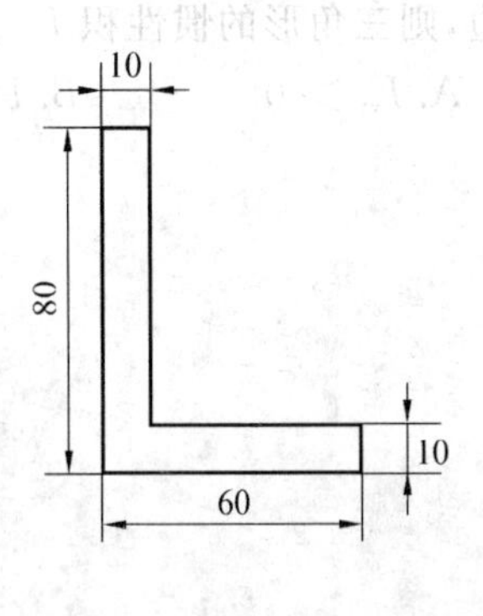

图 1.18

【链接执考】

1. 图 1.19 所示带阴影部分的图形对 z 轴的静矩 S_z 和惯性矩 I_z 为(　　)。(电气工程师基础考试题)

A. $S_z=\frac{a^3}{8},I_z=\frac{7a^4}{24}$　　B. $S_z=\frac{3a^3}{8},I_z=\frac{7a^4}{24}$

C. $S_z=\frac{a^3}{8},I_z=\frac{a^4}{96}$　　D. $S_z=\frac{3a^3}{8},I_z=\frac{a^4}{96}$

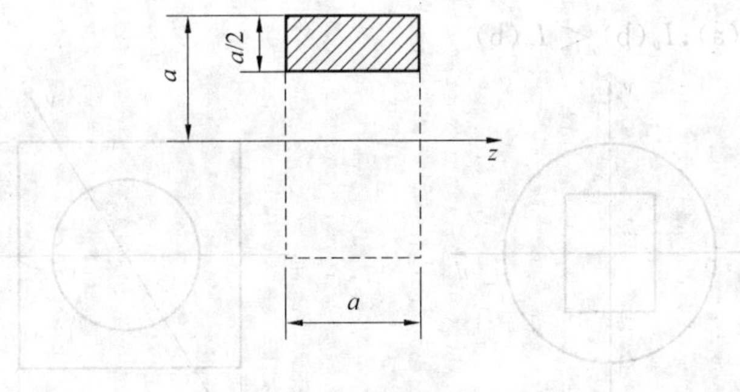

图 1.19

2. 图 1.20 所示等边角钢的横截面面积为 A,形心在 C 点,下列结论中正确的是(　　)。(电气工程师基础考试题)

(1) $I_x=I_y,I_{x'}=I_{y'},I_{x''}=I_{y''}$;

(2) $I_{xy}>0,I_{x'y'}<I_{xy},I_{x''y''}=0$;

(3) $I_x>I_{x'}$

A. (1),(2)　　B. (2),(3)　　C. (1),(3)　　D. 全对

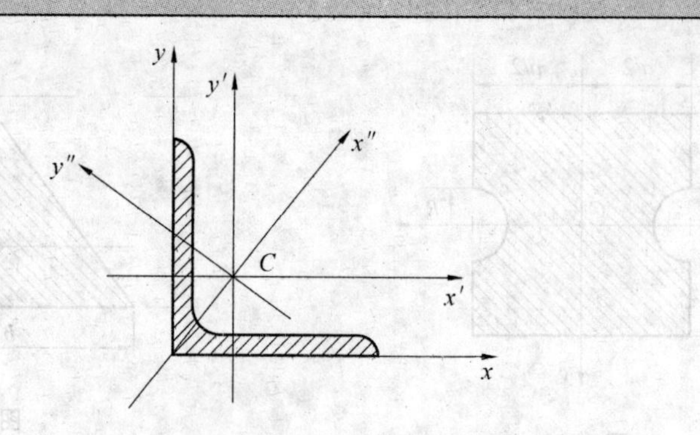

图 1.20

3. 图 1.21 中 O 点为直角三角形 ABC 斜边上的中点，y，z 轴过中点 O 且分别平行于两条直角边，则三角形的惯性积 I_{yz} 为(　　)。(岩土工程师基础考试题)

A. $I_{yz}>0$　　B. $I_{yz}<0$　　C. $I_{yz}=0$　　D. $I_{yz}=I_{y_1z_1}$

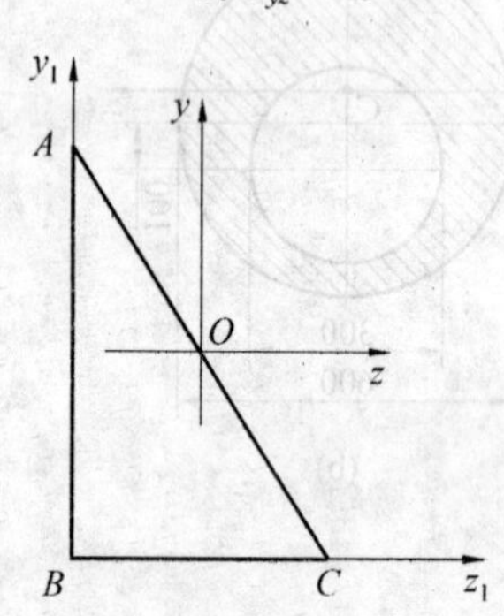

图 1.21

4. 图 1.22 所示(a)、(b)两截面，(a)为带矩形的圆孔，(b)为带圆孔的正方形，u，v 均为形心主轴，关于惯性矩 I_u，I_v 有四种答案，其中正确的是(　　)。(岩土工程师基础考试题)

A. $I_u(\mathrm{a})>I_v(\mathrm{a})$；$I_u(\mathrm{b})=I_v(\mathrm{b})$

B. $I_u(\mathrm{a})>I_v(\mathrm{a})$；$I_u(\mathrm{b})>I_v(\mathrm{b})$

C. $I_u(\mathrm{a})<I_v(\mathrm{a})$；$I_u(\mathrm{b})=I_v(\mathrm{b})$

D. $I_u(\mathrm{a})<I_v(\mathrm{a})$；$I_u(\mathrm{b})<I_v(\mathrm{b})$

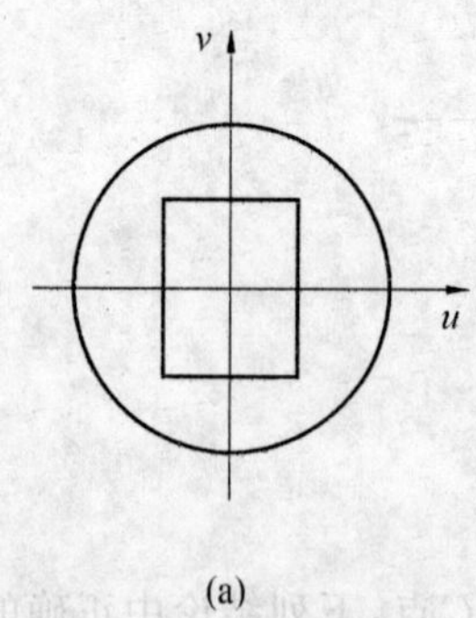
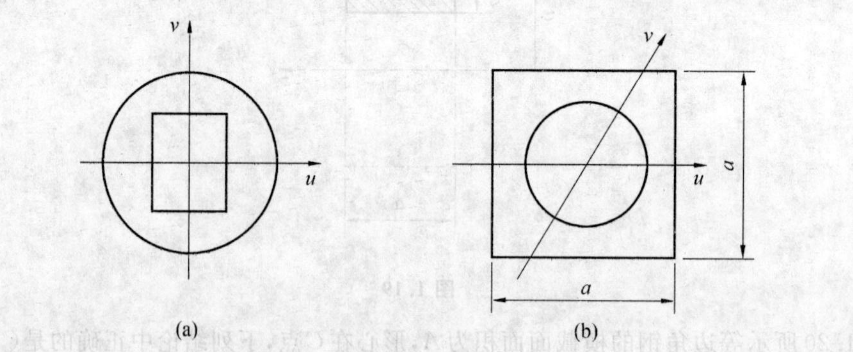

图 1.22

模块 2
杆件的内力分析

【模块概述】

材料力学的任务之一是研究杆件的强度问题，而杆件的强度是通过“应力”这个物理量衡量的。为了确定杆件的应力，一般需要先求出杆件横截面上的内力分量，即截面上分布内力向某一选定坐标系简化所得的主矢和主矩的分量。本章将具体地运用求内力的方法——截面法来对杆件进行内力分析，并绘制相应的内力图。

【学习目标】

知识目标	能力目标
1. 掌握轴心拉压杆件的受力特点； 2. 学会绘制轴心拉压杆的内力图； 3. 学会用截面法求受扭圆轴的内力； 4. 了解梁的计算简图和静定梁的3种基本形式； 5. 掌握用写方程法作梁的内力图的方法； 6. 学会用区段叠加法作梁的内力图。	1. 培养学生勤于思考、善于钻研工程失稳问题的能力； 2. 培养学生熟练运用内力分析的本领； 3. 培养学生分析和解决实际杆件内力分析问题的能力。

【学习重点】

轴向拉伸与压缩、扭转变形、梁弯曲变形的内力计算。

【课时建议】

16～18课时

2.1 轴心拉压杆的内力及内力图

2.1.1 轴心拉压杆的受力特点

工程实际中，发生轴向拉伸或压缩变形的构件很多，例如钢木组合桁架中的钢拉杆和三角支架中的各杆(图 2.1(a))。

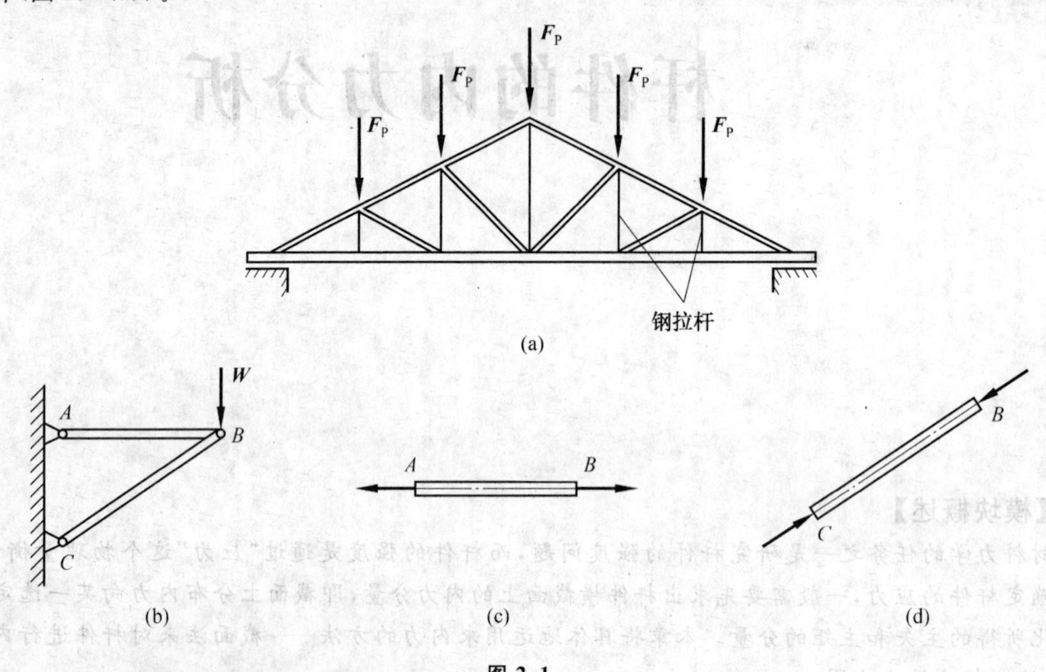

图 2.1

受力特点：杆件所受外力与杆轴线重合。

变形特点：杆件沿轴线方向伸长或缩短。

产生轴向拉(压)变形的杆件称为拉(压)杆。如图 2.1(b)所示构架中的 AB 杆和 BC 杆分别为拉杆和压杆。

2.1.2 用截面法求轴心拉压杆的内力

1. 内力的概念

作用于杆件上的荷载以及约束反力等，均属于外力。在静力学中已经讨论了外力的计算问题。但仅知杆件上所受的外力，还不能解决杆件的强度和刚度问题，要解决这些问题，则还需要进一步了解杆件的内力。

杆件在外力作用下将发生变形，与此同时，杆件内部各质点间的距离将发生改变，其相互作用力(结合力)也将产生变化。这种因杆件受到外力作用而引起的质点间相互作用力的改变量称为内力。

由于内力是由外力引起的，故内力随外力、变形的增大而增大。但内力的增大是有一定限度的，超过此限度，杆件就会发生破坏。所以，在研究杆件的强度和刚度等问题时必须先求出内力。

2. 计算内力的基本方法——截面法

计算内力最简便的方法就是截面法。应用截面法可将内力转化为外力，并可求出其数值。下面以图 2.2 所示的杆件为例说明如何使用截面法计算内力。

若求图 2.2(a)所示杆件的内力，可用一假想的截面将杆件截开，将杆件分为 A、B 两部分。任取其中一部分(例如 A 部分)为研究对象，并以内力来代替去掉的 B 部分对所取 A 部分的作用，根据变形固体的连续均匀性假设可知：在截开面上的内力必是连续分布的，这里所说的内力是指这些分布力的合力（力和力偶），画出其受力图如图 2.2(b)所示。因为杆件在外力作用下处于平衡状态，所以所取 A 部分也应处于平衡状态。列出其静力学平衡方程，即可由已知的外力求出作用在截开面上的内力。

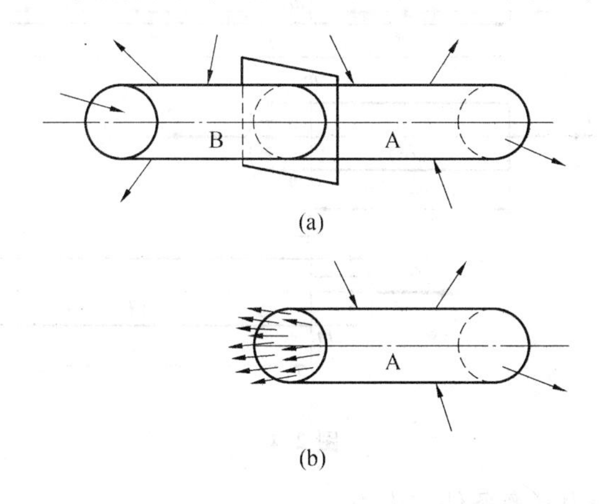

图 2.2

同理，若取 B 部分为研究对象，也可由已知的外力求出截开面上的内力。且计算结果表明：A 部分截开面上的内力与 B 部分截开面上的内力是等值、反向的，完全符合作用与反作用定律关系。

这种用一假想截面将构件截开为两部分，任取其中的一部分为研究对象，建立静力学平衡方程，从而求得截面上的内力的方法，即称为“截面法”。

截面法求内力的步骤可归纳如下：

(1)假想截开：即在欲求内力的位置用一假想截面将构件截开分为两部分。

(2)弃去代力：即任取其中的一部分为研究对象，用内力替代弃去部分对所取部分的作用，这样将内力显露出来成为外力。

(3)平衡求内力：即对所取部分建立静力学平衡方程，从而求出其内力。

2.1.3 轴心拉压杆的内力图

1.内力的求解

轴心拉伸和压缩变形是受力杆件中最简单的变形，其受力和特点是：杆件沿杆轴线方向受到一对大小相等、方向相反的力作用。若两个力的方向背离杆端时，则杆件纵向伸长，横向缩短，这种变形称为轴心拉伸变形，即杆件称为拉杆，如图 2.3(a)所示。若两个力的方向指向杆端时，则杆件纵向缩短，横向伸长，这种变形称为轴向压缩变形，即杆件称为压杆，如图 2.3(b)所示。

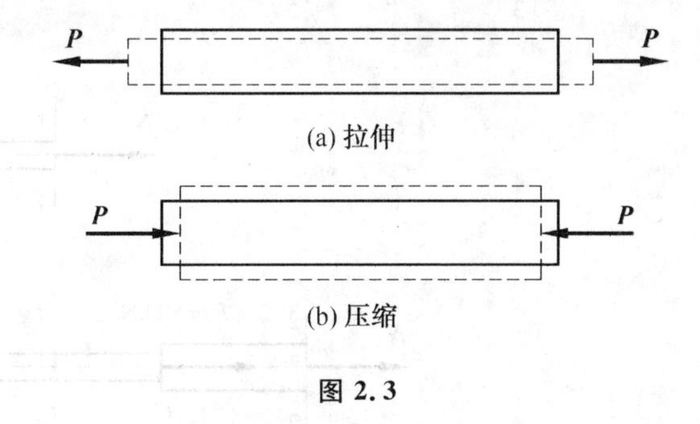

图 2.3

现以轴向受拉杆图 2.4(a)为例，用截面法求杆中 $m-m$ 截面上的内力。

(1)假想截开：即用假想的 $m-m$ 截面将杆件截开，取其左半部分为研究对象，如图 2.4(b)所示。

(2)弃去代力：即用分布内力替代右半部分对左半部分的作用，此时将内力显示成为外力，而分布内力的合力用 N 来表示，且 N 应该与轴线重合，故称为轴力。

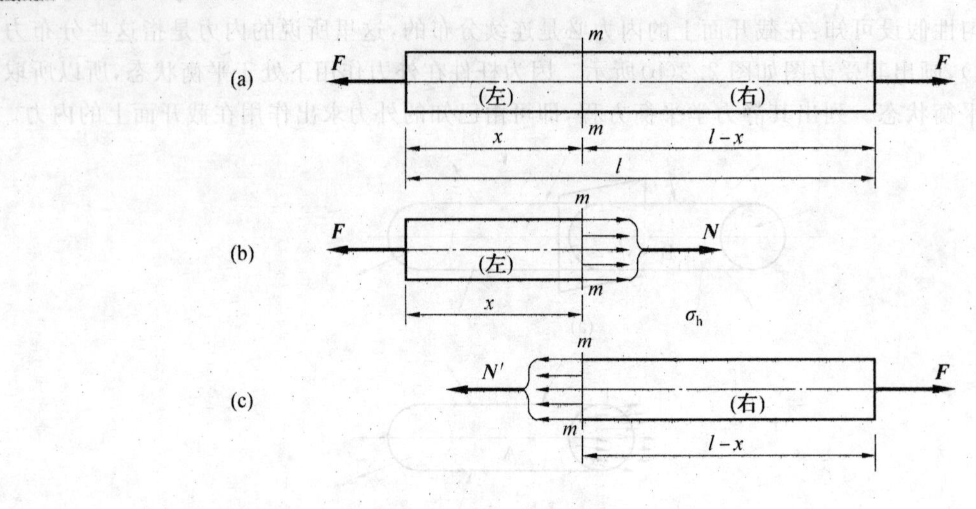

图 2.4

(3) 平衡求内力：即由静力平衡条件求内力。

由 $$\sum X=0,\quad N-F=0$$

求得 $$N=F$$

求得的轴力为正值，表明轴力 N 与假设方向一致，即为拉力。

若取右半部分为研究对象，如图 2.4(c) 所示。

由 $$\sum X=0,\quad F-N'=0$$

求得 $$N'=F=N$$

上述计算表明：求轴向拉(压)杆 $m-m$ 截面上的轴力时，不论取 $m-m$ 截面以左部分杆为研究对象，还是取 $m-m$ 截面以右部分杆为研究对象，所求 $m-m$ 截面上的轴力总是相等的，因为 N 与 N' 是一对作用力与反作用力的关系。

轴力的常用单位为牛顿或千牛顿(N 或 kN)。

轴力的正、负号规定：轴力 N 以拉为正；压为负。

【例 2.1】 试用截面法求图 2.5(a) 所示阶梯状轴向拉压杆中 1—1 截面、2—2 截面和 3—3 截面的轴力。

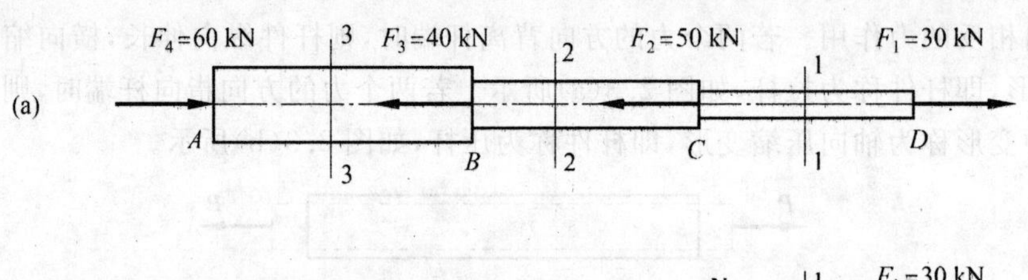

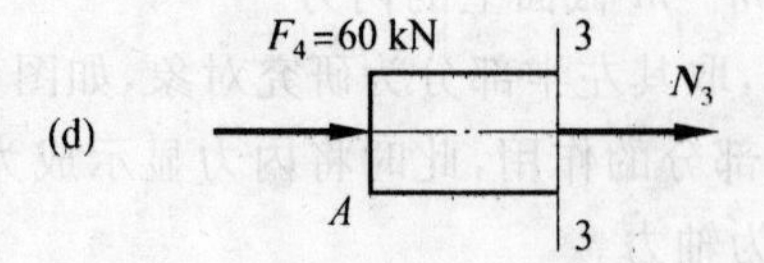

图 2.5

解 (1) 求1—1截面上的轴力

取1—1截面以右杆段为研究对象，画出受力图如图2.5(b)所示。

由$\sum X=0$，即

$$F_1-N_1=0$$

求得

$$N_1=F_1=30\ \text{kN}(\text{拉力})$$

(2) 求2—2截面上的轴力

取2—2截面以右杆段为研究对象，画出受力图如图2.5(c)所示。

由$\sum X=0$，即

$$F_1-F_2-N_2=0$$

求得

$$N_2=F_1-F_2=(30-50)\text{kN}=-20\ \text{kN}(\text{压力})$$

(3) 求3—3截面上的轴力

为使计算简单，故取3—3截面以左杆段为研究对象，画出受力图如图2.5(d)所示。

由$\sum X=0$，即

$$N_3+F_4=0$$

求得

$$N_3=-F_4=-60\ \text{kN}(\text{压力})$$

从以上计算可见，轴向拉压杆横截面上的轴力只与作用在杆件上的外力有关，而与杆的横截面面积大小无关。

2. 轴力图的画法

当杆件受到多个力的作用时，拉(压)杆在不同横截面上的轴力通常是不相同的。为了直观地表示轴力沿杆轴线的变化规律，选取与杆轴线相平行的x轴表示各截面的位置，取与杆轴线垂直的纵坐标N表示各截面轴力的大小，从而绘出表示轴力与截面位置关系的图形，称为轴力图。

画轴力图时，规定正值的轴力画在轴线的上侧，负值的轴力画在轴线的下侧，并标明正负号。注意:轴力图应画在荷载图的下侧，且与荷载图一一对应。

【例2.2】 试求作图2.6(a)所示悬臂等截面直杆的轴力图。

解 该杆左端为固定端，右端为自由端，可不用求支座反力，只要从自由端开始取研究对象，即可由静力平衡条件求得杆中任一横截面上的轴力。又根据杆中荷载变化情况，可将杆件分为AB、BC、CD、DE 4个杆段，而在每个杆段中的轴力是相等的，故只需在每个杆段中取一个截面作代表即可。

(1) 求各段杆轴力

DE段：取1—1截面以右杆段为研究对象，画出受力图如图2.6(b)所示。

由$\sum X=0$，即

$$F_1-N_1=0$$

求得

$$N_1=F_1=20\ \text{kN}(\text{拉力})$$

CD段：取2—2截面以右杆段为研究对象，画出受力图如图2.6(c)所示。

由$\sum X=0$，即

$$F_1-F_2-N_2=0$$

求得

$$N_2=F_1-F_2=(20-30)\text{kN}=-10\ \text{kN}(\text{压力})$$

BC段：取3—3截面以右杆段为研究对象，画出受力图如图2.6(d)所示。

由$\sum X=0$，即

$$F_1-F_2+F_3-N_3=0$$

求得

$$N_3=F_1-F_2+F_3=(20-30+60)\ \text{kN}=50\ \text{kN}(\text{拉力})$$

AB段：取4—4截面以右杆段为研究对象，画出受力图如图2.6(e)所示。

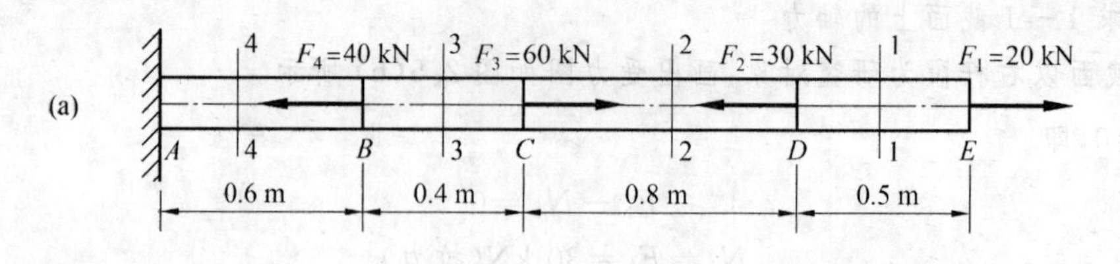

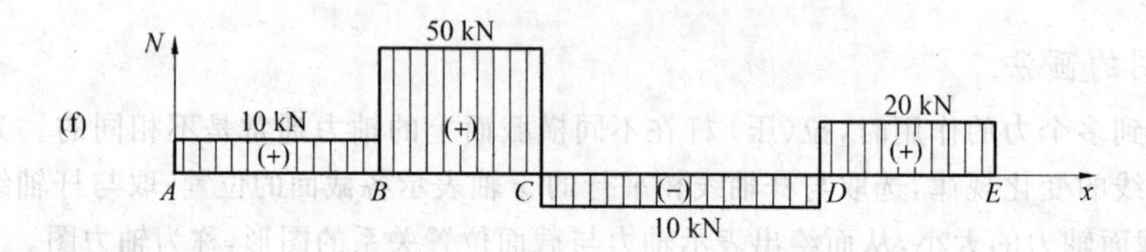

图 2.6

由$\sum X=0$，即

$$F_1-F_2+F_3-F_4-N_4=0$$

求得 $N_4=F_1-F_2+F_3-F_4=(20-30+60-40)\ \text{kN}=10\ \text{kN}$(拉力)

(2) 作出轴力图

根据所求内力值，作出该杆的轴力图如图 2.6(f) 所示。

2.2 受扭圆轴的内力及内力图

2.2.1 受力变形特点

产生扭转变形的杆件多为传动轴，房屋的雨篷梁、钻机的钻杆、工业厂房里的吊车梁等都存在不同程度的扭转变形，如图 2.7 所示。

受力特点：大小相等、转向相反的力偶作用在圆轴的两端，作用面与圆轴的轴线相垂直。

变形特点：横截面绕轴线做相对运动，变形后杆件各横截面之间绕杆轴线相对转动，产生转角。

2.2.2 外力偶矩的换算公式

在工程实际中，作用在扭转杆上的外力偶矩往往不是直接给出的，而是要通过计算才能确定，若已知电动机功率N和轴的转速n，则可根据功率N和转速n计算出转换的外力偶矩。下面介绍外力偶矩的计算公式。

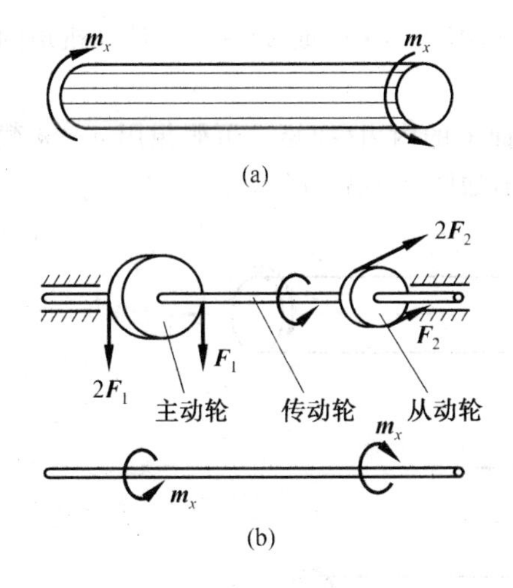

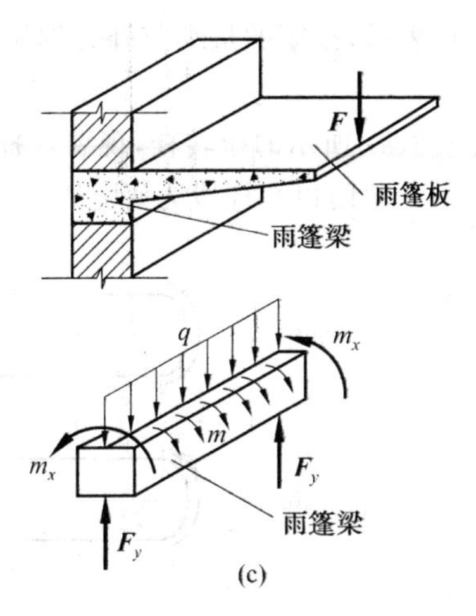

图 2.7

1. 力偶做功的概念

力偶所做的功 A 等于力偶矩 m 与角位移 φ 的乘积。即

$$A=m\varphi$$

当角位移 $\varphi=2\pi$ 时，则力偶矩 m 在转动一周的角位移上所做的功即为

$$A=m\varphi=m\cdot 2\pi$$

若电动机的转速为 n(r/min)，此时角位移 $\varphi=2\pi\cdot n$，则力偶矩 m 在 1 min 内的角位移上所做的功为

$$A=m\varphi=m\cdot 2\pi\cdot n \tag{a}$$

2. 功和功率的关系

电动机的功率有两种单位制：一种功率为 N_k 千瓦(kW)，即 1 kW=1 kN·m/s；另一种功率为 N_p 马力(PS)，即 1 PS=0.735 5 kN·m/s。

如果输入功率 N_k 为千瓦(kW)，由于 1 kW=1 kN·m/s，1 min=60 s，则在 1 min 内输入的功为

$$A=N_k\times 1\times 60=60N_k \tag{b}$$

如果输入功率 N_p 为马力(PS)，由于 1 PS=0.735 5 kN·m/s，1 min=60 s，则在 1 min 内输入的功为

$$A=N_p\times 0.735\,5\times 60=44.1N_p \tag{c}$$

3. 外力偶矩的计算公式

外力偶所做的功就是输入的功。比较式(a) 与式(b) 和式(a) 与式(c) 得

$$m\cdot 2\pi\cdot n=60\cdot N_k$$
$$m\cdot 2\pi\cdot n=44.1\cdot N_p$$

于是得

$$m=\frac{60}{2\pi}\frac{N_k}{n}=9.55\frac{N_k}{n}(\text{kN}\cdot\text{m})$$

$$m=\frac{44.1}{2\pi}\frac{N_p}{n}=7.02\frac{N_p}{n}(\text{kN}\cdot\text{m})$$

注意：在确定外力偶矩的转向时，输入功率的力偶矩为主动力矩，转向与轴的转向一致，而输出功率的力偶矩为阻力矩，转向与轴的转向相反。

2.2.3 用截面法求受扭圆轴的内力

当杆件受到垂直于杆轴线平面内的外力偶作用时，杆中任一横截面上将产生相应的内力，称为扭

矩，用符号 M_x 表示，扭矩的量纲与外力偶矩的量纲相同，即为 N·m 或 kN·m。计算扭矩的方法仍采用截面法。

对如图 2.8(a) 所示的扭转杆，现要求杆中任一截面上的内力(扭矩)，可假想用 $n-n$ 截面将杆截开，取其中 $n-n$ 截面以左杆段为研究对象，画出受力图如图 2.8(b) 所示。

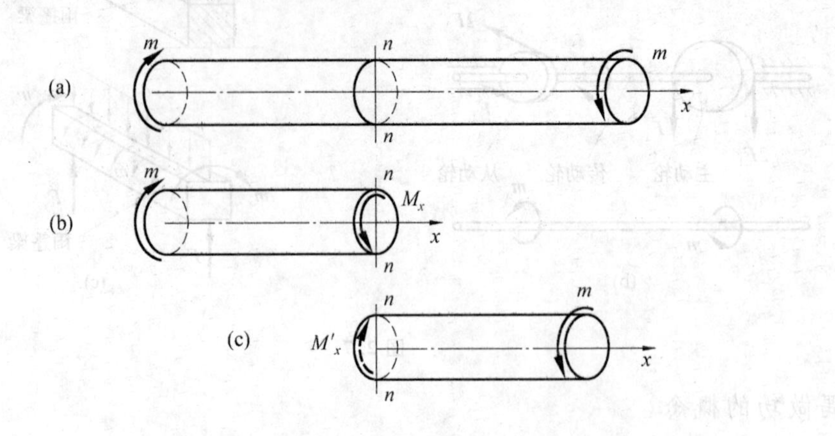

图 2.8

由于整个杆在外力偶矩作用下是处于平衡的，故所取左杆段也应处于平衡。由力偶平衡理论可知，$n-n$ 截面上的内力必合成为一个内力偶矩 M_x 与外力偶矩构成平衡，即扭矩作用，则维持平衡的内力(扭矩) 也必是力偶，外力偶作用平面垂直于轴线，根据力偶矩平衡条件：

由 $\sum m=0$，即

$$M_x-m=0$$

求得

$$M_x=m$$

同理，若取 $n-n$ 截面以右杆段为研究对象，画出受力图如图 2.8(c) 所示。

由 $\sum m=0$，即

$$m-M'_x=0$$

求得

$$M'_x=m=M_x$$

由此可见，无论取 $n-n$ 截面以左杆段或 $n-n$ 截面以右杆段为研究对象，所求得 $n-n$ 截面上的扭矩是相同的，即扭矩大小相等、转向相反。

扭矩的正、负号按右手螺旋法则(图 2.9) 确定，即 4 个手指的方向顺着扭矩的转向，若大拇指的方向背离截面，则扭矩为正，反之为负。

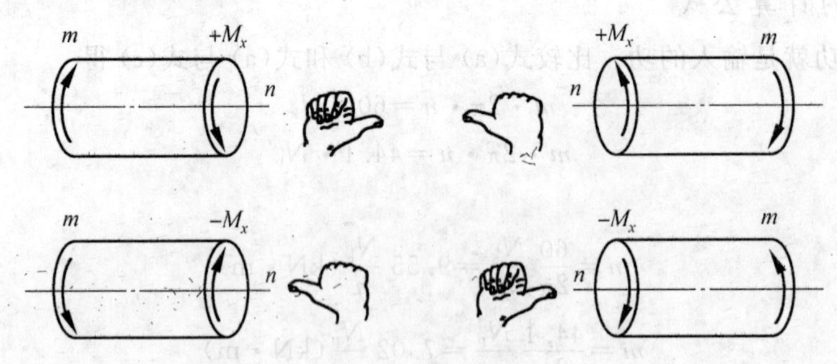

图 2.9

2.2.4 受扭圆轴的内力图

当扭转杆受多个外力偶作用时，则每一杆段的扭矩是不同的。因此，需要分段计算。为了直观地显示出整个扭转杆各横截面上扭矩沿杆轴向的变化规律，通常需要作出扭转杆的扭矩图。作扭矩图的目的是便于确定扭转杆中的最大扭矩值和危险截面位置。绘制扭矩图与绘制轴向拉（压）时的轴力图类似。

其具体作法如下：以横坐标表示横截面的位置，以纵坐标表示相应截面上的扭矩，正的扭矩画在横坐标的上方，负的扭矩画在横坐标的下方，从而得到扭矩随截面变化规律的图形。须注意，在扭矩图中需标明扭矩值的大小、正负号和单位。

【例 2.3】 传动轴如图 2.10(a) 所示，主动轮 A 轮，输入功率 $N_{kA}=50$ kW，从动轮 B、C、D 输出功率分别为 $N_{kB}=N_{kC}=15$ kW，$N_{kD}=20$ kW，轴转速为 $n=300$ r/min。试绘制轴的扭矩图。

解 (1) 计算外力偶矩

$$m_{xA}=9.55\frac{N_{kA}}{n}=9.55\times\frac{50}{300}\ \text{kN}\cdot\text{m}=1.6\ \text{kN}\cdot\text{m}$$

$$m_{xB}=m_{xC}=9.55\frac{N_{kB}}{n}=9.55\times\frac{15}{300}\ \text{kN}\cdot\text{m}=0.48\ \text{kN}\cdot\text{m}$$

$$m_{xD}=9.55\frac{N_{kD}}{n}=9.55\times\frac{20}{300}\ \text{kN}\cdot\text{m}=0.64\ \text{kN}\cdot\text{m}$$

(2) 分段计算扭矩

BC 段：取 1—1 截面以左杆段为研究对象，画出受力图如图 2.10(b) 所示，并假设该截面扭矩为正转向。

由 $\sum M_x=0$，即

$$M_{x1}+m_{xB}=0$$

求得

$$M_{x1}=-m_{xB}=-0.48\ \text{kN}\cdot\text{m}$$

计算结果为负，说明假设扭矩转向与实际转向相反，为负扭矩。

CA 段：取 2—2 截面以左杆段为研究对象，画出受力图如图 2.10(c) 所示。

由 $\sum M_x=0$，即

$$M_{x2}+m_{xB}+m_{xC}=0$$

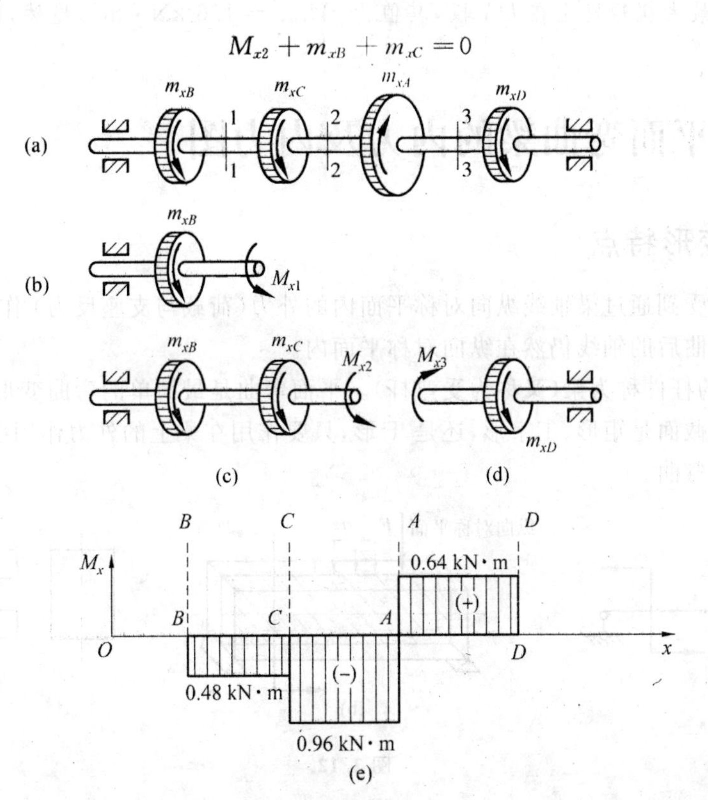

图 2.10

求得 $$M_{x3} = -m_{xB} - m_{xC} = -0.96\ \text{kN}\cdot\text{m}$$

AD 段：取 3－3 截面以右杆段为研究对象，画出受力图如图 2.10(d) 所示。

由 $\sum M_x = 0$，即

$$M_{x3} - m_{xD} = 0$$

求得 $$M_{x3} = m_{xD} = 0.64\ \text{kN}\cdot\text{m}$$

(3) 绘扭矩图

由于在各杆段中的扭矩值不变，故该轴扭矩图由 3 段水平线组成，作出扭矩 M_x 图，如图 2.11(e) 所示。

由 M_x 图可见：最大扭矩发生在 CA 段，其值为 $|M_{\max}| = 0.96\ \text{kN}\cdot\text{m}$。

若将该杆的主动轮 A 装置在杆右端，同样可求作出扭矩图 M_x，如图 2.11(b) 所示。

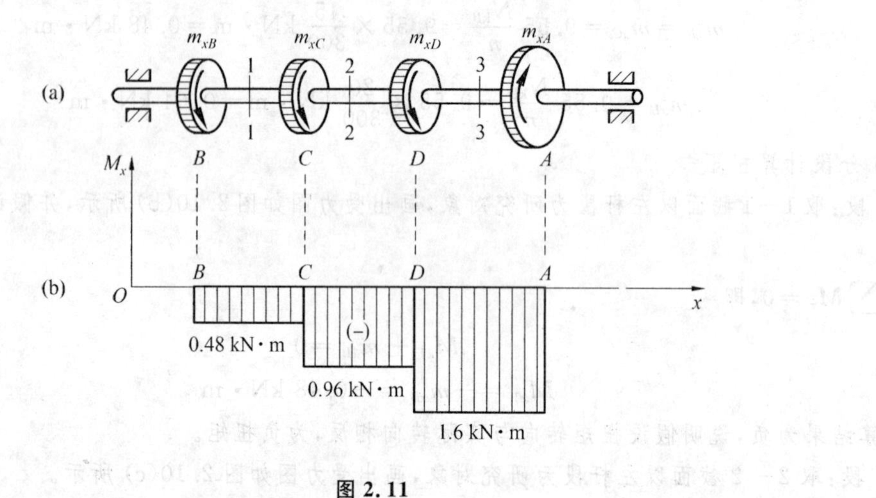

图 2.11

由 M_x 图可见：最大扭矩发生在 DA 段，其值为 $|M_{\max}| = 1.6\ \text{kN}\cdot\text{m}$。显然，图 2.10(a) 所示的主动轮布置较合理。

2.3 平面弯曲梁的内力及内力图

2.3.1 受力变形特点

受力特点：杆件受到通过梁轴线纵向对称平面内的外力（荷载与支座反力）作用。

变形特点：梁弯曲后的轴线仍然在纵向对称平面内。

产生弯曲变形的杆件称为梁（又称为受弯杆）。平面弯曲是最简单的弯曲变形。如图 2.12 所示的简支梁，不论梁的横截面是矩形、工字形，还是 T 形，只要作用在梁上的外力作用线均在纵向对称平面内，即该梁发生平面弯曲。

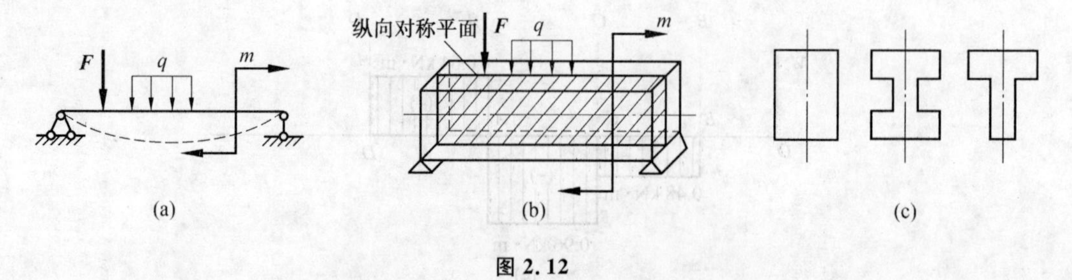

图 2.12

2.3.2 梁的计算简图

梁的支座和荷载有各种情况，必须做一些简化才能得出设计简图。下面就对支座及荷载的简化分别进行讨论。

(1) 固定铰支座：2 个约束，1 个自由度。如：桥梁下的固定支座，止推滚珠轴承等，如图 2.13(a) 所示。

(2) 可动铰支座：1 个约束，2 个自由度。如：桥梁下的辊轴支座，滚珠轴承等，如图 2.13(b) 所示。

(3) 固定端：3 个约束，0 个自由度。如：游泳池的跳水板支座，木桩下端的支座等，如图 2.13(c) 所示。

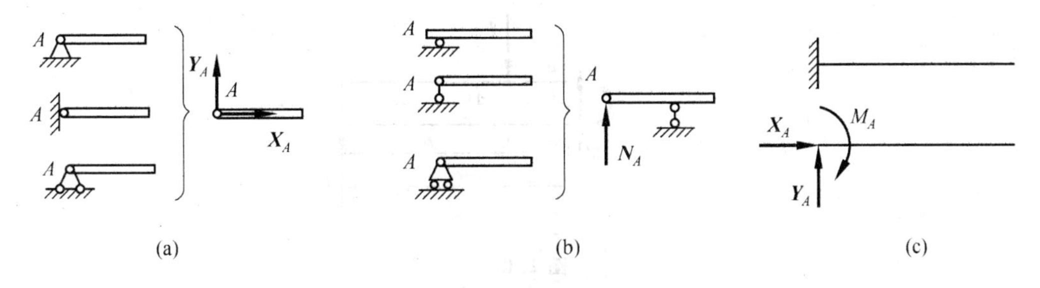

图 2.13

2.3.3 静定梁的 3 种基本形式

工程中对于单跨静定梁按其支座情况分为下列 3 种形式：

(1) 悬臂梁：梁的一端为固定端，另一端为自由端，如图 2.14(a) 所示。

(2) 简支梁：梁的一端为固定铰支座，另一端为可动铰支座，如图 2.14(b) 所示。

(3) 外伸梁：梁的一端或两端外伸的简支梁，如图 2.14(c) 所示。

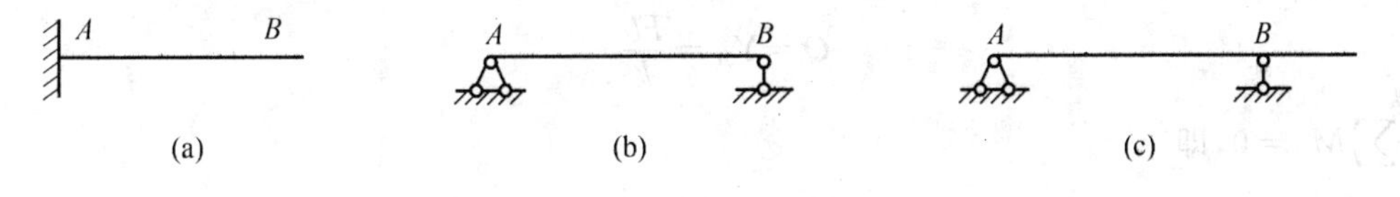

图 2.14

2.3.4 梁弯曲时横截面上的内力 —— 剪力和弯矩

1. 梁的内力 —— 剪力和弯矩

梁在外力作用下产生弯曲变形时，要求其任一横截面上的内力，同样可采用“截面法”求得。例如：如图 2.15(a) 所示的简支梁在竖向荷载作用下，求 $m-m$ 截面上的内力。

对此，我们先用静力平衡条件求得其支座反力为

$$Y_A=\frac{Fb}{l}(\uparrow),\quad R_B=\frac{Fa}{l}(\uparrow)$$

然后用假想的 $m-m$ 截面将梁截开，将梁分成左、右两梁段，取其任一段为研究对象，例如，取 $m-m$ 截面以左梁段为研究对象，画出受力图如图 2.15(b) 所示。现分析 $m-m$ 截面上的内力，因左梁段上作用一个向上的支座反力 Y_A，要维持平衡，则在 $m-m$ 截面上必定存在一个与反力 Y_A 大小相等而指向下方的内力分量 Q；又因截面上存在内力 Q，而内力 Q 和反力 Y_A 组成了一个力偶。要维持平衡，则在 $m-m$ 截面上必定还存在着另一内力分量(力偶) M。M 的转向必定与上述的力偶转向相反，且与 Q 和 Y_A 组成的力偶矩应相等。

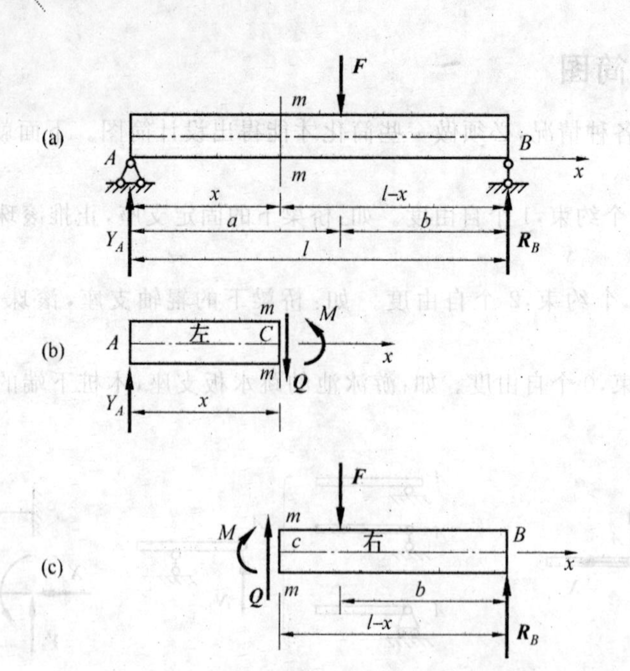

图 2.15

通过以上内力分析得出，在梁产生弯曲变形时，横截面上存在如下两种内力分量：

(1) 横截面切线方向上的内力分量 Q，称为剪力，其单位为牛顿(N)或千牛顿(kN)。

(2) 垂直于梁轴线且作用在纵向对称平面内的内力分量力偶，其力偶矩 M 称为弯矩。其单位为牛顿·米(kN·m)。

$m-m$ 截面上的剪力和弯矩值可由平衡条件求得。

由 $\sum Y=0$，即

$$Y_A-Q=0$$

求得

$$Q=Y_A=\frac{Fb}{l}$$

又由 $\sum M_C=0$，即

$$Y_A x-M=0$$

求得

$$M=Y_A x=\frac{Fb}{l}x$$

同理，若取 $m-m$ 截面以右梁段为研究对象，画出受力图如图 2.15(c) 所示。$m-m$ 截面上的剪力和弯矩值也可由平衡条件求得。

由 $\sum Y=0$，即

$$R_B+Q'-F=0$$

求得

$$Q'=F-R_B=F-\frac{Fa}{l}=\frac{F(l-a)}{l}=\frac{Fb}{l}=Q$$

又由 $\sum M_C=0$，即

$$R_B(l-x)-F(a-x)-M'=0$$

求得

$$M'=R_B(l-x)-F(a-x)=\frac{Fa}{l}(l-x)-F(a-x)=\frac{F}{l}(l-a)x=\frac{Fb}{l}x=M$$

上述计算表明：计算 $m-m$ 截面上的内力时，不论取左梁段或取右梁段为研究对象，所得结果是相同的，完全符合作用力与反作用力关系，即它们大小相等、方向(或转向)相反。所以，在计算梁横截面上的内力时，是取截面以左梁段为研究对象，还是取截面以右梁段为研究对象，应视其计算简单而定，灵活掌握。

2. 剪力、弯矩的正负号规定

为了使取左梁段或取右梁段为研究对象求得的同一截面上内力具有相同的正负符号。现将剪力和弯矩的正负号作如下的规定：

(1) 剪力的正负号规定：当横截面上的剪力绕截面形心顺时针转时为正，反之为负，如图2.16(a)、(b) 所示。

(2) 弯矩的正负号规定：当横截面上的弯矩使所取梁段的下部受拉时为正，反之为负，如图2.17(a)、(b) 所示。

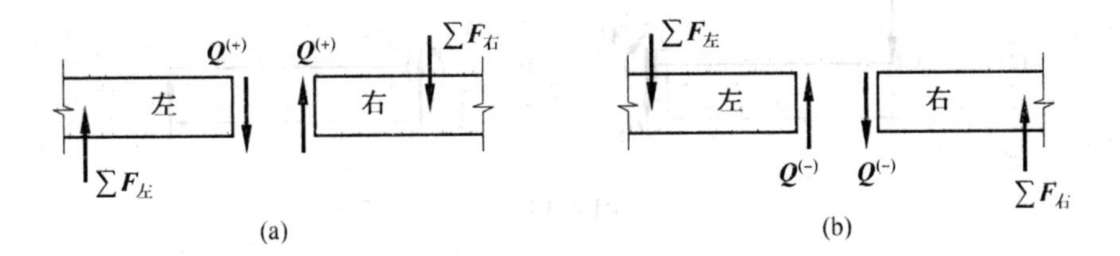

图 2.16

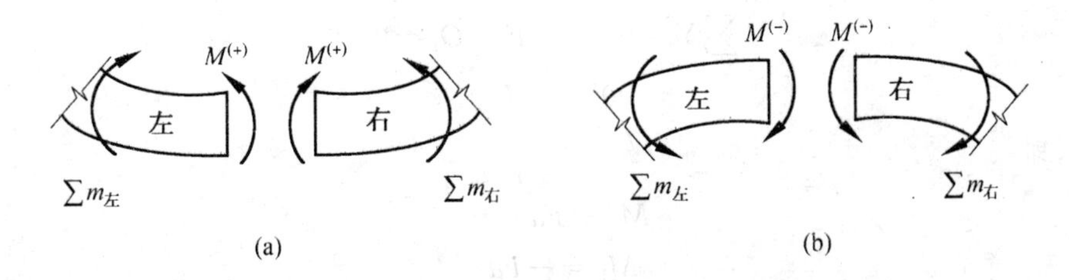

图 2.17

2.3.5 用写方程的方法求解梁的内力

1. 计算内力的一般方法 —— 写方程法

具体计算步骤如下：

(1) 根据整体平衡条件，求出支座反力。

(2) 用假想的横截面在欲求内力处将梁截开，取其中任一梁段为研究对象，画出其受力图(在取出的部分梁段上保留作用于该段上的外力，截开的截面用剪力和弯矩代替去掉部分对留下部分的作用力，剪力和弯矩的方向均假设为正向)。

(3) 建立平衡方程，求其剪力和弯矩。

由于未知的剪力和弯矩均假设按正向，当计算所得的内力值为正值时，说明内力的实际方向与假设的方向一致，当计算所得的内力值为负值时，说明内力的实际方向与假设的方向相反。

【例 2.4】 求图 2.18(a) 所示单外伸梁 1—1 截面和 2—2 截面、3—3 截面和 4—4 截面的内力。

解 (1) 求支座反力

由
$$\sum M_B = 0,\quad F\times 3a - m - R_A\times 2a = 0$$

求得
$$R_A = \frac{3Fa - m}{2a} = \frac{3Fa - \frac{Fa}{2}}{2a} = \frac{5}{4}F(\uparrow)$$

又由
$$\sum Y = 0,\quad R_A + R_B - F = 0$$

求得
$$R_B = F - R_A = F - \frac{5}{4}F = -\frac{F}{4}(\downarrow)$$

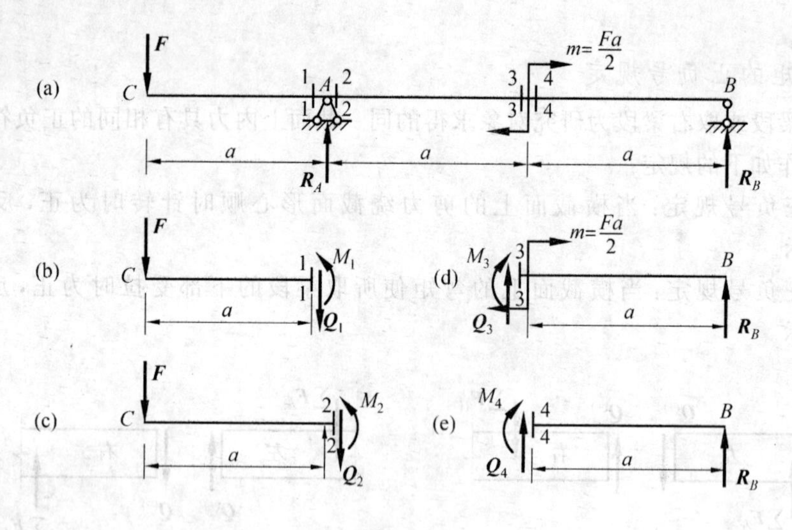

图 2.18

(2) 求 1—1 截面的内力

取 1—1 截面以左段梁为研究对象，画出其受力图如图 2.18(b) 所示。

由
$$\sum Y=0,\quad -F-Q_1=0$$

求得
$$Q_1=-F$$

又由 $\sum M=0$，即
$$M_1+Fa=0$$

求得
$$M_1=-Fa$$

(3) 求 2—2 截面的内力

取 2—2 截面以左段梁为研究对象，画出其受力图如图 2.18(c) 所示。

由
$$\sum Y=0,\quad R_A-F-Q_2=0$$

求得
$$Q_2=R_A-F=\frac{5}{4}F-F=\frac{F}{4}$$

又由
$$\sum M=0, M_2+Fa=0$$

求得
$$M_2=-Fa$$

(4) 求 3—3 截面的内力

取 3—3 截面以右段梁为研究对象，画出其受力图如图 2.18(d) 所示。

由
$$\sum Y=0,\quad Q_3+R_B=0$$

求得
$$Q_3=-R_B=\frac{F}{4}$$

又由
$$\sum M=0,\quad -M_3-m+R_Ba=0$$

求得
$$M_3=-m+R_Ba=-\frac{Fa}{2}-\frac{F}{4}a=-\frac{3}{4}Fa$$

(5) 求 4—4 截面的内力

用 4—4 截面截取右段梁为脱离体，画出其受力图如图 2.18(e) 所示。

由
$$\sum Y=0,\quad Q_4+R_B=0$$

求得
$$Q_4=-R_B=\frac{F}{4}$$

又由
$$\sum M=0,\quad -M_4+R_Ba=0$$

求得

$$M_4 = R_B a = -\frac{F}{4}a$$

(6) 内力分析

比较 1—1 截面和 2—2 截面的内力：

$$Q_1 = -F,\quad M_1 = -Fa$$

$$Q_2 = R_A - F = \frac{5}{4}F - F = \frac{F}{4},\quad M_2 = -Fa$$

分析表明：在集中力 R_A 左右两侧无限接近的横截面上，剪力有突变，其突变值等于该集中力 R_A 的大小，而弯矩相同。

再比较 3—3 截面和 4—4 截面的内力：

$$Q_3 = -R_B = \frac{F}{4},\quad M_3 = -\frac{3}{4}Fa$$

$$Q_4 = -R_B = \frac{F}{4},\quad M_4 = -\frac{F}{4}a$$

分析表明：在集中力偶矩 m 两侧无限接近的横截面上，剪力相同，而弯矩发生突变，其突变值等于该集中力偶矩 m 的大小，而剪力相同。

2. 计算内力的“简易法”

通过上例的内力计算，我们不难总结出计算剪力和弯矩的两条规律。

(1) 计算剪力的规律

$$Q = \sum F_{左} \text{— 截面左侧梁段所有外力沿截面切线方向投影的代数和}$$

或

$$Q = \sum F_{右} \text{— 截面右侧梁段所有外力沿截面切线方向投影的代数和}$$

等式右边的正、负号可根据梁段上的外力按“左上右下剪力正；左下右上剪力负”的口诀来确定。

(2) 计算弯矩的规律

$$M = \sum m_C(F_{左}) \text{— 截面左侧梁段所有外力对截面形心 } C \text{ 的力矩代数和}$$

或

$$M = \sum m_C(F_{右}) \text{— 截面右侧梁段所有外力对截面形心 } C \text{ 的力矩代数和}$$

等式右边的正、负号可根据梁段上的外力按“左顺右逆弯矩正；左逆右顺弯矩负”的口诀来确定。

掌握了上述两条计算规律后，在求梁某截面的剪力和弯矩时，可不用画受力图，也不必列写出平衡方程，根据梁上作用的外力就可直接计算出截面上的剪力和弯矩。从而简化了计算过程，达到快速计算横截面上内力的目的，这种计算内力的方法称为“简易法”。

(3) 在一般情况下，梁在不同截面上的内力是不同的，即剪力、弯矩是随截面位置而变化的。在进行梁的强度计算时，需要知道梁中剪力、弯矩的最大值以及它们所在截面的位置，并以此作为强度计算的依据。为了便于直观、形象地显示出内力的变化规律，通常是将剪力、弯矩沿梁轴线方向的变化情况用图形来描述，这种描述剪力和弯矩变化规律的图形，分别称为剪力图和弯矩图。

剪力图、弯矩图的作法是：以横坐标表示梁的截面位置，纵坐标表示相应截面的剪力值、弯矩值。分别列写出剪力、弯矩随截面位置而变化的函数表达式，再由函数表达式画出函数图形，这种求作剪力图和弯矩图的方法称为“函数法”。

下面举例说明这种作图方法。

【例 2.5】 试用“函数法”求作图 2.19(a) 所示的悬臂梁在均布荷载作用下的剪力图和弯矩图。

解 (1) 列写剪力、弯矩的函数表达式

任取 x 截面以左梁段为研究对象，画出受力图如图 2.19(b) 所示，由简易法得

$$Q(x) = -q \cdot x$$

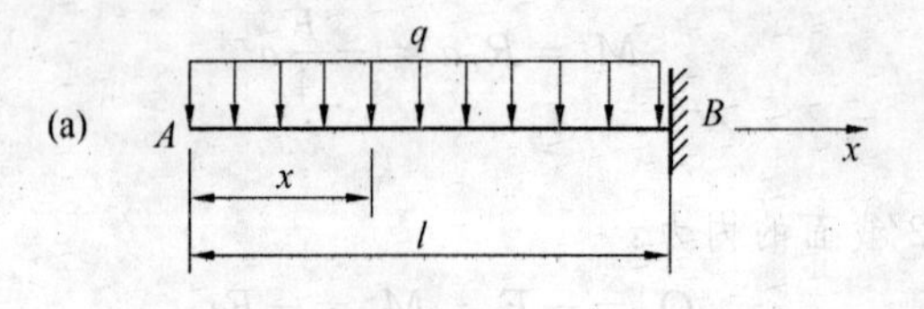

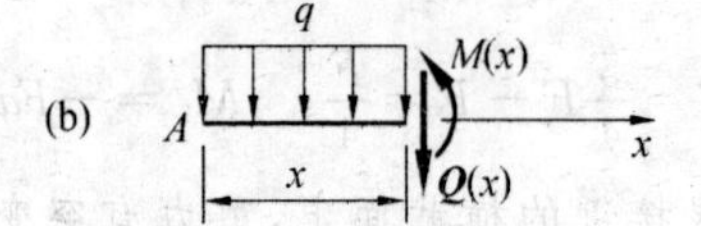

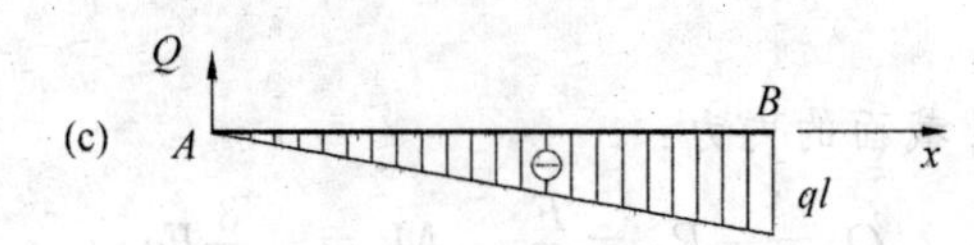

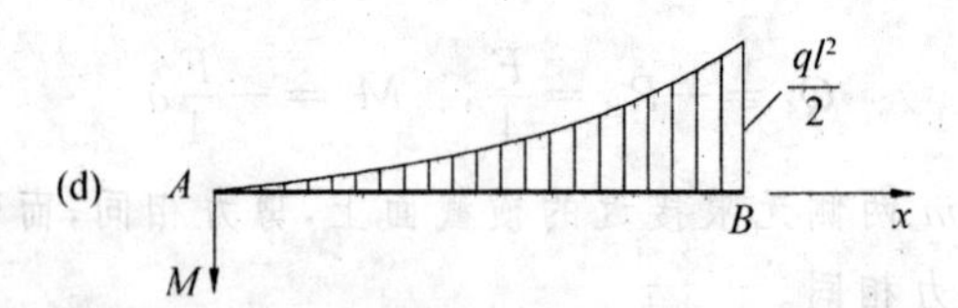

图 2.19

$$M(x)=-\frac{1}{2}qx^2 \quad (0\leqslant x\leqslant l)$$

(2) 求作剪力图和弯矩图

根据上列剪力、弯矩的函数表达式描点作图。

① 先作 Q 图：由 $Q(x)=-q\cdot x$ 可知，Q 图必为直线图形。

当 $x=0$ 时，则 $Q_A=Q(0)=0$；

当 $x=l$ 时，则 $Q_B=Q(l)=-ql$。

于是由 A、B 两截面的剪力值 Q_A 和 Q_B 作出 Q 图如图 2.19(c) 所示。

② 再作 M 图：由弯矩方程 $M(x)=-\frac{1}{2}qx^2$ 可知，M 图为二次曲线图形。

当 $x=0$ 时，$M_A=M(0)=0$；当 $x=\frac{l}{2}$ 时，则 $M_中=M(\frac{l}{2})=-\frac{ql^2}{8}$；当 $x=l$ 时，则 $M_B=M(l)=-\frac{ql^2}{2}$。

为了将弯矩图画在梁的受拉一侧，故将 M 纵轴的指向下方，于是由上述 3 个截面的弯矩值定性绘出 M 图，如图 2.19(d) 所示。

由 Q 图和 M 图可见：悬臂梁受均布荷载作用时，最大剪力和最大弯矩都发生在固端截面上，其值为

$$Q_{\max}=ql,\quad M_{\max}=\frac{ql^2}{2}$$

在进行梁的强度设计时，就是以此内力作为设计的依据。

【例 2.6】 求作图 2.20(a) 所示简支梁受集中力 P 作用下的剪力图和弯矩图。

解 (1) 求支座反力 Y_A 和 R_B

由
$$\sum m_B=0,\quad Y_A\cdot l-F\cdot b=0$$

求得
$$Y_A=\frac{Fb}{l}(\uparrow)$$

又由
$$\sum m_A=0,\quad R_B\cdot l-F\cdot a=0$$

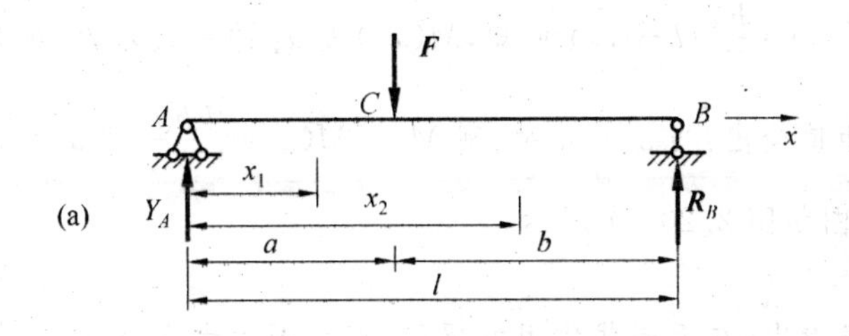

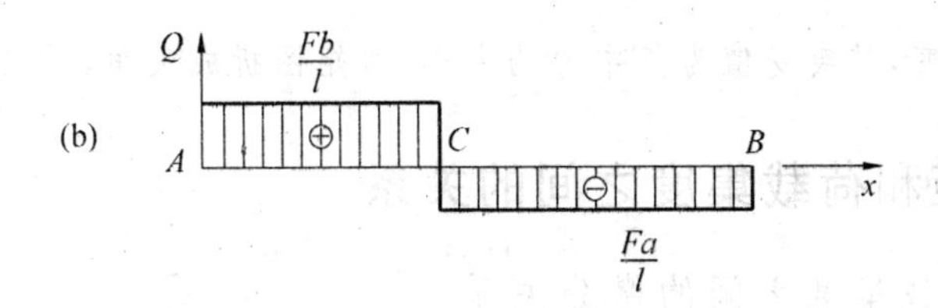

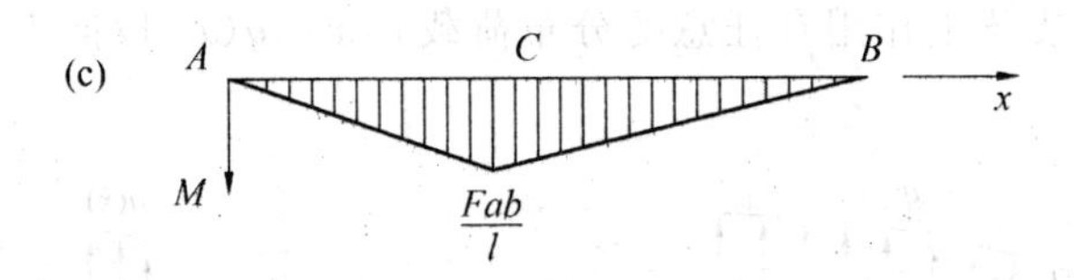

图 2.20

求得
$$R_B=\frac{Fa}{l}(\uparrow)$$

(2) 列剪力方程和弯矩方程

由于梁受集中力 F 作用，故 AC 段和 CB 段的剪力方程和弯矩方程是不相同的。因此必须分段列出。

AC 梁段$(0\leqslant x_1<a)$：

$$Q(x_1)=Y_A=\frac{Fb}{l}$$

$$M(x_1)=Y_A\cdot x_1=\frac{Fb}{l}x_1$$

CB 梁段$(a\leqslant x_2\leqslant l)$：

$$Q(x_2)=Y_A-F=\frac{Fb}{l}-F=\frac{F}{l}(b-l)=-\frac{Fa}{l}$$

$$M(x_2)=Y_A\cdot x_2-F(x_2-a)=\frac{Fb}{l}x_2-Fx_2+Fa=$$

$$\frac{F}{l}[x_2(b-l)+al]=\frac{Fa}{l}(l-x_2)$$

(3) 绘制剪力图和弯矩图

① 先绘 Q 图。

对于 AC 梁段：由于 $Q(x_1)=\frac{Fb}{l}=$常数，即 Q 图是一条平行于 x 轴的直线，且在 x 轴的上方。

对于 CB 梁段：由于 $Q(x_2)=-\frac{Fa}{l}=$常数，即 Q 图是一条平行于 x 轴的直线，且在 x 轴的下方。于是作出 Q 图如图 2.20(b) 所示。

② 再绘 M 图。

对于 AC 段：由 $M(x_1)=\frac{Fb}{l}\cdot x_1$ 可知，$M(x_1)$ 是 x_1 的一次函数，则 M 图是一条斜直线，可由下列两个控制点的弯矩值绘出：当 $x_1=0$ 时，则 $M_A=M(0)=0$；当 $x_1=a$ 时，则 $M_C=M(a)=\frac{Fba}{l}$。

对于 CB 梁段：由 $M(x_2)=\frac{Fa}{l}(l-x_2)$ 可知，$M(x_2)$ 是 x_2 的一次函数，则 M 图也是一条斜直线，可由下列两个控制点的弯矩值绘出：当 $x_2=a$ 时，则 $M_C=M(a)=\frac{Fba}{l}$；当 $x_2=l$ 时，则 $M_B=M(l)=0$。

最后作出该梁的 M 图如图 2.20(c) 所示。

(4) 内力图分析

由作出的内力图不难看出，在无荷载作用的梁段，剪力图为水平直线，弯矩图为斜直线；在集中荷载作用处，剪力图发生突变，其突变值为集中力的大小，弯矩图折成尖角，其值为 $M_{\max}=\frac{Pab}{l}$。

2.3.6 剪力、弯矩和荷载集度之间的关系

1. 剪力、弯矩和荷载集度之间的微分关系

设图 2.21(a) 所示简支梁上作用有任意的分布荷载 $q(x)$，$q(x)$ 以向上为正，向下为负。现取梁中一微段 $\mathrm{d}x$ 来研究。

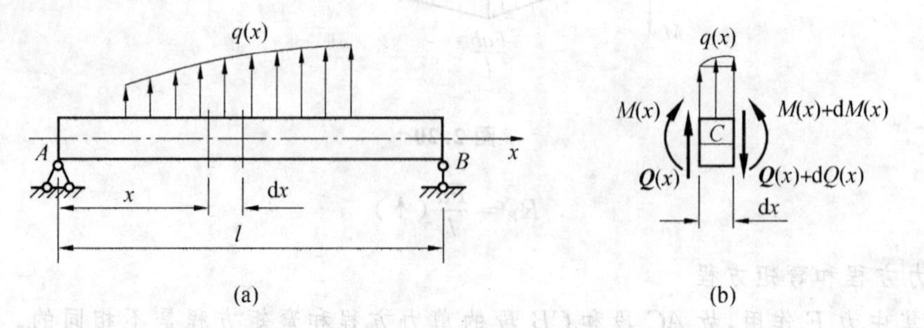

图 2.21

由于所取微段长度 $\mathrm{d}x$ 非常小，故可认为作用在微段的分布荷载 $q(x)$ 为均匀分布，画出微段 $\mathrm{d}x$ 的受力图如图 2.21(b) 所示。因为梁是处于平衡状态，所以从梁中所取微段也应处于平衡。

由 $\quad \sum Y=0,\quad Q(x)-[Q(x)+\mathrm{d}Q(x)]+q(x)\,\mathrm{d}x=0$

整理得

$$\frac{\mathrm{d}Q(x)}{\mathrm{d}x}=q(x) \tag{2.1}$$

结论 1 梁上任一横截面上的剪力 $Q(x)$ 对 x 的一阶导数等于作用在该截面处的分布荷载集度 $q(x)$。

又由 $\sum M_C=0$ (其中 C 点为右侧横截面的形心)，即

$$[M(x)+\mathrm{d}M(x)]-M(x)-Q(x)\,\mathrm{d}x-q(x)\,\mathrm{d}x\cdot\frac{\mathrm{d}x}{2}=0$$

略去二阶微量 $q(x)\cdot\frac{\mathrm{d}x^2}{2}$，整理得

$$\frac{\mathrm{d}M(x)}{\mathrm{d}x}=Q(x) \tag{2.2}$$

结论 2 梁上任一横截面上的弯矩对 x 的一阶导数等于该截面上的剪力。

再将式(2.2)两边对 x 求导一次，可得

$$\frac{\mathrm{d}^2M(x)}{\mathrm{d}x^2}=\frac{\mathrm{d}Q(x)}{\mathrm{d}x}=q(x) \tag{2.3}$$

结论 3 梁上任一横截面上的弯矩对 x 的二阶导数等于作用在该截面处的分布荷载集度 $q(x)$。

上述微分关系的几何意义为：

$\frac{\mathrm{d}Q(x)}{\mathrm{d}x}=q(x)$ —— 表明剪力图中曲线上各点的切线斜率等于各相应位置分布荷载的集度。

$\frac{dM(x)}{dx}=Q(x)$——表明弯矩图中曲线上各点的切线斜率等于各相应截面上的剪力。

2. 剪力、弯矩和荷载集度之间的微分关系

用 $q(x)$、$Q(x)$ 与 $M(x)$ 之间的微分关系及其几何意义，可定性分析出内力图的一些变化规律，而利用这些规律可绘制或校核其内力图。下面分几种情况再来说明内力图的一些规律。

(1) 当 $q(x)=0$ 的情况

当 $q(x)=0$ 时，即无荷载作用的梁段，由 $\frac{dQ(x)}{dx}=q(x)=0$ 可知，$Q(x)=$常数，该梁段内的剪力图斜率为零，则剪力图必为一条平行于基线的水平直线。

又由 $\frac{dM(x)}{dx}=Q(x)=$常数可知，即 $M(x)$ 必为 x 的一次函数，即在该梁段内的弯矩图各点的切线的斜率为常数，则弯矩图为斜直线。其中可能出现如下 3 种情况：

① 当 $Q(x)=$常数>0 时，即 $\frac{dM(x)}{dx}=Q(x)=$常数>0，则 $M(x)$ 必为 x 的一次增函数，故 M 图为图 2.22(a) 所示的下斜直线。

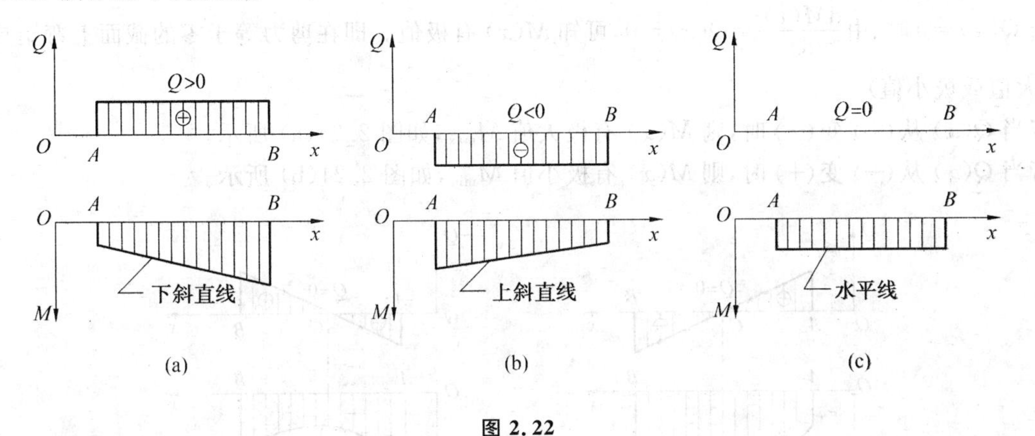

图 2.22

② 当 $Q(x)=$常数<0 时，即 $\frac{dM(x)}{dx}=Q(x)=$常数<0，则 $M(x)$ 必为 x 的一次减函数，故 M 图为图 2.22(b) 所示的上斜直线。

③ 当 $Q(x)=$常数$=0$ 时，即 $\frac{dM(x)}{dx}=Q(x)=$常数$=0$，则 $M(x)=$常数，故 M 图为图 2.22(c) 所示的水平直线。

(2) 当 $q(x)=$常数$\neq 0$ 的情况

当 $q(x)=$常数$\neq 0$ 时，即梁段受均布荷载作用，由 $\frac{dQ(x)}{dx}=q(x)=$常数，可知 $Q(x)$ 必为 x 的一次函数，即该梁段内剪力图上切线斜率为常数，则 Q 图必为一斜直线。

又由 $\frac{d^2M(x)}{dx^2}=q(x)=$常数，可知 M 图上各点处的切线斜率的变化率为常数，弯矩图必为二次曲线。其中可能出现如下两种情况：

① 当 $q(x)=$常数<0 时，即 $\frac{dQ(x)}{dx}=q(x)=$常数<0，则 Q 图为下斜直线，M 图斜率变化为正，M 图必为向下凸的二次曲线，如图 2.23(a) 所示。

② 当 $q(x)=$常数>0 时，即 $\frac{dQ(x)}{dx}=q(x)=$常数>0，则 Q 图为上斜直线，M 图斜率变化为负，M 图必为向上凸的二次曲线，如图 2.23(b) 所示。

由此不难看出，M 图的凸向总是与 $q(x)$ 方向一致，即当荷载 $q(x)$ 的方向向下作用时，M 图必为下

凸的二次曲线，当荷载 $q(x)$ 的方向向上作用时，M 图形必为上凸的二次曲线。

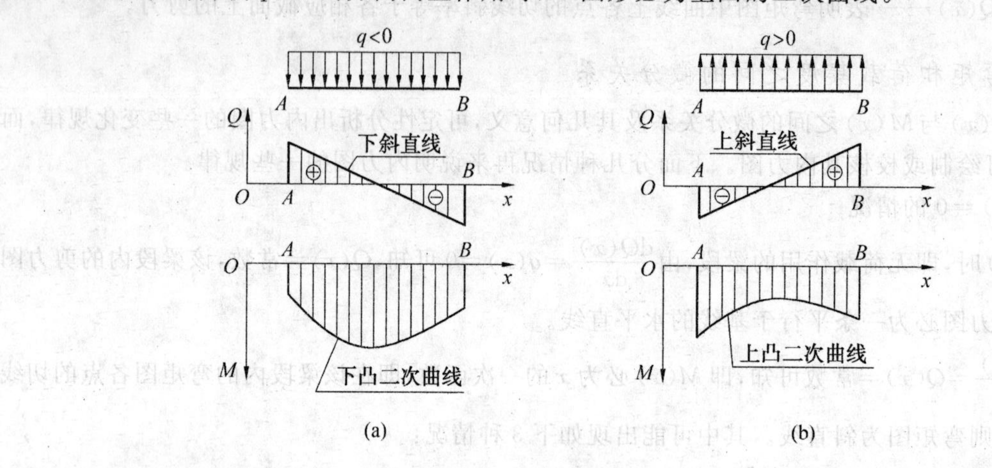

图 2.23

(3) 弯矩取极值的条件

当 $Q(x)=0$ 时，由 $\frac{dM(x)}{dx}=Q(x)=0$，可知 $M(x)$ 有极值。即在剪力等于零的截面上弯矩具有极值(极大值或极小值)。

若当 $Q(x)$ 从(+)变(−)时，则 $M(x)$ 有极大值 M_{max}，如图 2.24(a) 所示。

若当 $Q(x)$ 从(−)变(+)时，则 $M(x)$ 有极小值 M_{min}，如图 2.24(b) 所示。

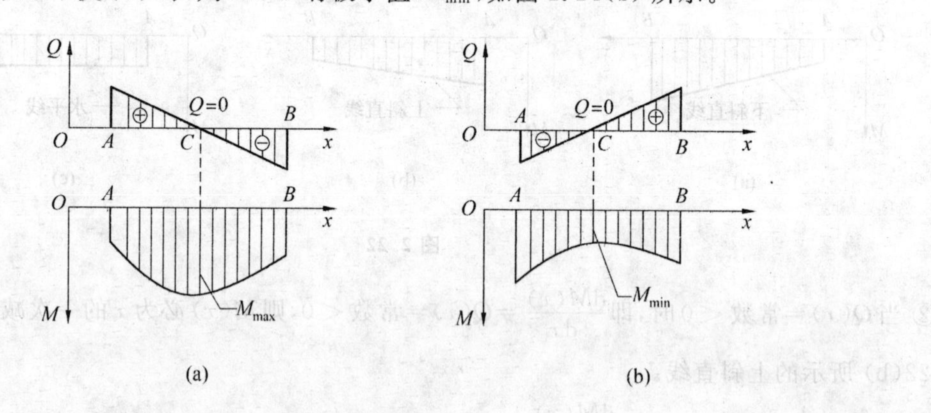

图 2.24

3. 剪力、弯矩和荷载集度的积分关系

由前所述，梁在竖向荷载作用下，既然 $Q(x)$、$M(x)$ 和 $q(x)$ 之间存在如下的微分关系：

$$\frac{dQ(x)}{dx}=q(x)$$

$$\frac{dM(x)}{dx}=Q(x)$$

那么，$Q(x)$、$M(x)$ 和 $q(x)$ 之间也必然存有一定的积分关系。下面就来分析这个问题：

设在梁中任取一梁段 AB 为研究对象，画出其受力图如图 2.25(a) 所示，再根据梁段上所受荷载定性画出剪力图，如图 2.25(b) 所示。

当 $x=a$ 和 $x=b$ 时，分别对上述微分关系两边求其定积分，即

$$\int_a^b dQ(x)=\int_a^b q(x)\,dx$$

$$\int_a^b dM(x)=\int_a^b Q(x)\,dx$$

于是分别得

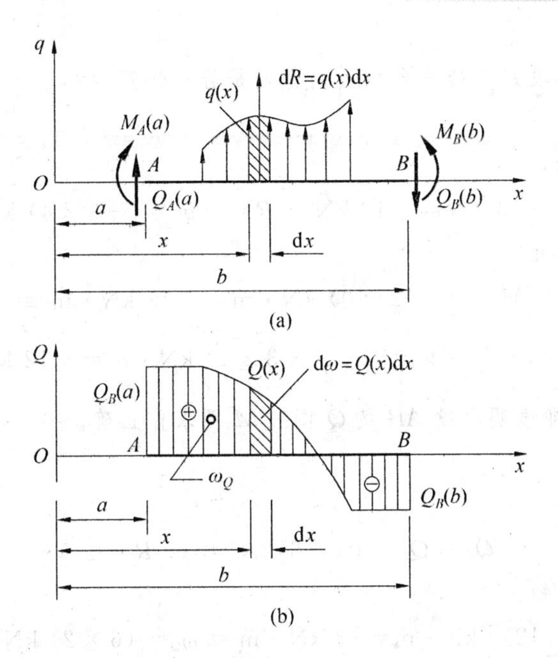

图 2.25

$$Q_B(b)-Q_A(a)=\int_a^b q(x)\mathrm{d}x=R \tag{2.4}$$

$$M_B(b)-M_A(a)=\int_a^b Q(x)\mathrm{d}x=\omega_Q \tag{2.5}$$

式(2.4)和式(2.5)分别表明：

(1) 梁上任意 B、A 两截面的剪力值之差等于作用在该梁段上竖向荷载的合力 R；

(2) 梁上任意 B、A 两截面的弯矩值之差等于该梁段上剪力图的面积 ω_Q。

4. 用积分关系校核内力图

当梁的内力图作出之后，其内力图是否正确无误？可用上述积分关系进行校核，若两个等式成立，则说明所作的剪力图和所求的弯矩值是正确的，反之则是错误的。

【例 2.7】 图 2.26(a) 所示的外伸梁，在梁段 AB 上受均布荷载作用，在梁段 BC 上受集中荷载作用，现已作出 Q 图和 M 图如图 2.26(b)、(c) 所示。试用积分关系校核梁的内力图是否正确？

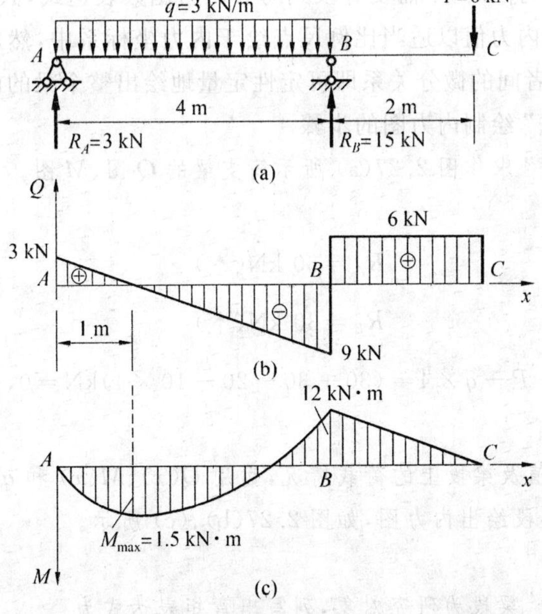

图 2.26

解 (1) 分段校核

将梁分为梁段 AB 和梁段 BC，校核各梁段内力图是否求作正确？

① 对于梁段 AB。

由图 2.26(a)、(b) 可知：

$$Q_B - Q_A = (-9-3)\text{kN} = -12\ \text{kN} \equiv R = -ql = (-3\times 4)\ \text{kN} = -12\ \text{kN}$$

又由图 2.26(b)、(c) 可知：

$$M_B - M_A = (-12-0)\ \text{kN}\cdot\text{m} = -12\ \text{kN}\cdot\text{m} \equiv$$
$$\omega_Q = (-\frac{1}{2}\times 9\times 3 + \frac{1}{2}\times 3\times 1)\ \text{kN}\cdot\text{m} = -12\ \text{kN}\cdot\text{m}$$

上述两个关系式恒等，即表明梁段 AB 的 Q 图和 M 图求作正确。

② 对于梁段 BC。

由图 2.26(a)、(b) 可知：

$$Q_C - Q_B = (6-6)\text{kN} = 0 \equiv R = 0$$

又由图 2.26(b)、(c) 可知：

$$M_C - M_B = [0-(-12)]\ \text{kN}\cdot\text{m} = 12\ \text{kN}\cdot\text{m} \equiv \omega_Q = (6\times 2)\ \text{kN}\cdot\text{m} = 12\ \text{kN}\cdot\text{m}$$

上述两个关系式恒等，即表明梁段 BC 的 Q 图和 M 图求作正确。

(2) 整梁校核

由图 2.26(a)、(b) 可知：

$$Q_C - Q_A = (6-3)\ \text{kN} = 3\ \text{kN} \equiv R = (-3\times 4 + 15)\ \text{kN} = 3\ \text{kN}$$

又由图 2.26(b)、(c) 可知：

$$M_C - M_A = (0-0)\text{kN}\cdot\text{m} \equiv \omega_Q = (-\frac{1}{2}\times 9\times 3 + \frac{1}{2}\times 3\times 1 + 6\times 2)\text{kN}\cdot\text{m} = 0$$

上述两个关系式恒等，即表明整个梁的 Q 图和 M 图求作正确。

5. 用积分关系校核内力图

前面介绍了用"函数法"绘制梁的内力图，该方法对于梁上荷载连续的情况是较适用的，但当梁上荷载有突变时，则必须分段列写出内力函数表达式后再作出内力图，故绘内力图的速度较慢。为达到快速绘制内力图的目的，接下来再介绍一种绘制梁的内力图的方法，称为"简易法"。

用"简易法"绘制梁的内力图时，不需要分段列写其内力函数表达式，只需用"简易法"计算出"各控制截面"的内力值，并将其内力值以适当比例尺点绘于内力坐标系中，然后根据各梁段上的荷载情况，利用剪力、弯矩和荷载三者间的微分关系即可定性定量地绘出整个梁的内力图。

下面举例说明用"简易法"绘制内力图的步骤。

【例 2.8】 试用"简易法"求作图 2.27(a) 所示简支梁的 Q 图、M 图。

解 (1) 求支座反力

由 $\sum m_B = 0$，求得　　　　$R_A = 30\ \text{kN}(\uparrow)$

由 $\sum m_A = 0$，求得　　　　$R_B = 30\ \text{kN}(\uparrow)$

校核：$\sum Y = R_A + R_B - P - q\times 4 = (30+30-20-10\times 4)\text{kN} = 0$，表明计算无误。

(2) 绘制梁的 Q 图、M 图

根据各控制截面的内力值及梁段上的荷载情况，运用 $Q(x)$、$M(x)$ 和 $q(x)$ 之间的微分关系确定各梁段内力图的形状，然后逐段绘出内力图，如图 2.27(b)、(c) 所示。

(3) 计算弯矩极值

以 B 点为坐标原点，取 x' 梁段为研究对象，列写出弯矩表达式为

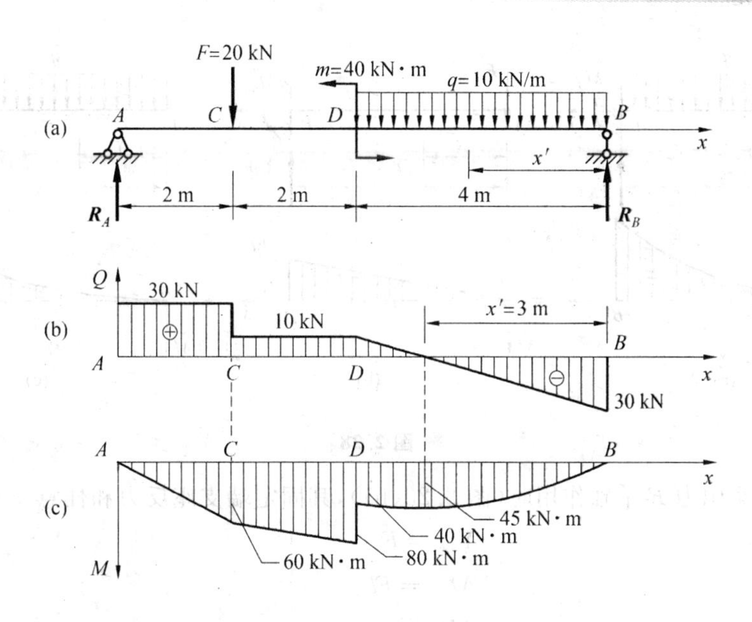

图 2.27

$$M(x')=30x'-10\times\frac{x'^2}{2}$$

将上式对 x' 求一阶导数，且令

$$\frac{\mathrm{d}M(x')}{\mathrm{d}x'}=Q=30-10x'=0$$

求得弯矩产生极值的截面距端点 B 的距离为 $x'=3$ m，于是求得弯矩极值为

$$M_m=M(x')\Big|_{x'=3}=\left(30\times3-10\times\frac{3^2}{2}\right)\ \mathrm{kN\cdot m}=45\ \mathrm{kN\cdot m}$$

由本例可见，用“简易法”绘制梁的内力图要比用“函数法”绘制梁的内力图简便、快速，建议读者熟练掌握这种方法。现将该方法的步骤归纳如下：

(1) 求支座反力；

(2) 根据梁上的荷载情况将梁分段，用“简易法”计算出各控制截面的内力值；

(3) 根据各控制截面的内力值及梁段上的荷载情况，运用 $Q(x)$、$M(x)$ 和 $q(x)$ 之间的微分关系定性分析各梁段的内力图形状，然后逐段画出内力图。

说明：用“函数法”绘制内力图，虽然不方便，但它是基本方法，应在掌握该方法的基础上，再进一步掌握上述“简易法”。

2.3.7 用“叠加法”绘制梁的弯矩图

1. 叠加原理

叠加原理是力学中经常用到的一个带普遍性的原理。现以图 2.28(a) 所示的悬臂梁 AB 受集中力 F 和均布荷载 q 的情况为例，阐明叠加原理。

分析每种情况下的固定端支座反力和任意 x 截面上的弯矩。

(1) 悬臂梁在 F、q 共同作用时(图 2.28(a))，其固定端支座反力和任意 x 截面上的弯矩为

$$\left.\begin{aligned}Y_B&=F+ql\\M_B&=Fl+\frac{ql^2}{2}\\M(x)&=-Fx-\frac{ql^2}{2}\end{aligned}\right\}\qquad\text{(a)}$$

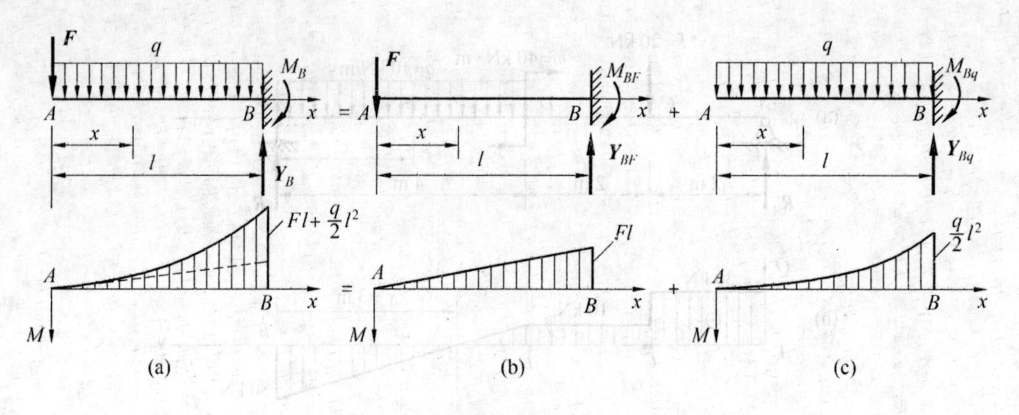

图 2.28

(2) 悬臂梁在集中力 F 单独作用时(图 2.28(b)),其固定端支座反力和任意 x 截面上的弯矩为

$$\left.\begin{aligned}Y_{BF}&=F\\M_{BF}&=Fl\\M(x)_F&=-Fx\end{aligned}\right\}\tag{b}$$

(3) 悬臂梁在均布荷载 q 单独作用时(图 2.28(c)),其固定端支座反力和任意 x 截面上的弯矩为

$$\left.\begin{aligned}Y_{Bq}&=ql\\M_{Bq}&=\frac{ql^2}{2}\\M(x)_q&=-\frac{qx^2}{2}\end{aligned}\right\}\tag{c}$$

从上列各式中可见,悬臂梁的支座反力和弯矩均与荷载呈线性关系,再比较上面 3 种情况的计算结果可得

$$\left.\begin{aligned}Y_B&=Y_{BF}+Y_{Bq}=F+ql\\M_B&=M_{BF}+M_{Bq}=Fl+\frac{q}{2}l^2\\M(x)&=M(x)_F+M(x)_q=-Fx-\frac{q}{2}x^2\end{aligned}\right\}\tag{d}$$

上式表明:梁在 F、q 共同作用时所产生的反力和弯矩等于 F 与 q 单独作用时所产生的反力或弯矩的代数和。

这种关系不仅在本例中计算反力和弯矩时存在,且在计算其他量值(如应力、变形)时也同样存在。由此得出如下结论:由 n 个荷载共同作用时所引起的某参数(反力、内力、应力、变形)等于各个荷载单独作用时所引起的该参数的代数和。这个结论称为叠加原理。

叠加原理的适用条件是:

(1) 必须是该参数与荷载呈线性关系。因为只有存在线性关系时,各荷载所产生的该参数值才彼此独立。

(2) 梁在荷载作用下的变形很微小,故梁跨长的改变可忽略不计。只要满足这两个条件,就可以应用叠加原理。

2. 用"叠加法"求作弯矩图

根据叠加原理,由于内力可以叠加,故表达内力沿梁轴线变化情况的内力图也可以叠加。应用叠加原理来绘制内力图的方法称"叠加法"。

在常见荷载作用下,求作梁的剪力图比较简单,一般不采用叠加法作剪力图。故只介绍用叠加法求作弯矩图的方法。

用叠加法作弯矩图的步骤如下：

(1) 将作用在梁上的复杂荷载分为几种单独荷载作用于梁上。

(2) 分别作出梁在各单独荷载作用下的弯矩图。

(3) 将各单独荷载作用下的弯矩值相应叠加，即得梁在复杂荷载作用下的弯矩图。

所谓弯矩叠加，是将同一截面上的弯矩值代数相加。并非是将几个弯矩图进行简单拼合。

为了便于应用叠加法作内力图，现将单跨静定梁在常见荷载作用下的Q图、M图附于表2.1中，以备查用。

表 2.1　常见荷载作用下静定梁的 M 图

1栏	2栏	3栏
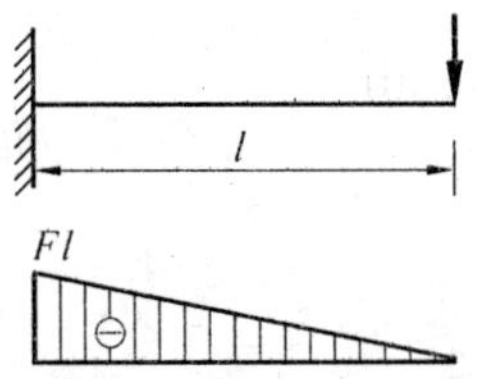 F, l; Fl, ⊖	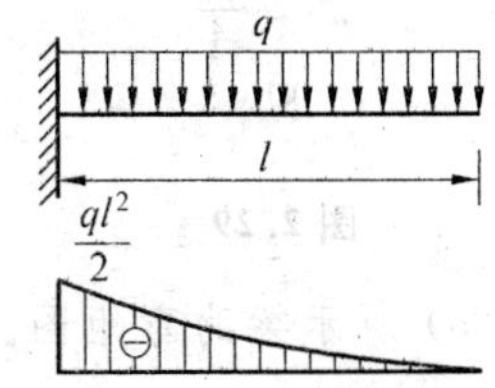 q, l; $\frac{ql^2}{2}$, ⊖	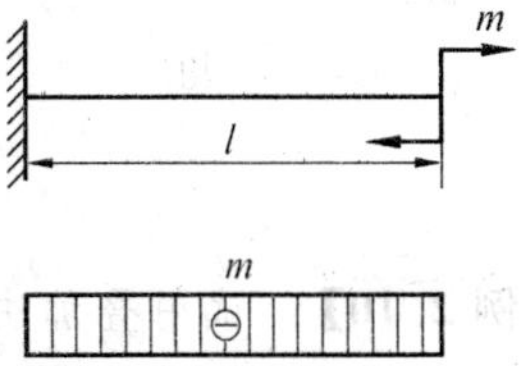 m, l; m, ⊖
4栏	**5栏**	**6栏**
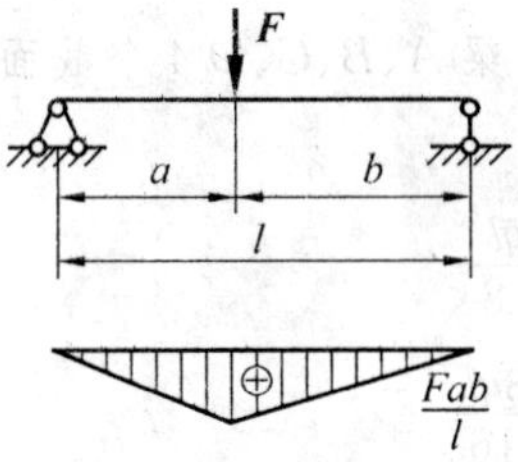 F, a, b, l; ⊕, $\frac{Fab}{l}$	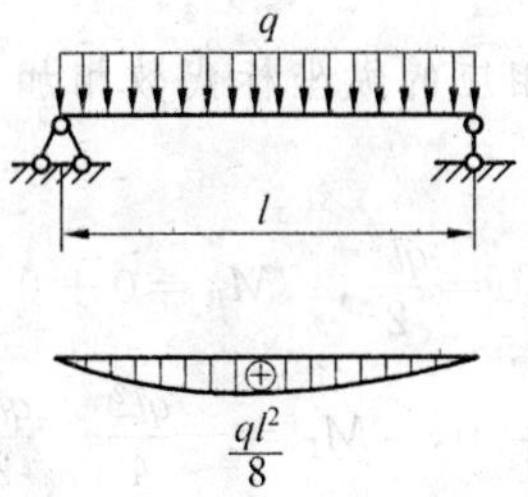 q, l; ⊕, $\frac{ql^2}{8}$	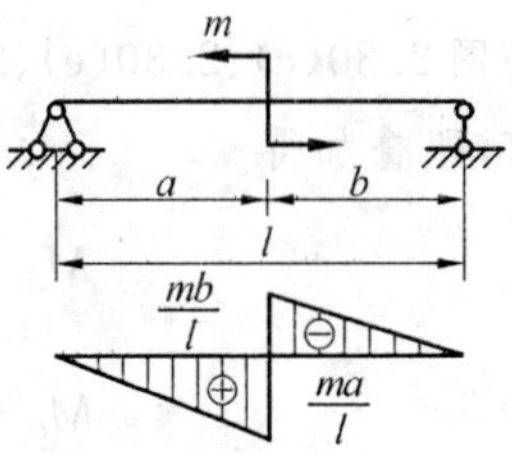 m, a, b, l; $\frac{mb}{l}$, ⊕, ⊖, $\frac{ma}{l}$
7栏	**8栏**	**9栏**
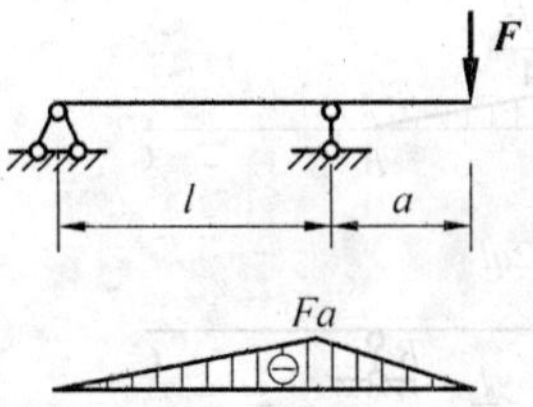 F, l, a; Fa, ⊖	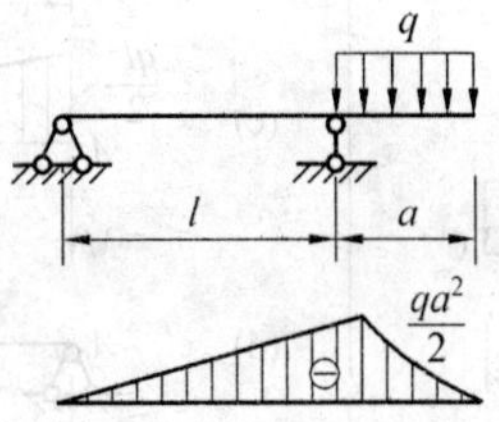 q, l, a; $\frac{qa^2}{2}$, ⊖	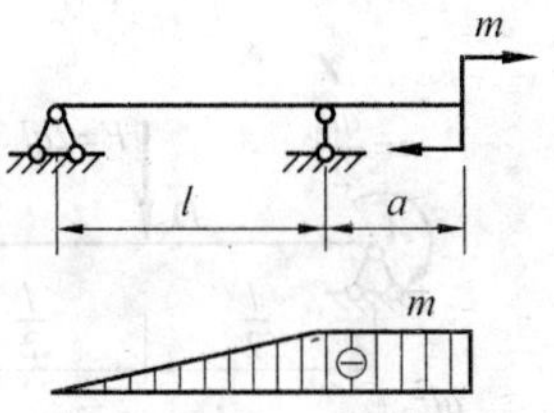 m, l, a; m, ⊖

【例 2.9】 试用叠加法绘制图 2.29(a) 所示梁的弯矩图。

解 (1) 将图 2.29(a) 所示的梁上的荷载分解为 F 与 m 单独作用两种情况的叠加，如图 2.29(b)、(c) 所示。

(2) 分别画出梁在 F 与 m 单独作用下的弯矩图，如图 2.29(e)、(f) 所示。

(3) 用叠加法求作弯矩图。

注意：在叠加时是将图 2.9(e) 和图 2.9(f) 中相应的纵坐标代数相加，例如：要求梁 A、B、C 3 个截面的弯矩值，即

$$M_A=0+0=0,\quad M_B=\frac{Fl}{4}-\frac{Fl}{8}=\frac{Fl}{8},\quad M_C=0+\left(-\frac{Fl}{4}\right)=-\frac{Fl}{4}$$

最后根据上述 3 个控制截面的弯矩值作出此梁的弯矩图,如图 2.29(d) 所示。

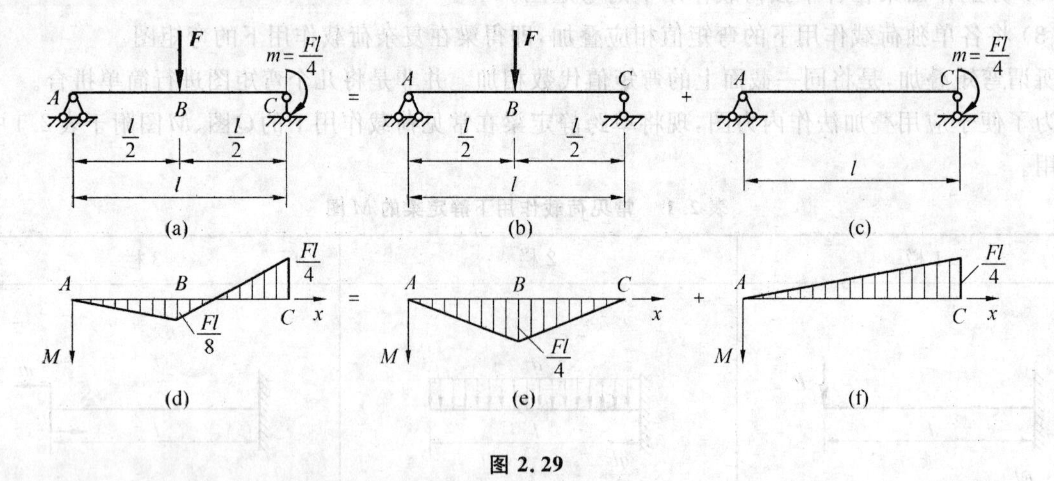

图 2.29

【例 2.10】 试用叠加法绘制图 2.30(a) 所示梁的弯矩图。

解 (1) 将图 2.30(a) 所示的梁上的荷载分为由 m、F 和 q 单独作用的 3 种情况的叠加,如图2.30(b)、2.30(d) 和 2.30(f) 所示。

(2) 分别画出梁在 m、F 和 q 单独作用下的弯矩图,如图 2.30(c)、(e) 和(g) 所示。

(3) 用叠加法求作弯矩图。

将图 2.30(c)、2.30(e)、2.30(g) 中相应的纵坐标代数相加,例如:要求梁 A、B、C、D 4 个截面上的弯矩值,即叠加得

$$M_A=\frac{ql^2}{2}+0+0=\frac{ql^2}{2},\quad M_B=0+0-\frac{ql^2}{8}=-\frac{ql^2}{8}$$

$$M_C=0+0+0=0,\quad M_D=-\frac{ql^2}{4}+\frac{ql^2}{2}-\frac{ql^2}{16}=\frac{3ql}{16}$$

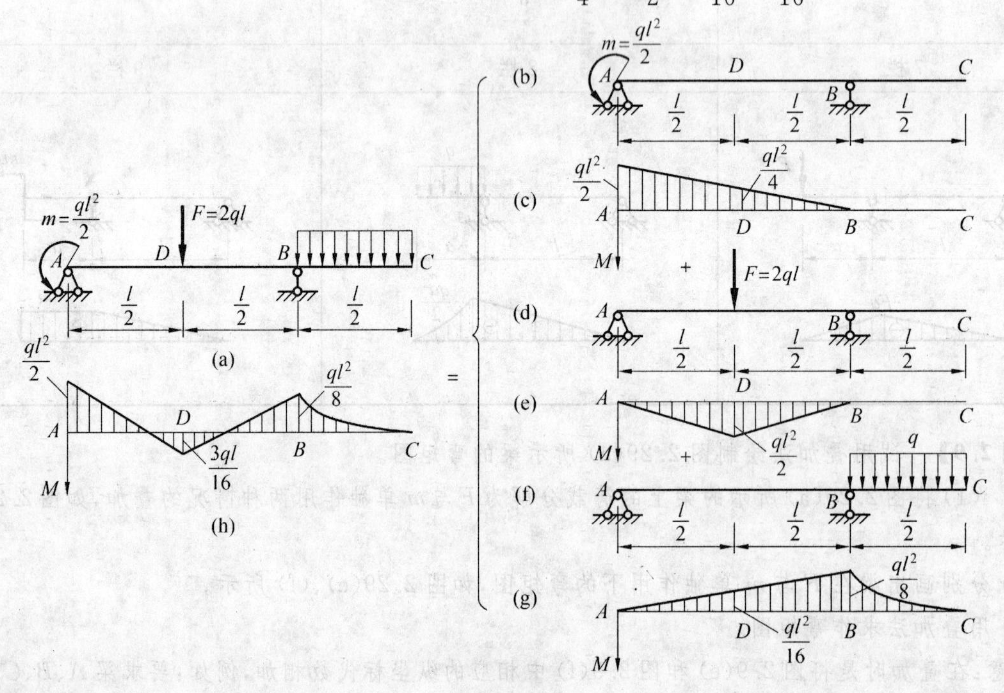

图 2.30

最后根据上述 4 个控制截面的弯矩值作出此梁的弯矩图，如图 2.30(h) 所示。

通过以上两例求作可见，用叠加法求作静定梁的弯矩图时，熟练掌握了梁在一些常见荷载单独作用下的弯矩图后，采用弯矩叠加法，其计算简单，作图既快速又不会出错，是一种行之有效的方法。因此，建议读者熟记表 2.1 中所列弯矩图的图形，以方便用这种叠加的方法来求作梁的弯矩图。

3. 用“区段叠加法”求作弯矩图

所谓“区段叠加法”，就是将梁分成若干区段梁，而每个区段梁均可视为简支梁或单外伸梁受相应荷载和分段截面处弯矩作用，只要计算出分段截面上的这个端弯矩值，则该区段梁的弯矩图就可用由前所述的弯矩叠加法求作出，求作出了每个区段梁的弯矩图后，再按其顺序连成一体，即得整个梁的弯矩图。用这种方法求作梁在复杂荷载作用下的弯矩图是十分有效的。

下面举例说明用区段叠加法求作弯矩图的具体作法：

【例 2.11】 试用“区段叠加法”求作图 2.31(a) 所示梁的弯矩图。

解 (1) 求梁的支座反力

由 $$\sum M_B=0,\quad -R_A\times 2a+qa\times\frac{3}{2}a+qa\times\frac{a}{2}-\frac{qa^2}{2}=0$$

求得 $$R_A=\frac{3}{4}qa(\uparrow)$$

又由 $$\sum Y=0,\quad R_A+R_B-qa-qa=0$$

求得 $$R_B=\frac{1}{4}qa(\uparrow)$$

(2) 求分段截面处的弯矩值

本例可将该梁分为两个区段梁，即 AC 区段梁和 CD 区段梁，则分段 C 截面处的弯矩值可用“简易法”求得

$$M_C=M'_C=\frac{1}{4}qa^2$$

求出 M_C 和 M'_C 后，则可将梁分为一个简支梁和一个单外伸梁，画出其受载图如图 2.31(c)、2.31(e) 所示。

(3) 求作各区段梁的弯矩图

要求作 AC 区段梁和 CD 区段梁的弯矩图，则由前所述的叠加法很容易求作出弯矩图，如图 2.31(d)、2.31(f) 所示。

(4) 求作整个梁的弯矩图

将图 2.31(d)、2.31(f) 连成一体，即得整个梁的弯矩图如图 2.31(b) 所示。

从上述求作过程可见，用区段叠加法求作弯矩图有两个主要环节，一是将梁分区段；二是用叠加法求作弯矩图。所以，区段叠加法其实还是叠加法，只不过是多了一个分区段的环节，分区段的目的就是将复杂问题简单化。

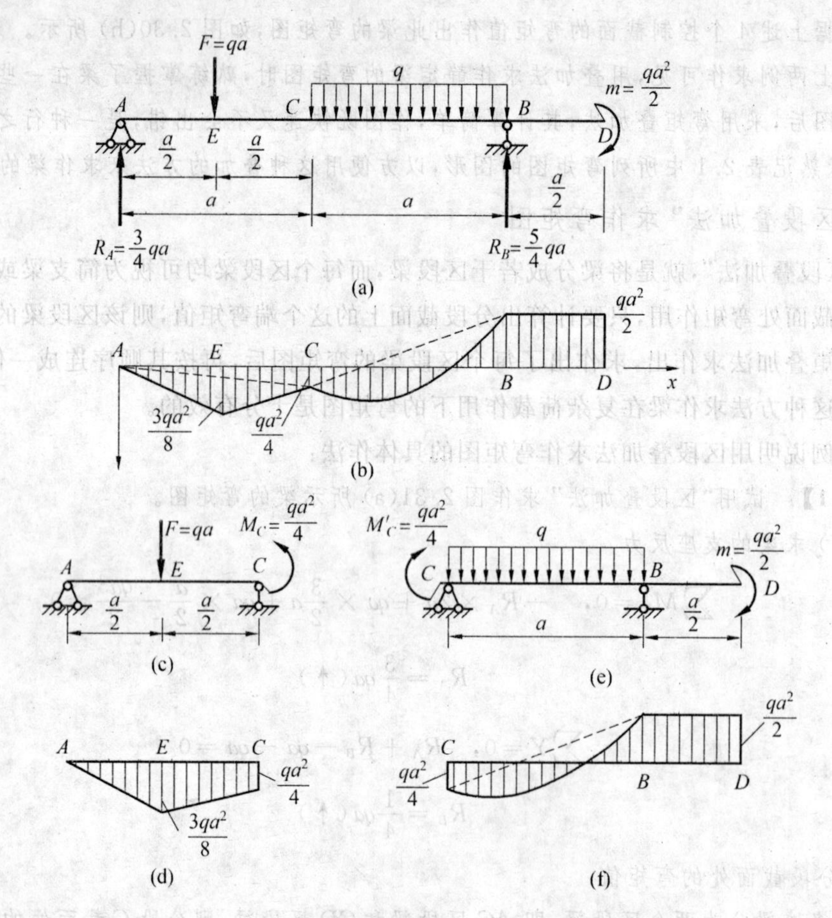
F=qa
q
m=qa²/2
A
C
B
E
D
a/2
a/2
a
a
a/2
R_A=3/4 qa
R_B=5/4 qa
(a)
qa²/2
A
E
C
B
D
x
3qa²/8
qa²/4
(b)
F=qa
M_C=qa²/4
M'_C=qa²/4
q
m=qa²/2
(c)
(e)
qa²/4
3qa²/8
(d)
(f)

图 2.31

【重点串联】

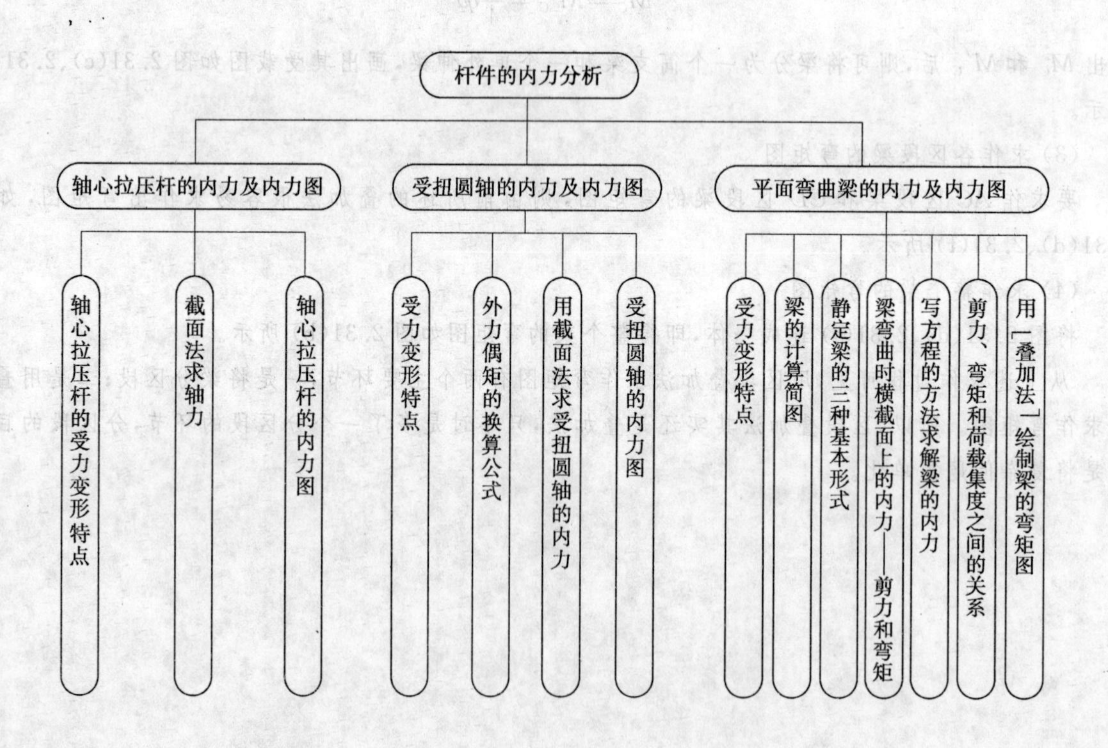
杆件的内力分析
轴心拉压杆的内力及内力图
受扭圆轴的内力及内力图
平面弯曲梁的内力及内力图
轴心拉压杆的受力变形特点
截面法求轴力
轴心拉压杆的内力图
受力变形特点
外力偶矩的换算公式
用截面法求受扭圆轴的内力
受扭圆轴的内力图
受力变形特点
梁的计算简图
静定梁的三种基本形式
梁弯曲时横截面上的内力——剪力和弯矩
写方程的方法求解梁的内力
剪力、弯矩和荷载集度之间的关系
用「叠加法」绘制梁的弯矩图

拓展与实训

基础训练

一、计算题

1. 求作图 2.32 所示拉(压)杆的轴力图。

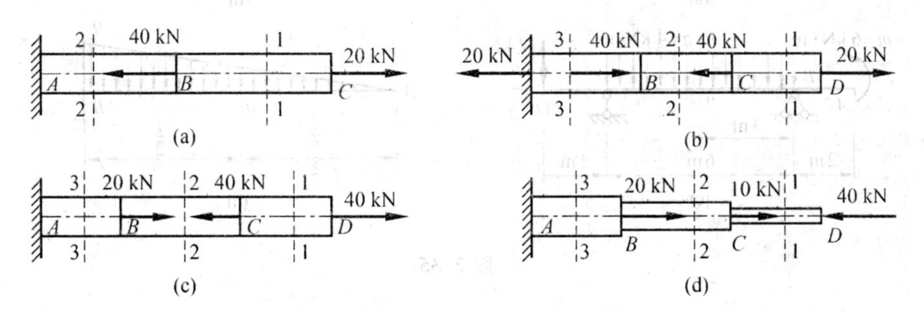

图 2.32

2. 求图 2.33 所示各轴中各段扭矩，并画出扭矩图。

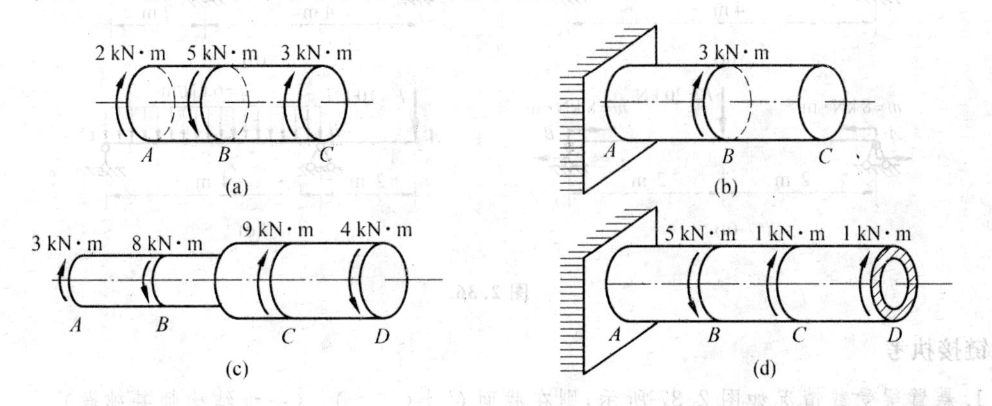

图 2.33

3. 试用截面法求出图 2.34 所示圆轴各段内的扭矩 M_n，并作扭矩图。

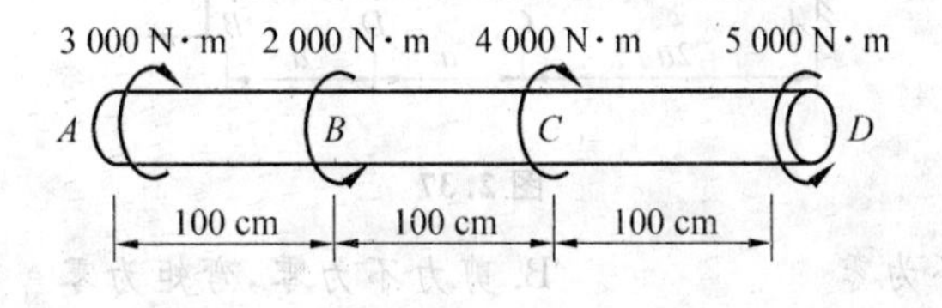

图 2.34

4. 试用截面法求图 2.35 所示梁中 $n-n$ 截面上的剪力和弯矩。

5. 用“简易法”求作图 2.36 所示各梁的剪力图和弯矩图。

二、简答题

1. 若两根材料不同，截面面积也不同的拉杆，受相同的轴向拉力作用，其内力是否相同？

2. 扭矩与外力偶矩的区别与联系是什么？

3. 列剪力方程和弯矩方程时，在什么地方需要分段？

4. 有集中力和力偶作用的横截面上，其内力有何变化？

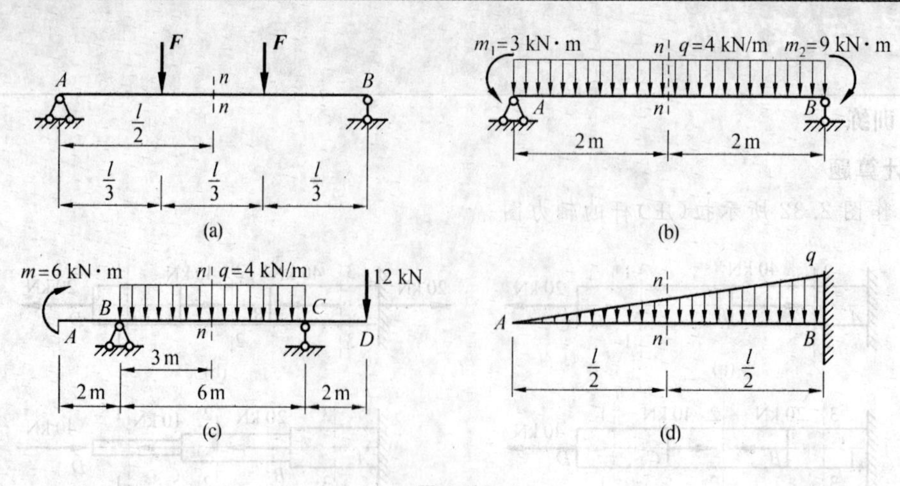

图 2.35

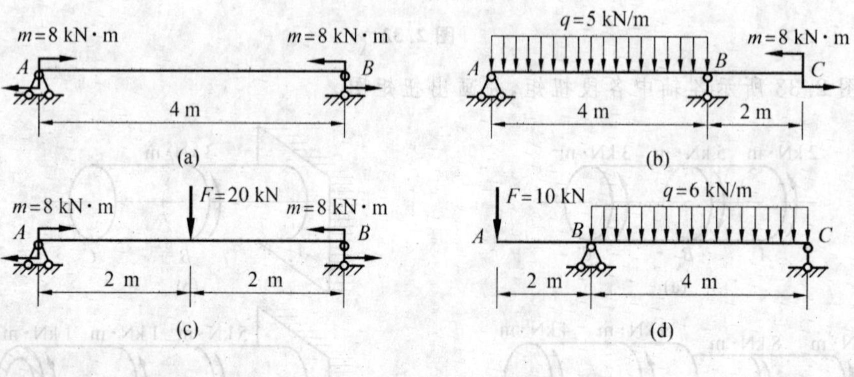

图 2.36

链接执考

1. 悬臂梁受载情况如图 2.37 所示，则在截面 C 上(　　)。(一级结构师基础题)

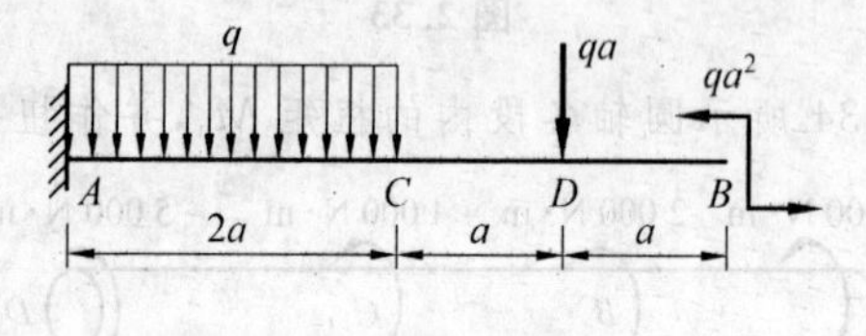

图 2.37

A. 剪力为零，弯矩不为零　　B. 剪力不为零，弯矩为零

C. 剪力和弯矩均不为零　　D. 剪力和弯矩均为零

2. 如图 2.38 所示，圆轴的扭矩图为(　　)。(一级结构师基础题)

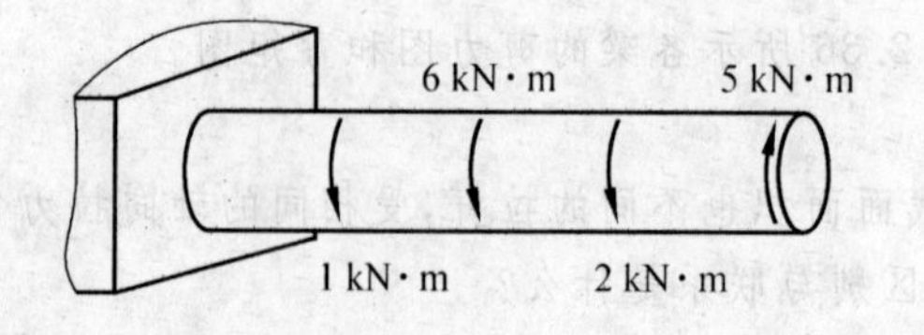

图 2.38

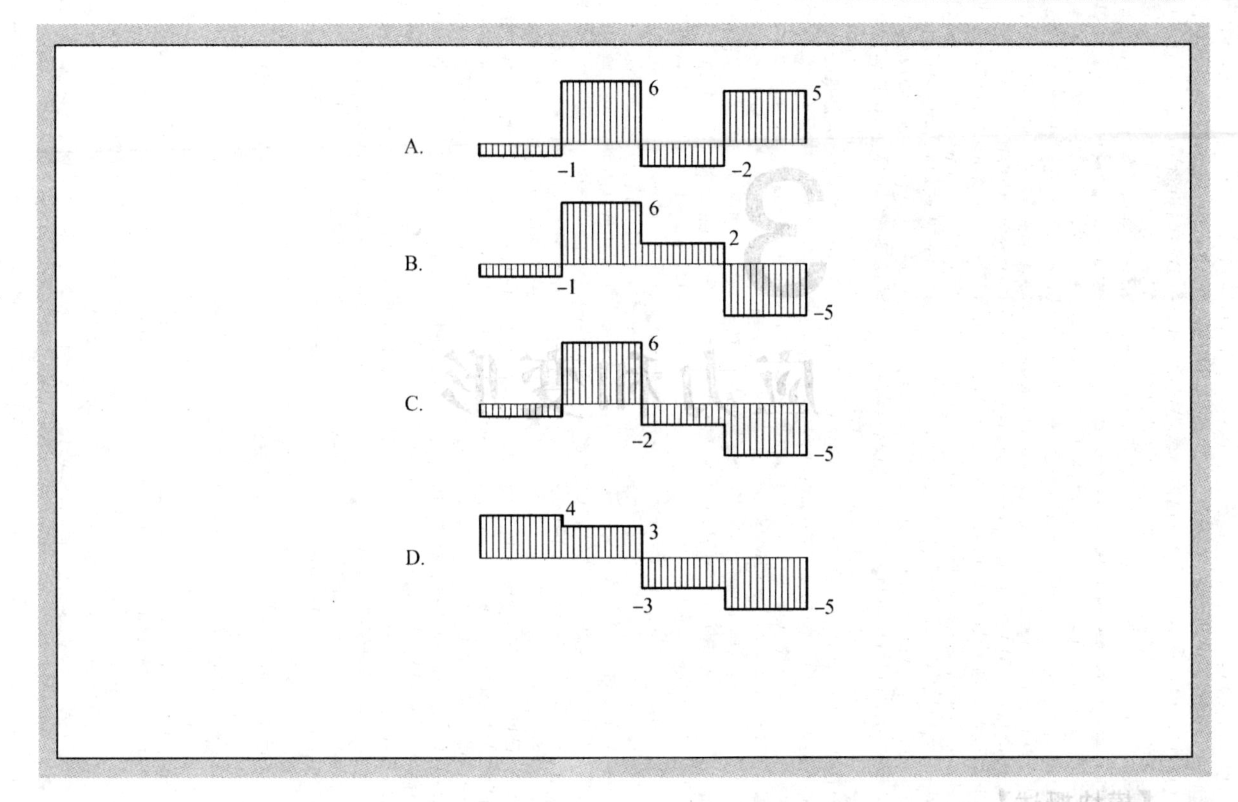
A.
6
5
-1
-2
B.
6
2
-1
-5
C.
6
-2
-5
D.
4
3
-3
-5

模块 3

应力和变形

【模块概述】

内力是杆件横截面上的分布内力系的合力或合力偶矩，是截面上连续分布内力的合成结果，而杆件的失效或破坏，不仅与截面上的总内力有关，而且与截面上内力分布的密集程度、应力及变形等有关。

本模块以应力和变形为主线，讨论分析轴心拉压杆、扭转圆轴、平面弯曲梁等杆件的应力分布情况及变形特点，找到应力和变形的计算公式，为强度、刚度和稳定性的计算提供理论依据。

【学习目标】

知识目标	能力目标
1. 了解应力、应变等概念，理解胡克定律、剪应力互等定理等应力和应变的关系； 2. 熟悉轴心拉压杆横截面和斜截面上的应力分布规律及变形情况，并会计算； 3. 熟悉圆轴扭转时横截面上的应力分布规律，及变形特点，并会计算； 4. 熟悉平面弯曲梁横截面上正应力和切应力的分布规律，并会计算； 5. 熟悉平面弯曲梁的变形特点，并会使用积分法、叠加法计算挠度和转角。	1. 培养学生能应用本模块应力分析的思路，去解决工程中的应力和变形问题； 2. 培养学生综合分析问题的能力。

【学习重点】

应力、应变、胡克定律的概念，轴向拉压杆的应力和变形计算，平面弯曲梁横截面上的正应力和切应力的分布规律及计算，梁的挠度和转角的计算。

【课时建议】

14～16 课时

3.1 应力、应变及相互关系

3.1.1 应力

1. 应力的概念

前面所讨论的内力是构件横截面上的分布内力系的合力或合力偶矩，是截面上连续分布内力的合成结果，这并未涉及横截面的形状和尺寸，也并未涉及内力在横截面上各点处的分布情况。构件的失效或破坏，不仅与截面上的总内力有关，而且与截面上内力分布的密集程度（简称集度）有关。例如，两根材料相同而截面粗细不同的杆件，在相同的轴向拉力作用下，虽然两杆横截面上的内力相同，但两杆的危险程度却不同，显然细杆比粗杆危险，容易拉断。因为细杆的内力分布密集程度比粗杆大。

我们将内力在一点处的密集程度称为应力。

为了分析图 3.1(a) 所示截面上任意一点 E 处的应力，围绕 E 点取一微小面积 ΔA，作用在微小面积 ΔA 上的合内力为 ΔF，则比值称为 ΔA 上的平均应力。

$$p_{\mathrm{m}}=\frac{\Delta F}{\Delta A}$$

有两种情况：当内力 ΔF 在面积 ΔA 上均匀分布时，平均应力即为该截面上该点处的应力；当不是均匀分布时，p_{m} 不能精确地表示该点处的内力分布集度，则取 ΔA 趋于零时平均应力 p_{m} 的极限，即

$$p=\lim_{\Delta A\to 0}\frac{\Delta F}{\Delta A}=\frac{\mathrm{d}F}{\mathrm{d}A} \tag{3.1}$$

式中，p 称为该截面上该点处的应力。

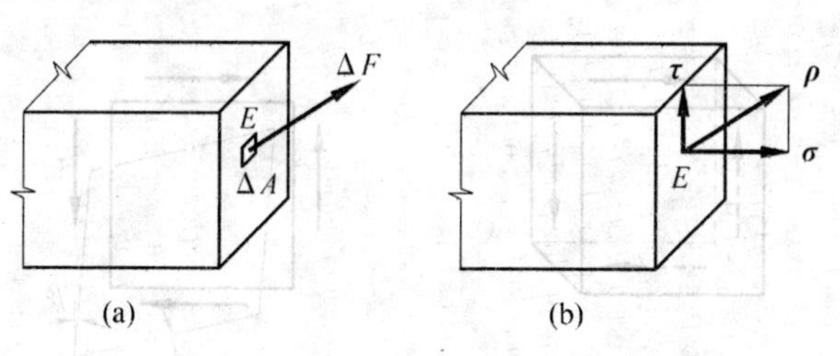

图 3.1

过构件上的某一点可以切出横截面和许多不同方向的截面，对这些不同方向的截面来说，该点处的应力值是不同的。因此，说到一点处的应力时，应该指明是对哪个方向的截面而言。

2. 正应力和切应力

上述的应力 p，也称为该截面上该点处的总应力。为了便于计算，总是把它分解为两个分量，即与截面垂直的法向分量 σ 和与截面相切的切向分量 τ（图 3.1(b)）。

(1) 垂直于截面的法向分量 σ 称为该点的正应力（或法向应力），其正负号规定为：拉应力为正值，压应力为负值。

(2) 相切于截面的切向分量 τ 称为该点的切应力（或剪应力），其正负号规定为：绕研究对象产生顺时针转动趋势时为正值，反之为负值。

3. 应力的单位

应力是矢量。应力的量纲[力]/[长度]^2，其单位是帕斯卡（简称帕）(Pa)，1 Pa=1 N/m^2。工程实际中常采用兆帕(MPa)、吉帕(GPa) 等单位。

$$1\ \mathrm{Pa}=1\ \mathrm{N/m^2},\quad 1\ \mathrm{MPa}=10^6\ \mathrm{Pa}=1\ \mathrm{N/mm^2},\quad 1\ \mathrm{GPa}=10^9\ \mathrm{Pa}$$

3.1.2 线应变和胡克定律

构件受外力作用后，其几何形状和尺寸一般都要发生改变，这种改变量称为变形。

变形的大小用位移和应变这两个量来度量。

位移是指位置改变量的大小，分为线位移和角位移。应变是指一点变形程度的大小，分为线应变（或正应变）和切应变（或角应变、剪应变）。

1. 线应变

围绕构件内的任意点截取一微小的正六面体（图 3.2(a)），这种正六面体称为单元体。一般情况下单元体的各个面上均有应力。下面考察两种最简单的情形，如图3.2(a)、(b) 所示。与正应力相应，单元体沿着正应力方向和垂直于正应力方向产生了伸长和缩短，这种变形称为线变形（图 3.2(a)）。反映弹性体在各点处线变形程度的量，称为正应变（或线应变），用 ε 表示，其表达式为

$$\varepsilon = \frac{du}{dx} \tag{3.2}$$

式中 du 表示单元体受力后相距 dx 的两截面沿正应力方向的相对位移；规定：ε 拉应变为正，压应变为负。ε 为无量纲的量值。

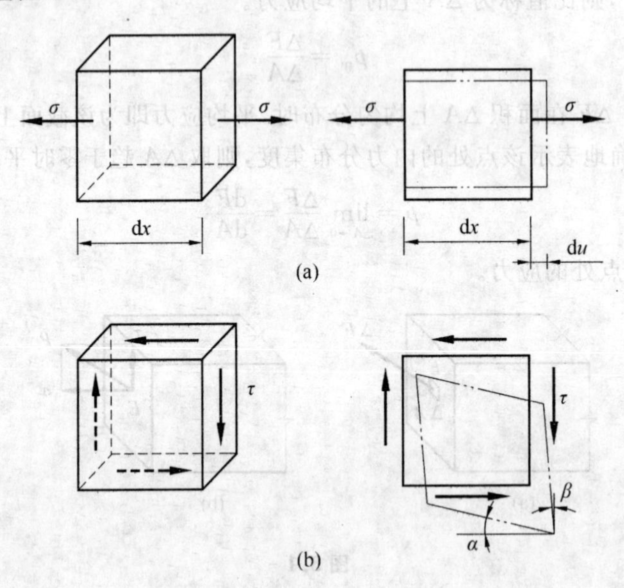

图 3.2

2. 胡克定律

试验结果表明：若在弹性范围内加载（应力小于比例极限，详见5.1节材料的力学性能），正应力与正应变成正比，即

$$\sigma = E\varepsilon \tag{3.3}$$

式中　E——与材料有关的常数，称为弹性模量。它是材料力学性质之一，是衡量材料抵抗弹性变形能力的一个指标，对同一材料，弹性模量 E 为常数，并由试验测定。弹性模量 E 的单位与应力的单位相同。

此式称为胡克定律。

3.1.3 切应变和剪切胡克定律

1. 切应变

如图 3.2(b) 所示，与切应力相应，单元体发生了剪切变形，剪切变形程度用单元体直角的改变量

度量。单元体直角的改变量称为切应变，用γ表示。在图 3.2(b) 中，$\gamma=\alpha+\beta$。γ为无量纲的量值，单位是弧度(rad)。

2. 剪切胡克定律

试验结果表明：若在弹性范围内加载(应力小于某一极限值)，切应力与切应变成正比，即

$$\tau=G\gamma \tag{3.4}$$

式中 G——与材料有关的常数，称为剪切弹性模量。它是材料的又一力学性质。对同一材料，剪切弹性模量G为常数。剪切弹性模量G的单位与应力的单位相同。

此式称为剪切胡克定律。

3.1.4 切应力互等定理

在图 3.3 所示的单元体的$cc'd'd$面上，有垂直于dd'棱边的切应力τ。由单元体的平衡知$a'add'$面上有垂直于dd'棱边的切应力τ'存在。

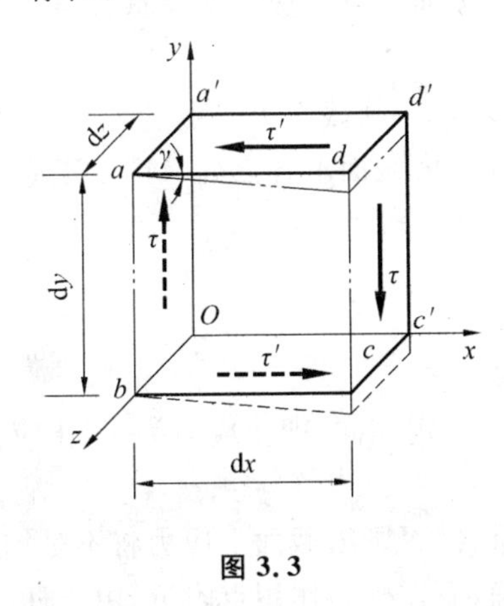

图 3.3

由平衡方程$\sum m_z=0$得

$$(\tau\cdot dz\cdot dy)\cdot dx=(\tau'\cdot dz\cdot dx)\cdot dy$$

$$\tau=\tau' \tag{3.5}$$

这就表明，在单元体互相垂直的两个平面上，切应力必然成对存在，且数值相等；二者都垂直于两平面的交线，其方向则共同指向或共同背离两平面的交线，这种关系称切应力互等定理。该定理具有普遍性，不仅对只有切应力的单元体成立，对同时有正应力作用的单元体亦成立。

单元体上只有切应力而无正应力的情况称为纯剪切应力状态。

3.2 轴向拉压杆的应力和变形

3.2.1 轴向拉(压)杆的应力

1. 横截面上的应力

拉(压)杆截面上内力为轴力，其方向垂直于横截面，且通过横截面的形心，而截面上各点处应力与微面积 dA 的乘积的合成即为该截面上的内力。显然截面上各点处的切应力不可能合成为一个垂直于截面的轴力。因而，与轴力相应的只可能是垂直于截面的正应力。由于还不知道正应力在截面上的变化规律，为此，考察杆件在受力后表面上的变形情况，并由表及里地作出杆件内部变形情况的几何假设，再根据力与变形间的物理关系，得到应力在截面上的变化规律，然后再通过应力与 dA 的乘积的合成即为内力的静力学关系，得到以内力表示的应力计算公式。

图 3.4(a) 所示为一等截面直杆，可用易变形材料如橡皮制成。为便于观察，试验前在杆表面画两

条垂直于杆轴的横向线1－1,2－2,然后在杆两端施加一对大小相等、方向相反的轴向拉力。从试验中观察到:横向线1－1、2－2仍为直线,且仍垂直于杆件轴线,只是间距增大,分别平移至图示1′－1′与2′－2′位置。

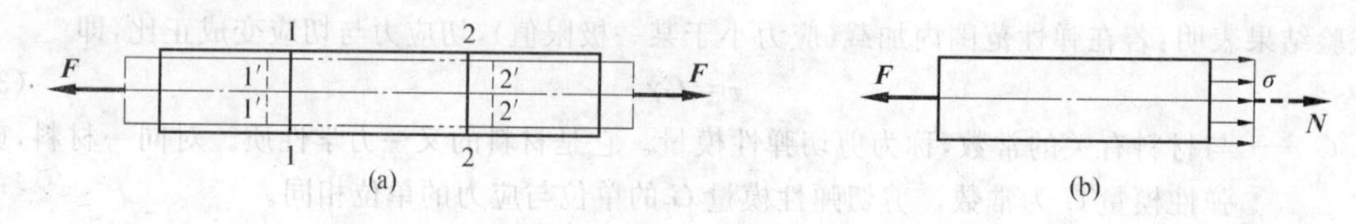

图 3.4

根据这一现象,设想横向线1－1与2－2代表杆的横截面,于是可作以下假设:

(1) 受轴向拉伸的杆件,变形后横截面仍保持为平面,两平面相对位移了一段距离,且依然垂直于杆的轴线,这个假设称为平面假设。

(2) 设想杆件是由许多等截面的纵向纤维组成。两横截面之间所有的纵向纤维都伸长了相同的长度。

根据材料均匀连续性假设,变形相同,则截面上每点受力相同,即轴力在横截面上分布集度相同(图3.4(b)),结论为:轴向拉压时,杆件横截面上各点处只产生正应力,且大小相等。即

$$\sigma=\frac{N}{A} \tag{3.6}$$

式中 A—— 杆件的横截面面积;

N—— 杆件横截面上的轴力。

正应力的正负号与轴力的正负号规定相同,即拉应力为正,压应力为负。

公式的适用范围:

(1) 外力作用线必须与杆轴线重合,否则横截面上应力将不是均匀分布的。

(2) 距外力作用点较远部分正确,而在外力作用点附近,由于杆端连接方式的不同,其应力分布较为复杂。圣维南原理指出:"力作用于杆端方式的不同,只会使与杆端距离不大于杆的横向尺寸范围内受到影响。"

(3) 必须是等截面直杆,否则横截面上应力将不是均匀分布,当截面变化较缓慢时,可近似用该公式计算。

2. 危险截面及危险点

在构件的强度计算中,无论是轴心拉压杆,或者是其他受力变形形式的杆件,都需要以危险截面上危险点的应力为控制条件。

最大应力所在的横截面,也就是可能最先破坏的横截面,称为危险截面。而危险截面上最大应力所在的点,称为危险点。危险截面是由内力图和横截面尺寸来判断的。对等截面杆而言,最大内力所在的截面就是危险截面;对变截面杆而言,则取决于内力值和截面尺寸两个因素,则应对若干个可能的危险截面进行计算并比较才能知道最大应力之所在。危险点则是由应力在截面上的分布规律来判定的。

对轴心拉压杆来说,横截面上的正应力是均匀分布的,因此危险截面上的任一点都是危险点。其应力公式为

$$\sigma_{\max}=\frac{N}{A}$$

式中 $\sigma_{\max}$—— 危险点的应力,或称为最大工作应力。

【例3.1】 已知图3.5所示阶梯状直杆,若横截面面积分别为$A_1=200\ \text{mm}^2$,$A_2=300\ \text{mm}^2$,$A_3=400\ \text{mm}^2$,求各横截面上的应力。

解 (1) 作轴力图,得

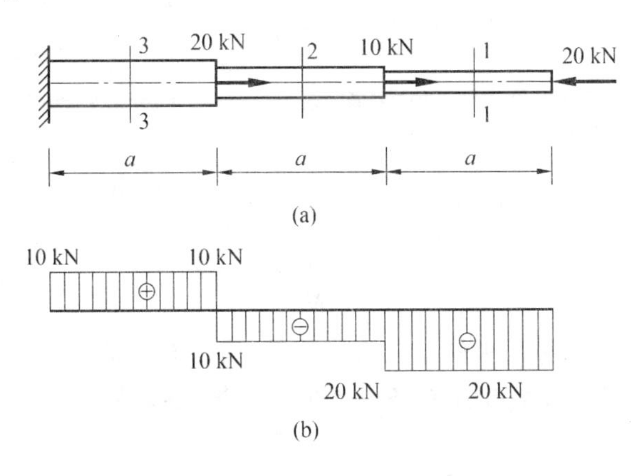

图 3.5

$$N_1=-20\ \text{kN};\quad N_2=-10\ \text{kN};\quad N_3=10\ \text{kN}$$

(2) 由 $\sigma=\dfrac{N}{A}$ 得

$$\sigma_1=\frac{N_1}{A_1}=-\frac{20\times10^3}{200}\ \text{MPa}=-100\ \text{MPa}$$

$$\sigma_2=\frac{N_2}{A_2}=-\frac{10\times10^3}{300}\ \text{MPa}=-33.3\ \text{MPa}$$

$$\sigma_3=\frac{N_3}{A_3}=\frac{10\times10^3}{400}\ \text{MPa}=25\ \text{MPa}$$

【例题点评】 轴向拉压杆横截面上各点处只产生正应力,且均匀分布,由截面的轴力和横截面面积决定。

【例 3.2】 图 3.6 所示支架,AB 杆为圆截面杆,直径为 $d=30$ mm,BC 杆为正方形截面杆,其边长 $a=60$ mm,已知 $F=10$ kN,试求 AB 杆和 BC 杆横截面上的正应力。

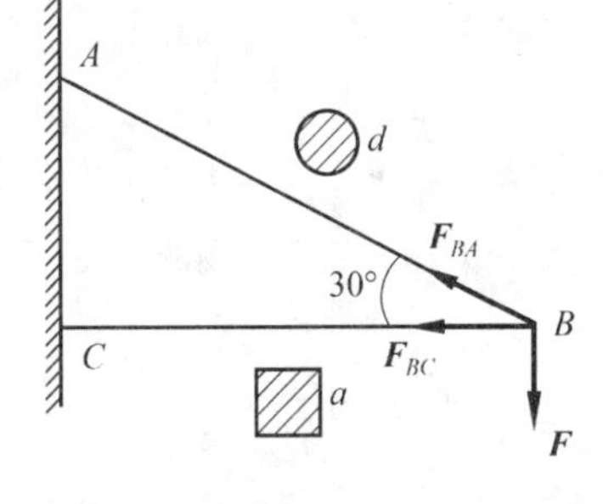

图 3.6

解 取结点 B 为研究对象,由平衡方程:

$$\begin{cases}\sum F_x=0, F_{BA}\cos 30^\circ+F_{BC}=0\\ \sum F_y=0, F_{BA}\sin 30^\circ-F=0\end{cases}$$

得 AB 杆和 BC 杆所受的力分别为

$$\begin{cases}F_{BA}=20\ \text{kN}\\ F_{BC}=-17.3\ \text{kN}\end{cases}$$

由 $\sigma=\dfrac{N}{A}$ 得

$$\sigma_{AB}=\frac{20\times10^3}{\dfrac{3.14\times30^2}{4}}\ \text{MPa}=28.3\ \text{MPa}$$

$$\sigma_{BC}=\frac{17.3\times10^3}{60\times60}\ \text{MPa}=-4.8\ \text{MPa}$$

【例题点评】 AB、BC 两杆是二力杆,是轴向拉压杆,所以应用 $\sigma=\dfrac{N}{A}$ 计算。

【例 3.3】 石砌桥墩的桥身高 $l=10$ m,其横截面尺寸如图 3.7 所示。荷载 $F=1\ 000$ kN,材料的密度 $\rho=2.35\times10^3\ \text{kg/m}^3$,试求墩身底部横截面的应力。

解 设底部横截面的面积为 A,则

$$A=(3\times2+3.14\times1^2)\ \text{m}^2=9.14\ \text{m}^2$$

底部横截面上的轴力为

$$N=-(F+\rho lA)=-(1\ 000+2\ 147.9)\ \text{kN}=-3\ 147.9\ \text{kN}$$

则应力为

$$\sigma=\frac{N}{A}=-0.34\ \text{MPa}$$

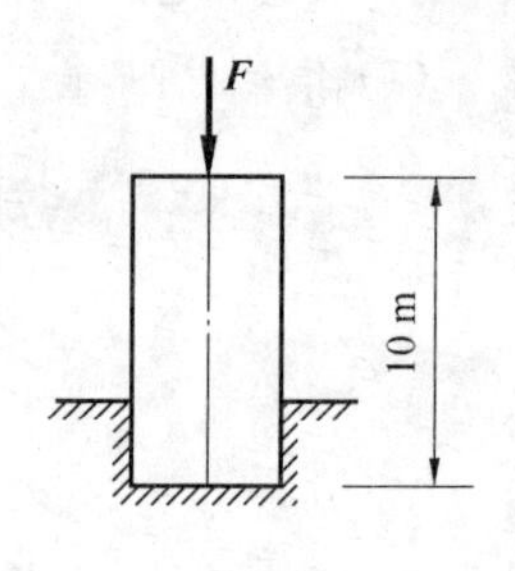

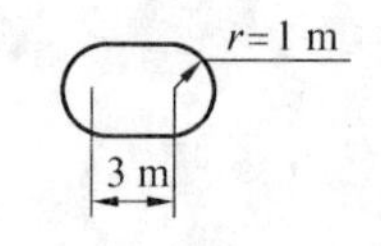

图 3.7

【例题点评】 在工程中例如桥墩、柱子等构件由于自重较大，因此由自重引起的地面压应力往往是不能忽略的。

3. 斜截面上的应力

上面已经分析了拉(压)杆横截面上的正应力。但是，横截面只是一个特殊方位的截面。为了全面了解拉压杆各点处的应力情况，现研究任一斜截面上的应力。

设有一等直杆，在两端分别受到一个大小相等的轴向力 F 作用(图 3.8(a))。现分析任一斜截面 $k-k$ 上的应力，斜截面 $k-k$ 与 x 轴的夹角为 α。

将杆件在 $k-k$ 截面处截开，取左段为研究对象(图 3.8(b))，由静力学平衡方程 $\sum F_x=0$，可得截面 α 上的内力为

$$N_\alpha=F=N$$

式中　N—— 横截面上的轴力。

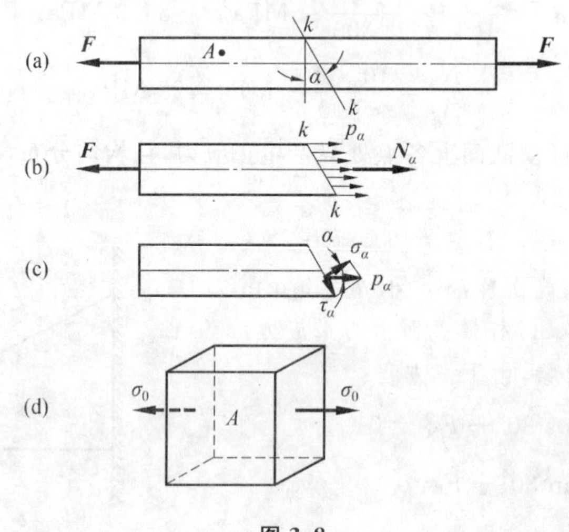

图 3.8

若以 p_α 表示截面上任一点的总应力，按照上面所述截面上正应力变化规律的分析过程，同样可得到斜截面上各点处的总应力相等的结论(图 3.8(b))，于是可得：$p_\alpha=\dfrac{N_\alpha}{A_\alpha}=\dfrac{N}{A_\alpha}$，式中 A_α 为斜截面面积，从几何关系可知 $A_\alpha=\dfrac{A}{\cos\alpha}$，则得 $p_\alpha=\dfrac{N}{A}\cos\alpha$，故得 $p_\alpha=\sigma\cos\alpha$。

p_α 是斜截面任一点处的总应力，为研究方便，通常将 p_α 分解为垂直于斜截面的正应力 σ_α 和相切于斜截面的切应力 τ_α(图 3.8(c))，则

$$\begin{aligned}\sigma_\alpha&=p_\alpha\cos\alpha=\sigma\cos^2\alpha\\ \tau_\alpha&=p_\alpha\sin\alpha=\frac{\sigma}{2}\sin 2\alpha\end{aligned}\qquad(3.7)$$

式(3.7) 表示出轴向拉伸的杆件斜截面上任一点的 σ_α 和 τ_α 的数值随斜截面位置 α 角而变化的规律。同样它也适用于轴向受压杆。

由式(3.7) 可见，轴向拉压杆在斜截面上的正应力和切应力随斜截面方位的变化而变化。

当 $\alpha=0°$ 时，正应力达到最大值：$\sigma_{\max}=\sigma_0$，由此可见，拉压杆的最大正应力发生在横截面上。

当 $\alpha=45^\circ$ 时，切应力达到最大值：$\tau_{max}=\frac{\sigma}{2}$，即拉压杆的最大切应力发生在与杆轴成 45° 斜截面上。

当 $\alpha=90^\circ$ 时，$\sigma_\alpha=\tau_\alpha=0$，这表示在平行于杆轴线的纵向截面上无任何应力。

若在拉杆表面上的任一点 A 处(图 3.8(a))用横截面、纵截面及与表面平行的面截取一各边长均为无穷小量的正六面体，称为单元体(图 3.8(d))，则在该单元体上仅在左、右两截面上作用有正应力 σ_0。通过一点的所有不同方位截面上应力的全部情况，称为该点处的应力状态。关于应力状态的问题将在模块 4 中详细讨论。

3.2.2 轴向拉压杆的变形

1. 轴向拉(压) 杆的变形

等直杆在轴向外力作用下，其主要变形为轴向伸长(或缩短) 的变形，称为纵向变形；同时，在垂直于轴线方向的横向将产生减小(或增大) 的变形，称为横向变形。

若规定伸长变形为正，缩短变形为负，在轴向外力作用下，等直杆纵向变形和横向变形恒为异号。

(1) 纵向变形

图 3.9 所示长为 l 的等直杆，在轴向力 F 作用下，其长度为 l_1，则杆件的纵向变形为

$$\Delta l=l_1-l$$

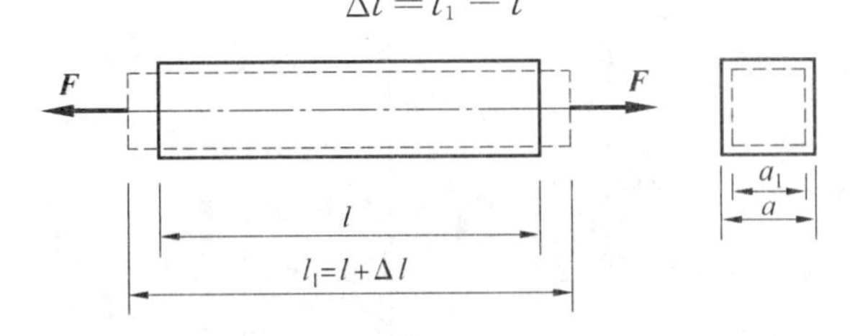

图 3.9

它只反映杆件的总变形量。由于杆件的各段是均匀伸长的，所以可以用单位长度的变形量来反映杆件的变形程度。我们将单位长度的纵向变形量称为纵向线应变 ε。即

$$\varepsilon=\frac{\Delta l}{l} \tag{3.8}$$

(2) 横向变形

设杆件原横向尺寸为 a，受力后缩小到 a_1(图 3.9)，则其横向变形为

$$\Delta a=a_1-a$$

与之相应的横向线应变 ε' 为

$$\varepsilon'=\frac{\Delta a}{a} \tag{3.9}$$

2. 胡克定律

因为 $\sigma=\frac{N}{A}$，$\varepsilon=\frac{\Delta l}{l}$，则根据胡克定律 $\sigma=E\varepsilon$，可得胡克定律的另一种表达式为

$$\Delta l=\frac{N\cdot l}{EA} \tag{3.10}$$

即当杆件的应力不超过某一极限时，其纵向变形与轴力、杆长成正比，与横截面面积成反比。从上式可以看出杆件的纵向变形与弹性模量和横截面面积的乘积成反比，即 EA 越大，杆件抵抗纵向变形的能力越强，因此将 EA 称为杆的抗拉伸(压缩) 刚度。

式(3.10) 只适用于在杆长为 l 长度内，N,E,A 均为常值的情况下，即在杆为 l 长度内变形是均匀的情况。

3. 泊松比

试验结果表明，当杆件应力不超过某一极限，即比例极限（详见 5.1 材料的力学性能）时，横向线应变 ε' 与纵向线应变 ε 的绝对值之比为一常数，此比值称为泊松比 μ。即

$$\mu = \left|\frac{\varepsilon'}{\varepsilon}\right| \tag{3.11}$$

μ 为无量纲的量，是反映材料性质的常数，可由试验确定。考虑到横向线应变 ε' 与纵向线应变 ε 总是相反，故有

$$\varepsilon' = -\mu\varepsilon \tag{3.12}$$

或

$$\varepsilon' = -\mu\frac{\sigma}{E}$$

上式表明，一点处的横向线应变与该点处的纵向正应力成正比，但正负号相反。

对于各向同性材料来说，拉压弹性模量 E、泊松比 μ 及剪切弹性模量 G 之间有如下关系：

$$G = \frac{E}{2(1+\mu)}$$

弹性模量 E 和泊松比 μ 都是材料的弹性常数。表 3.1 给出了一些材料的 E 和 μ 的约值。

表 3.1　材料的弹性模量和泊松比的约值

材料名称	牌　号	E/GPa	μ
低碳钢	Q235	200 ~ 210	0.24 ~ 0.28
中碳钢	45	205	
低合金钢	Q345(16Mn)	200	0.25 ~ 0.30
合金钢	40CrNiMnA	210	
灰铸铁		60 ~ 162	0.23 ~ 0.27
球墨铸铁		150 ~ 180	
铝合金	LY12	71	0.33
硬质合金		380	
混凝土		15.2 ~ 36	0.16 ~ 0.18
木材(顺纹)		9 ~ 12	

【例 3.4】　一木桩受力如图 3.10(a) 所示。柱的横截面为边长 200 mm 的正方形，材料可认为符合胡克定律，其弹性模量 E = 10 GPa。如不计柱的自重，试求：(1) 各段柱的纵向线应变；(2) 柱的总变形。

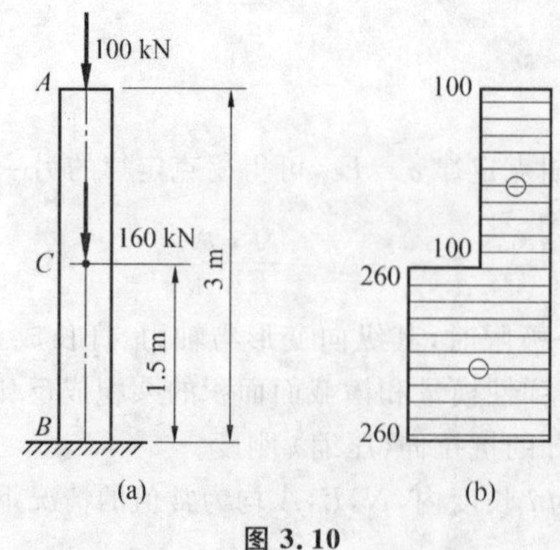

图 3.10

解 (1) 作轴力图,如图 3.10(b) 所示。

(2) 由轴力图可知 AC 段和 CB 段的轴力分别为 100 kN 和 260 kN,则各段的应力分别为

$$\sigma_{AC}=\frac{N_{AC}}{A}=-2.5\ \text{MPa}$$

$$\sigma_{BC}=\frac{N_{BC}}{A}=-6.5\ \text{MPa}$$

(3) 由胡克定律求得各段柱的纵向线应变为

$$\varepsilon_{AC}=\frac{\sigma_{AC}}{E}=-0.25\times10^{-3}$$

$$\varepsilon_{BC}=\frac{\sigma_{BC}}{E}=-0.65\times10^{-3}$$

(4) 柱的总变形为

$$\Delta l=\sum\frac{Nl}{EA}=\frac{N_{AC}l_{AC}}{EA}+\frac{N_{BC}l_{BC}}{EA}=-1.35\ \text{mm}$$

【例题点评】 胡克定律 $\Delta l=\dfrac{Nl}{EA}$ 只适用于在杆长为 l 长度内,N,E,A 均为常数,由于杆件各段的轴力不一样,则应分段计算变形,再求代数和。该例说明了在静定结构条件下杆件的内力、应力、应变、变形与杆件所受的外力、截面、材料、杆长之间的计算关系。

3.3 圆轴扭转的应力和变形

3.3.1 圆轴扭转时的应力

为了解决扭转时的强度问题,在求得横截面上的扭矩之后,还需要进一步研究横截面上的应力。首先需要弄清在圆轴扭转时,其横截面上产生的是什么应力,是正应力,还是切应力?它们又是怎样分布的,如何进行计算?为此,仍可由几何、物理、静力学 3 方面的条件进行研究,通过试验、观察变形、提出假设,再进行理论推导等过程,使上述问题得到解决。

1. 变形几何关系

为了分析圆截面轴的扭转应力,首先观察其变形。取一等截面圆轴,在其表面沿平行于轴线的方向画上许多等距离的平行直线和垂直于轴线的圆周线,如图 3.11(a) 所示,这些线条把轴表面分成许多矩形网格。然后,在杆件两端施加一对大小相等、转向相反的外力偶矩,使圆轴发生扭转变形(图 3.11(b)),可以看到圆轴在扭转后有如下现象:

(1) 所有纵线都倾斜了相同角度 γ 而成为平行螺旋线,变形很小时近似为一直线,矩形都歪斜成为平行四边形。直角发生了改变,其改变量为 γ(切应变)。

(2) 横向的各圆周线大小、形状以及之间的距离均无改变,只是都绕轴线旋转了一个角度。

根据这种变形现象由表及里作出如下假设:圆轴的横截面在受扭变形时保持为平面,并像刚性平面一样绕轴线相对转动。这一假设称为圆轴扭转的“平面假设”。

从受扭圆轴中取出一微段 $\mathrm{d}x$,如图 3.12(a) 所示,则在 $\mathrm{d}x$ 微段上的楔形单元体的矩形格子 $abcd$ 变成了平行四边形 $ab'c'd$,如图 3.12(b) 所示。直角改变即切应变 γ 的大小为

$$\gamma\approx\tan\gamma=\frac{bb'}{ab}=\frac{bb'}{\mathrm{d}x}$$

又在直角三角形 Obb' 中有

$$bb'=r\mathrm{d}\varphi$$

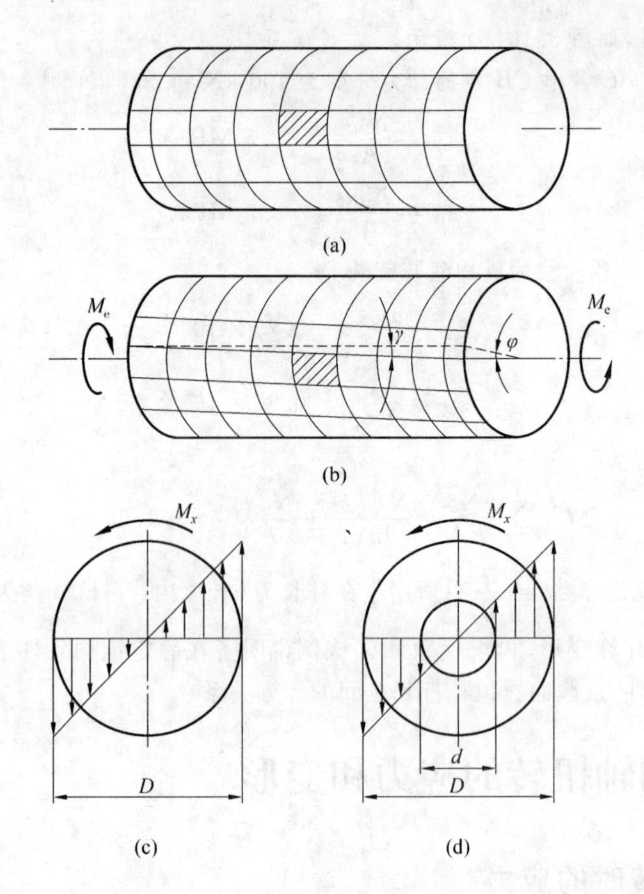

图 3.11

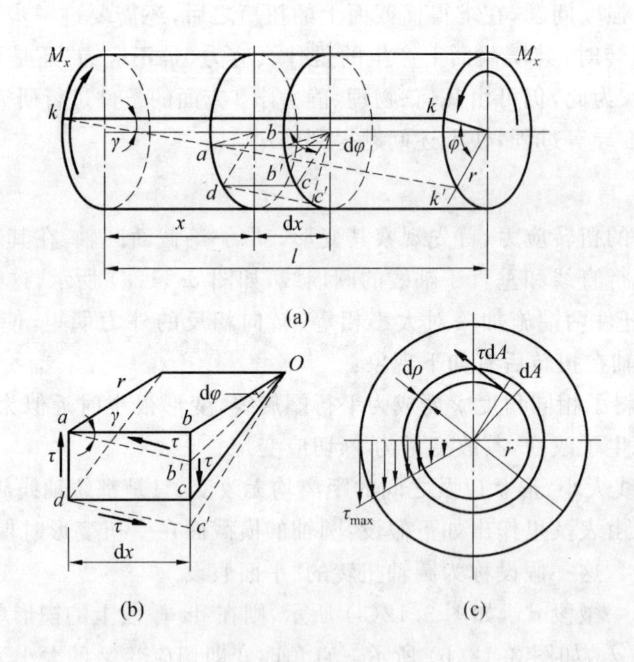

图 3.12

于是距轴心为 r 的点的切应变为

$$\gamma = r\frac{d\varphi}{dx} \tag{3.13}$$

式中 $\frac{d\varphi}{dx}$—— 扭转角沿轴线的变化率，通常用 θ 来表示，即 $\theta=\frac{d\varphi}{dx}$。

故式(3.13)可改写为

$$\gamma = r\theta \tag{3.14}$$

这一结果同样适用于距圆心为 ρ 的点所发生的切应变，只要将 r 改写为 ρ，即

$$\gamma_\rho = \rho\theta \tag{3.15}$$

式(3.15)表明圆轴受扭转时横截面上距离圆心为 ρ 的某一点发生的切应变与 ρ 成正比，因为对于同一截面上的各点 $\theta = \dfrac{d\varphi}{dx}$ 为常量。

2. 物理关系

由剪切胡克定律可知，在线弹性范围内，切应力与切应变成正比，即 $\tau = G\gamma$，所以

$$\tau_\rho = G\rho\frac{d\varphi}{dx} \tag{3.16}$$

由上式可知：横截面上某点的切应力与该点到轴心的距离 ρ 成正比；在同一半径的圆周上各点的切应力值均相等；在截面中心处切应力为零，截面边缘各点切应力最大，其他各点处的切应变沿截面半径按直线规律变化。因 γ_ρ 为垂直于半径平面内的切应变，所以 τ_ρ 也与半径 ρ 垂直。

切应力沿半径的分布如图 3.12(c) 所示。

3. 静力学关系

圆轴横截面上各微面积 dA 上的微剪力 $\tau_\rho dA$ 对轴心的力矩的总和必须与该截面上的扭矩 M_x 相等，故有

$$\int_A \rho\tau_\rho dA = M_x$$

将式(3.16)代入，则有

$$\int_A G\rho^2\frac{d\varphi}{dx}dA = M_x$$

因 G 及 $\dfrac{d\varphi}{dx}$ 是常数，则上式可写为

$$G\frac{d\varphi}{dx}\cdot\int_A \rho^2 dA = M_x$$

上式中的 $I_\rho = \int_A \rho^2 dA$ 就是该截面对形心的极惯性矩(与截面形状、大小有关的几何量)，则得

$$\frac{d\varphi}{dx} = \frac{M_x}{GI_\rho}$$

最后得到圆轴扭转时横截面上任一点的切应力计算公式为

$$\tau = \frac{M_x\rho}{I_\rho} \tag{3.17}$$

式中 τ—— 横截面上某点的切应力；

M_x—— 横截面上的扭矩；

ρ—— 所计算切应力的点到轴心的距离；

I_ρ—— 截面对形心的极惯性矩，$I_\rho = \int_A \rho^2 dA$。

在知道了截面上切应力的分布规律后，就可以求出横截面上的最大切应力。显然，当 $\rho_{max} = D/2$ 时，即在横截面周边上的各点处剪应力将达到其最大值 τ_{max}：

$$\tau_{max} = \frac{M_x\rho_{max}}{I_\rho} = \frac{M_x}{W_p} \tag{3.18}$$

式中 τ_{max}—— 横截面上最大切应力；

M_x—— 横截面上的扭矩；

W_p—— 抗扭截面模量或抗扭截面系数。

推导切应力计算公式的主要依据为平面假设，且材料符合胡克定律。因此，公式仅适用于在线弹性范围内的等直圆轴。

图 3.11(c)、(d) 分别为实心圆截面和空心圆截面上切应力的分布情况。

由切应力在横截面上的分布规律可知，切应力在越靠近轴心的部分数值越小，这部分材料不能充分发挥作用。因此把中间材料去掉，使实心圆轴变成空心圆轴，从而大大降低轴的自重，节约了材料。在工程实际中，空心轴得到了广泛的应用。但是，空心轴的壁厚也不能太薄，因为壁厚太薄的空心轴受扭时，筒内壁的压应力会使筒壁发生局部失稳，反而使承载力降低。

3.3.2 圆轴扭转时的变形

在圆轴扭转过程中，各横截面像一个个圆盘绕杆轴做相对转动。两个横截面绕杆轴线转动的相对角位移即扭转角，用 φ 表示，如图 3.12(b) 所示。

前面已知：

$$\frac{\mathrm{d}\varphi}{\mathrm{d}x}=\frac{M_x}{GI_\rho}$$

于是，长为 $\mathrm{d}x$ 的轴段之间横截面的相对转角为

$$\mathrm{d}\varphi=\frac{M_x}{GI_\rho}\mathrm{d}x$$

圆轴上相距为 l 的两横截面间的扭转角 φ 可表示成：

$$\varphi=\int\mathrm{d}\varphi=\int_0^l\frac{M_x}{GI_\rho}\mathrm{d}x$$

式中　φ—— 圆轴的扭转角，rad；

M_x—— 横截面上的扭矩；

I_ρ—— 截面对圆心的极惯性矩；

G—— 材料的剪切弹性模量，MPa。

扭转角的转向与扭矩的转向相同。显然，在扭矩一定时，扭转角与 GI_ρ 成反比，GI_ρ 越大，扭转角越小。这说明 GI_ρ 反映了杆件抵抗扭转变形的能力，称为轴的抗扭刚度。

对于分段等截面直圆轴，即阶梯圆轴，若各段内扭矩为常数，则可先分别计算出各段轴的扭转角，然后求其代数和即得整段轴的扭转角：

$$\varphi=\sum\frac{M_x l}{GI_\rho}$$

若在相距为 l 的两截面，如果扭矩相等、截面相同、材料相同，则这两截面之间的相对扭转角为

$$\varphi=\frac{M_x l}{GI_\rho} \tag{3.19}$$

【例3.5】 某圆轴如图3.13所示，直径 $D=100$ mm，截面的扭矩 $M_x=1.9$ kN·m，试计算到圆心的距离 $\rho=40$ mm 处 K 点的切应力及横截面上的最大切应力。

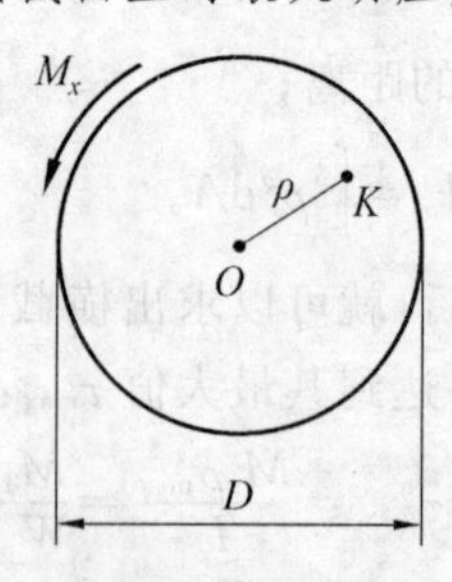

图 3.13

解 (1) 计算 K 点的切应力

根据式(3.17)有

$$\tau_{\rho}=\frac{M_x\rho}{I_{\rho}}$$

其中

$$I_{\rho}=\frac{\pi}{32}D^4=\frac{\pi}{32}\times 100^4\ \text{mm}^4$$

所以

$$\tau_{\rho}=\frac{1.9\times 10^6\times 40\ \text{N/mm}^2}{\frac{\pi}{32}\times 100^4}=7.74\ \text{N/mm}^2=7.74\ \text{MPa}$$

(2) 计算最大剪应力 $\tau_{\max}$

根据式(3.18)

$$\tau_{\max}=\frac{M_x}{W_{\text{p}}}$$

其中

$$W_{\text{p}}=\frac{\pi}{16}D^3=\frac{\pi}{16}\times 100^3\ \text{mm}^3$$

所以

$$\tau_{\max}=\frac{1.9\times 10^6\ \text{N/mm}^2}{\frac{\pi}{16}\times 100^3}=9.68\ \text{N/mm}^2=9.68\ \text{MPa}$$

切应力沿半径呈线性分布,故也可用比例关系计算 $\tau_{\max}$:

$$\frac{\tau}{\rho}=\frac{\tau_{\max}}{R},\quad \tau_{\max}=\tau\times\frac{R}{\rho}=7.74\times\frac{50}{40}\ \text{MPa}=9.68\ \text{MPa}$$

【例 3.6】 图 3.14 所示 AB 段为空心、BC 段为实心的钢阶梯圆轴,已知 $G=80$ GPa,其中,AB 段长 $l_{AB}=500$ mm,BC 段长 $l_{BC}=400$ mm,横截面尺寸 $d_1=40$ mm,$D_1=60$ mm,$D_2=40$ mm,AB 段、BC 段中的扭矩分别为 $M_{ABx}=2$ kN·m,$M_{BCx}=-1$ kN·m。试求:(1) 轴内的最大切应力;(2) 全轴的扭转角。

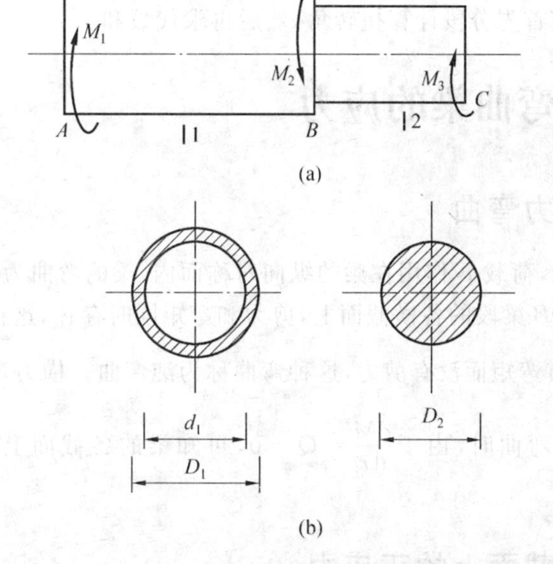

图 3.14

解　(1) 轴内的最大切应力

横截面的最大切应力在轴的表面，由式(3.18)可知

$$\tau_{\max}=\frac{M_x\rho_{\max}}{I_\rho}=\frac{M_x}{W_p}$$

①AB 段：$M_{ABx}=2\ \text{kN}\cdot\text{m}$，则

$$W_p=\frac{\pi D_1^3}{16}(1-\alpha^4)=\frac{\pi\times 60^3}{16}\left[1-\left(\frac{40}{60}\right)^4\right]\ \text{mm}^3=34\ 017\ \text{mm}^3$$

所以
$$\tau_{\max}=\frac{M_{ABx}}{W_p}=\frac{2\times 10^6}{34\ 017}\ \text{MPa}=58.8\ \text{MPa}$$

②BC 段：$M_{BCx}=-1\ \text{kN}\cdot\text{m}$，则

$$W_p=\frac{\pi D_2^3}{16}=\frac{\pi\times 40^3}{16}\ \text{mm}^3=12\ 560\ \text{mm}^3$$

$$\tau_{\max}=\frac{M_{BCx}}{W_p}=\frac{1\times 10^6}{12\ 560}\ \text{MPa}=79.6\ \text{MPa}$$

比较 AB 段、BC 段的最大切应力，知此阶梯轴的最大切应力发生在 BC 段的所有截面的表面上，$\tau_{\max}=79.6\ \text{MPa}$。

(2) 全轴的扭转角

①AB 段：
$$I_\rho=\frac{\pi}{32}(D_1^4-d_1^4)=\frac{\pi}{32}(60^4-40^4)\ \text{mm}^4=1.02\times 10^6\ \text{mm}^4$$

$$\varphi_{AB}=\frac{M_{ABx}l_{AB}}{GI_\rho}=\frac{2\times 10^6\times 500}{80\times 10^3\times 1.02\times 10^6}\ \text{rad}=0.012\ \text{rad}$$

②BC 段：
$$I_\rho=\frac{\pi D_2^4}{32}=\frac{\pi\times 40^4}{32}\ \text{mm}^4=2.51\times 10^5\ \text{mm}^4$$

$$\varphi_{BC}=\frac{M_{BCx}l_{BC}}{GI_\rho}=\frac{-1\times 10^6\times 400}{80\times 10^3\times 2.51\times 10^5}\ \text{rad}=-0.020\ \text{rad}$$

所以全轴的扭转角为

$$\varphi=\varphi_{AB}+\varphi_{BC}=(0.012-0.020)\ \text{rad}=-0.008\ \text{rad}$$

【例题点评】　此轴为阶梯轴，且扭矩较大的 AB 段横截面较大，因此要分别计算每段的最大切应力，比较后确定危险截面、危险点。而扭转角 $\varphi=\frac{M_xl}{GI_\rho}$ 只适用于在杆长为 l 长度内，M_x、G、I_ρ 均为常数，因此要计算全轴的扭转角应首先分段计算扭转角，然后再求代数和。

3.4　平面弯曲梁的应力

3.4.1　纯弯曲与横力弯曲

图 3.15(a) 所示简支梁，荷载 F 作用在梁的纵向对称面内，梁的弯曲为平面弯曲。从梁的剪力图和弯矩图可以看到，AC 和 DB 梁段的各横截面上，剪力和弯矩同时存在，这种弯曲称为横力弯曲；而在 CD 梁段内，横截面上则只有弯矩而没有剪力，这种弯曲称为纯弯曲。横力弯曲时，$\frac{\mathrm{d}M}{\mathrm{d}x}=Q\neq 0$，梁的各截面上弯矩是不同的；纯弯曲时，由于 $\frac{\mathrm{d}M}{\mathrm{d}x}=Q=0$，可知梁的各截面上弯矩为一不变的常数值，即 $M=$ 常量。

3.4.2　纯弯曲梁横截面上的正应力

纯弯曲时，根据梁的静力关系知道，横截面上的正应力 σ 组成的内力系的合力矩即为该截面的弯

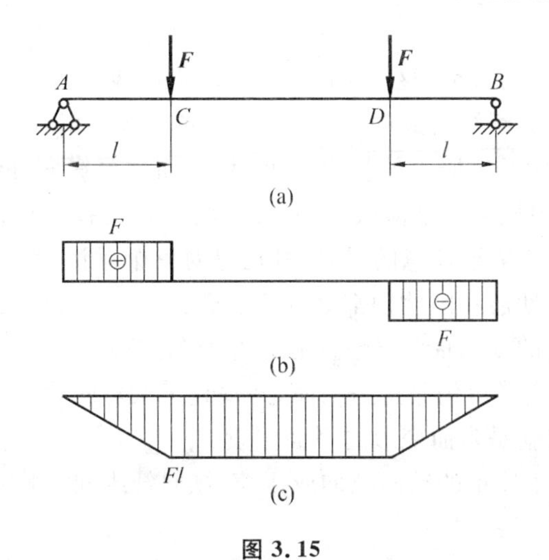

图 3.15

矩 M。但是，只利用静力关系是不可能找到应力的分布规律以及弯曲正应力 σ 和弯矩、截面的几何量等的关系。因此，所研究的问题是超静定的。和拉（压）杆的正应力、圆轴扭转的切应力的分析一样，必须综合考虑梁的变形关系、物理关系和静力关系进行分析。

1. 变形几何关系

图 3.16(a) 所示矩形截面梁，加载前先在梁的侧面画上与轴线平行的纵向线以及与梁轴垂直的横向线，分别表示变形前梁的纵向纤维和梁的横截面。然后在梁纵向对称平面内加一对力偶矩为 M 的外力偶，使梁发生纯弯曲，如图 3.16(b) 所示。

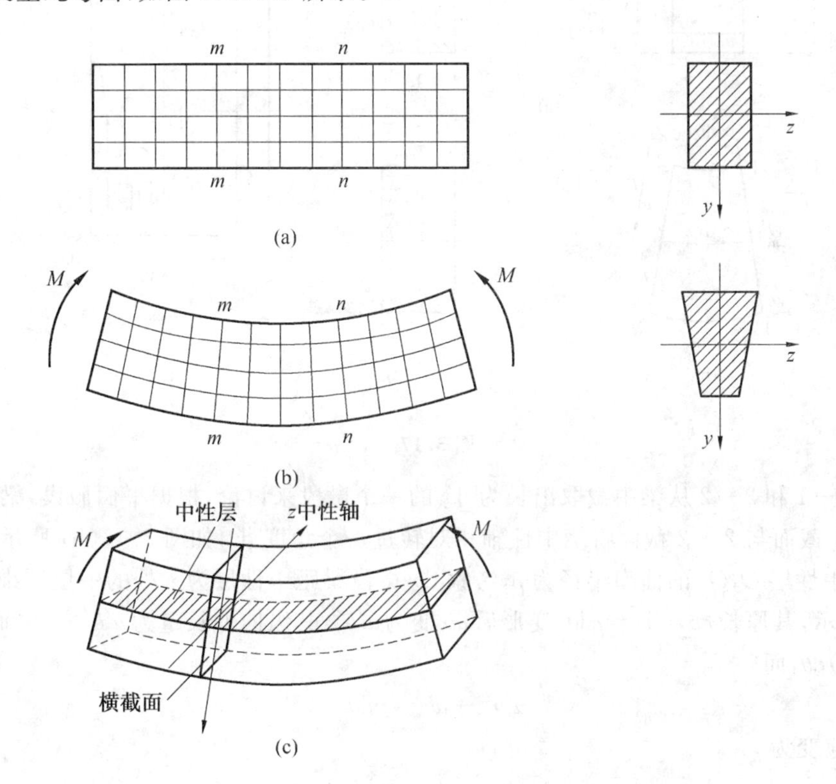

图 3.16

这时可以观察到以下现象：

(1) 梁上的纵向线（包括轴线）都弯曲成了曲线，且上部分（靠近梁凹侧一边）纵向线缩短，下部分（靠近凸侧一边）纵向线伸长，而中间的一条纵向线长度不变。

(2) 梁上的横向线仍为直线，只是相互倾斜了一个角度，不再相互平行，但仍与梁弯曲后的轴线垂直。

(3) 矩形截面的上部分(纵向线缩短区)变宽,下部分(纵向线伸长区)变窄。

如果将梁看成是由许多纵向纤维组成的,梁中从上部各层纵向纤维缩短到下部各层纵向纤维伸长的连续变化中,必有一层纵向纤维既不伸长也不缩短,因而这层纵向纤维既不受拉应力,也不受压应力,这层纤维称为中性层。中性层与梁横截面的交线称为中性轴。如图 3.16(c) 所示,中性轴将横截面分为受压和受拉两个区域。需要注意的是,中性层是对整个梁讲的,而中性轴则是就梁的某个横截面而言的。在平面弯曲中中性层和中性轴都垂直于加载方向。

根据上述观察到的纯弯曲的变形现象,经过判断、综合和推理,可作出如下假设:

(1) 梁的横截面在纯弯曲变形后仍保持为平面,并垂直于梁弯曲后的轴线。横截面只是绕其面内的某一轴线转了一个角度。这就是弯曲变形的平面假设。

(2) 各纵向纤维只是发生了简单的轴向拉伸或压缩,纵向纤维间无相互的挤压。此假设为单向受力假设。

由于梁的横截面保持平面,所以横截面上同一高度上的纤维具有相同的变形,处于不同高度上的纤维的变形保持线性关系。为了确定变形沿截面高度分布的数学表达式,以截面上的 O 点为坐标原点建立 $Oxyz$ 直角坐标系,如图 3.17(d) 所示。其中 x 轴沿轴线方向;y 轴与加载方向一致;z 轴与截面中性轴重合。

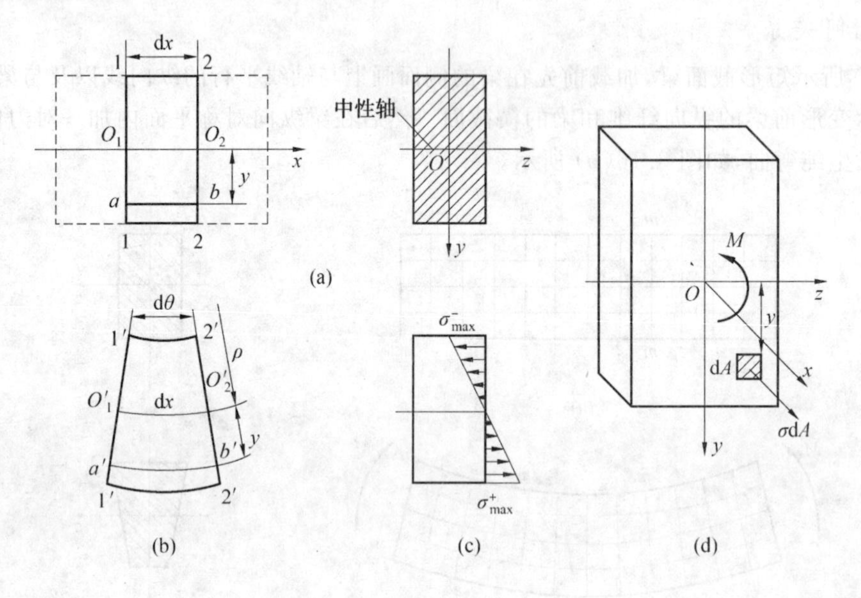

图 3.17

用横截面 1－1 和 2－2 从梁中截取出长为 dx 的一个微段来讨论,根据平面假设,梁变形后,梁上相距 dx 的 1－1 截面与 2－2 截面将绕中性轴相对转过一个角度 $d\theta$,如图 3.17(b) 所示。

设变形后,中性层 O_1O_2 的曲率半径为 ρ,考察 dx 微段梁距中性层为 y 处的一层纤维 ab 的变形。如图 3.17(b) 所示,其原长 $ab=dx=\rho d\theta$,变形后 ab 变为 $a'b'$,其纵向伸长量为 $a'b'-ab$,而从图中可看出 $a'b'=(\rho+y)d\theta$,而

$$a'b'-ab=y\,d\theta$$

则纵线 ab 的线应变为

$$\varepsilon=\frac{a'b'-ab}{ab}=\frac{y\,d\theta}{dx}=\frac{y}{\rho} \tag{3.20}$$

这就是梁弯曲时,线应变沿截面高度方向分布的表达式。

其中曲率

$$\frac{1}{\rho}=\frac{d\theta}{dx}$$

ρ 对于确定的横截面是一常量。所以该方程表明：中性层等远处的各纵向纤维变形相同，所以，公式线应变 ε 即为横截面上坐标为 y 的所有各点处的纵向纤维的线应变。线应变沿截面高度成线性分布，在中性轴上线应变为零，在中性轴两侧分别为拉应变和压应变。

2. 物理关系

对于线弹性材料，当横截面上的正应力不超过材料的比例极限 σ_p 时，可由胡克定律得到横截面上坐标为 y 处各点的正应力为

$$\sigma = E\varepsilon = \frac{E}{\rho}y \tag{3.21}$$

该式表明，横截面上各点的正应力 σ 与点的坐标 y 成正比，由于截面上 ρ 为常数，说明弯曲正应力沿截面高度线性分布，中性轴上各点的正应力均为零，距中性轴等远处各点正应力相等，距中性轴最远处的横截面边缘各点，分别有最大拉应力和最大压应力。其沿高度方向的分布如图 3.17(c) 所示。

3. 静力学关系

图 3.17(d) 所示梁横截面上坐标为 (y,z) 的点的正应力为 σ，截面上各点的微内力 $\sigma \cdot \mathrm{d}A$ 组成与横截面垂直的空间平行力系（图中只画出了该平行力系中的一个微内力）。这个内力系只可能简化为 3 个内力分量，即平行于 x 轴的轴力 N，对 z 轴的力矩 M_z 和对 y 轴的力偶矩 M_y，分别为

$$N = \int_A \sigma \mathrm{d}A$$

$$M_y = \int_A z\sigma \mathrm{d}A$$

$$M_z = \int_A y\sigma \mathrm{d}A$$

在纯弯情况下，梁横截面上只有弯矩 $M_z = M$，而轴力 N 和 M_y 皆为零。

由 $N = 0$，有

$$N = \int_A \sigma \mathrm{d}A = 0$$

将式(3.21) 代入上式可得

$$\int_A \frac{E}{\rho} y \mathrm{d}A = \frac{E}{\rho}\int_A y \mathrm{d}A = 0$$

由于弯曲时 $\frac{E}{\rho} \neq 0$，必然有

$$\int_A y \mathrm{d}A = S_z = 0$$

此式表明，中性轴 z 通过截面形心。

同时，由 $M_y = 0$，可得

$$M_y = \int_A z\sigma \mathrm{d}A = 0$$

将式(3.21) 代入上式可得

$$\frac{E}{\rho}\int_A yz \mathrm{d}A = \frac{E}{\rho} I_{yz} = 0$$

同样由于弯曲时 $\frac{E}{\rho} \neq 0$，必然有惯性积 $I_{yz} = \int_A yz \mathrm{d}A = 0$。使 $I_{yz} = 0$ 的一对互相垂直的轴称为主轴。前面已经证明了 z 轴通过横截面的形心，所以，y、z 轴为截面的一对形心主轴。上述分析表明，对于一个截面而言，荷载必须作用在由主轴构成的平面内，才可以产生平面弯曲，这个平面称为主轴平面。

由 $M = M_z$，有

$$M_z = \int_A y\sigma \mathrm{d}A = M$$

将式(3.21)代入上式可得

$$M_z = \int_A y\sigma \mathrm{d}A = \frac{E}{\rho}\int_A y^2 \mathrm{d}A = M$$

其中 $I_z = \int_A y^2 \mathrm{d}A$ 称为截面对 z 轴的惯性矩，上式写成：

$$\frac{1}{\rho} = \frac{M}{EI_z} \tag{3.22}$$

这是纯弯曲时，梁轴线变形后的曲率公式。其中 EI_z 称为梁的抗弯刚度。梁弯曲的曲率与弯矩成正比，而与抗弯刚度成反比。

将式(3.22)代入式(3.21)即可得到纯弯曲时梁的横截面上的正应力计算公式：

$$\sigma = \frac{M}{I_z}y \tag{3.23}$$

该式表明，梁弯曲时横截面上任一点的正应力 σ 与弯矩 M 和该点到中性轴的距离 y 成正比，与截面对中性轴的惯性矩 I_z 成反比。正应力沿截面高度呈线性分布；中性轴上各点的正应力均为零；离中性轴等远的各点正应力相等；在上、下边缘处（$y = y_{\max}$）正应力取得最大值。

应用式(3.23)计算正应力时，M 和 y 可均用绝对值代入，σ 为拉应力还是压应力则由该点处于截面的受拉区还是受压区判定。当截面上为正弯矩时，则中性轴上部横截面的各点均为压应力，而下部各点则均为拉应力；反之，当截面上为负弯矩时，则中性轴上部横截面的各点均为拉应力，而下部各点则均为压应力。

式(3.22)、式(3.23)是梁弯曲情况下的两个基本公式，前者描述了梁弯曲后的变形，后者描述了弯曲后梁横截面上正应力的分布及各点正应力的大小。

3.4.3 横力弯曲梁横截面上的正应力

梁在横力弯曲作用下，其横截面上不仅有正应力，还有切应力。由于存在切应力，横截面不再保持平面，而发生“翘曲”现象。进一步的分析表明，对于细长梁（例如矩形截面梁，$l/h \geqslant 5$，l 为梁长，h 为截面高度），切应力对正应力和弯曲变形的影响很小，可以忽略不计。而且，用纯弯曲时梁横截面上的正应力计算公式 $\sigma = \dfrac{My}{I_z}$ 来计算细长梁横力弯曲时的正应力，和梁内的真实应力相比，并不会引起很大的误差，能够满足工程问题所要求的精度。所以，对横力弯曲时的细长梁，可以用纯弯曲时梁横截面上的正应力计算公式计算梁的横截面上的弯曲正应力。

上述公式是根据等截面直梁导出的。对于缓慢变化的变截面梁以及曲率很小的曲梁（$h/\rho_0 \leqslant 0.2$，ρ_0 为曲梁轴线的曲率半径）也可近似适用。

横力弯曲时梁的弯矩随横截面位置的变化而改变。一般情况下，最大正应力发生于弯矩最大的截面上，且离中性轴最远的边缘处。于是由式(3.23)得

$$\sigma_{\max} = \frac{M_{\max}}{I_z} y_{\max}$$

如令

$$W_z = \frac{I_z}{y_{\max}}$$

则截面上最大弯曲正应力为

$$\sigma_{\max} = \frac{M}{W_z}$$

式中　W_z——截面图形的抗弯截面模量，它只与截面图形的几何性质有关。

$$W_z=\frac{I_z}{y_{max}}$$

【例 3.7】 矩形截面外伸梁如图 3.18(a) 所示(注:横截面尺寸单位为 mm)。试求:(1) 梁的最大弯矩截面中 K 点的弯曲正应力;(2) 该截面的最大弯曲正应力。

解 (1) 由弯矩图(图 3.18(b))可知:B 截面弯矩最大。

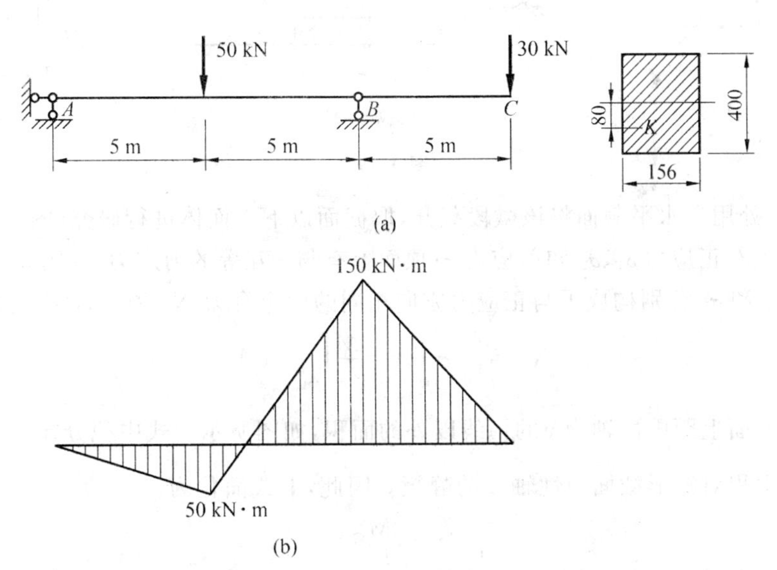

图 3.18

$$M_{max}=-150\ \text{kN}\cdot\text{m},\quad I_z=\frac{156\times400^3}{12}=8.32\times10^8\ \text{mm}^4$$

(2)B 截面中 K 点的弯曲正应力为

$$\sigma_K=\frac{M_{max}y}{I_z}=\frac{-150\times10^6\times80}{8.32\times10^8}\ \text{MPa}=-14.42\ \text{MPa}$$

(3)B 截面中的最大弯曲正应力为

$$\sigma_{max}=\frac{M_{max}y_{max}}{I_z}=\frac{150\times10^6\times200}{8.32\times10^8}\ \text{MPa}=36.06\ \text{MPa}$$

【例题点评】 不同截面上的点的正应力不同,因此要明确截面位置;同一截面上的不同点,正应力也不同,因此要明确截面上点的位置。

3.4.4 横力弯曲梁横截面上的切应力

横力弯曲时,梁横截面内不仅有弯矩还有剪力,因而横截面上既有弯曲正应力,又有弯曲切应力。下面介绍几种常见截面上的弯曲切应力分布规律及计算公式。

1. 矩形截面梁的弯曲切应力

对于弯曲切应力,由于其在横截面上的应力情况比较复杂,因此先对梁横截面上的切应力分布规律作出假设。为此,从图 3.19 所示的矩形截面梁中取出一段梁来进行分析。

设横向力作用在矩形截面梁的纵向对称平面内,则任一截面的剪力 Q 必位于对称轴 y 上(图 3.19(a)),通常横截面的宽度 b 总是比高度 h 小。在这种情况下,对切应力在横截面上的分布规律可作出如下两个假设:

(1) 截面上任意一点的切应力的方向都平行于剪力 Q 的方向。

(2) 切应力沿截面宽度均匀分布,即切应力的大小只与 y 坐标有关。

如图 3.19(a) 所示矩形截面梁假想用 1—1 和 2—2 两横截面截出长为 dx 的微段,一般来说,1—1 截面上的弯矩 M_1 和 2—2 截面上的弯矩 M_2 并不相等,如图 3.19(b) 所示,因此上述两截面上同一个坐标点处的正应力值也不相等，如图 3.19(c) 所示，但两截面上的剪力 Q 值相等。

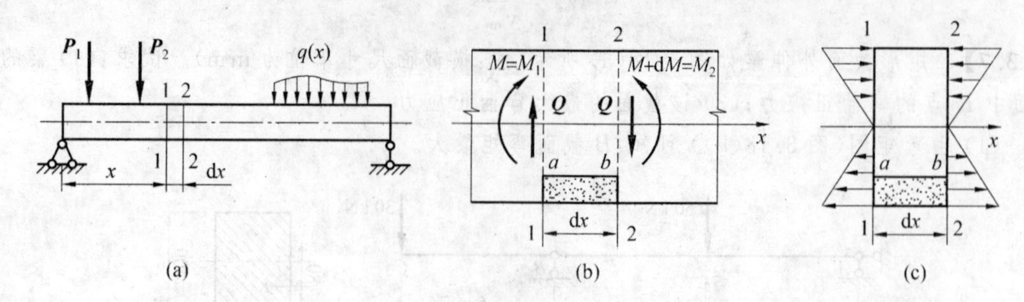

图 3.19

距中性层为 y 处用一水平截面将该微段截开，取截面以下六面体进行研究(图 3.20(b))。在六面体左、右竖直侧面上有正应力 σ_1、σ_2 和剪应力 τ；顶面上有与 τ 互等的剪应力 τ'(图 3.20(c))。在左、右侧面上的正应力 σ_1 和 σ_2 分别构成了与正应力方向相同的两个合力 N_1 和 N_2，它们为

$$N_1=\int_{A_1}\sigma_1\,\mathrm{d}A=\frac{M}{I_z}\int_{A_1}y_1\,\mathrm{d}A$$

式中　A_1——横截面上距中性轴为 y 的横线以外的面积，如图所示。式中积分 $S_z^*=\int_{A_1}y_1\,\mathrm{d}A$ 是 A_1 的截面积对矩形截面中性轴 z 的静矩。因此，上式简化为

$$N_1=\frac{M}{I_z}S_z^*$$

同理

$$N_2=\frac{M+\mathrm{d}M}{I_z}S_z^*$$

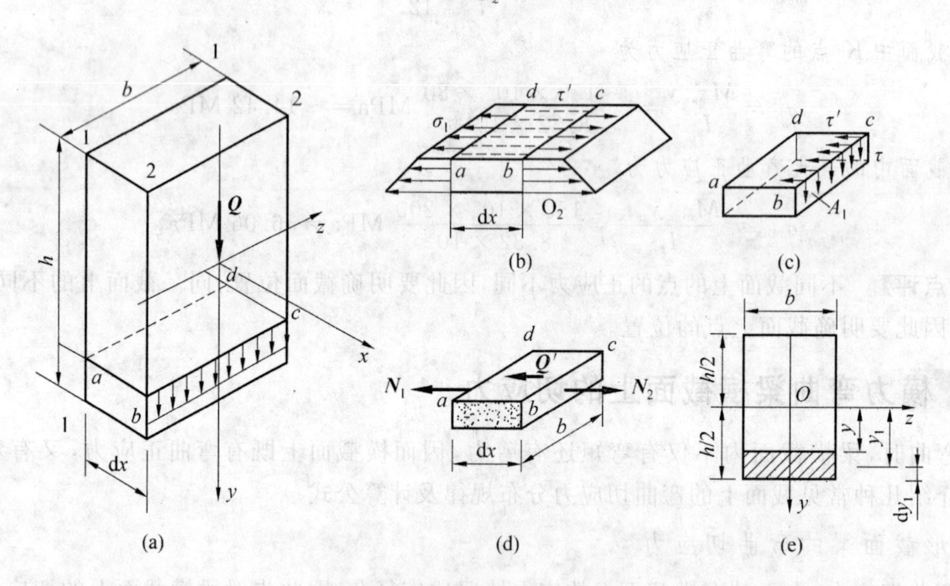

图 3.20

因微段的左、右两侧面上的弯矩不同，故 N_2 和 N_1 的大小也不相同。N_1、N_2 只有和水平切应力 τ' 的合力一起，才能维持六面体在 x 方向的平衡，即

$$\sum X=0,\quad N_2-N_1-\tau'(b\,\mathrm{d}x)=0$$

将 N_1 和 N_2 代入上式，有

$$\frac{M+\mathrm{d}M}{I_z}S_z^*-\frac{M}{I_z}S_z^*-\tau' b\,\mathrm{d}x=0$$

整理、化简后有

$$\tau' = \frac{\mathrm{d}MS_z^*}{\mathrm{d}xbI_z}$$

根据梁内力间的微分关系$\frac{\mathrm{d}M}{\mathrm{d}x}=Q$,可得

$$\tau' = \frac{QS_z^*}{bI_z}$$

由剪应力互等定理$\tau'=\tau$,可以推导出矩形截面上距中性轴为y处任意点的切应力计算公式为

$$\tau = \frac{QS_z^*}{bI_z} \tag{3.24}$$

式中　Q—— 横截面上的剪力;

I_z—— 横截面A对中性轴z的轴惯性矩;

b—— 横截面上所求切应力点处截面的宽度(即矩形的宽度);

S_z^*—— 横截面上距中性轴为y的横线以外部分的面积A_1对中性轴的静矩。

现在,根据切应力公式进一步讨论切应力在矩形截面上的分布规律。在图3.20(e)所示矩形截面上取微面积$\mathrm{d}A=b\mathrm{d}y$,则距中性轴为y的横线以下的面积A_1对中性轴z的静矩为

$$S_z^* = \int_{A_1} y_1 \mathrm{d}A = \int_y^{\frac{b}{2}} b y_1 \mathrm{d}y_1 = \frac{b}{2}\left(\frac{h^2}{4} - y^2\right)$$

将此式代入切应力公式,可得矩形截面切应力计算公式的具体表达式为

$$\tau = \frac{Q}{2I_z}\left(\frac{h^2}{4} - y^2\right)$$

从该式可以看出,沿截面高度切应力τ按抛物线规律变化,如图3.21所示。可以看到,当$y=\pm\frac{h}{2}$时,即矩形截面的上、下边缘处切应力$\tau=0$;当$y=0$时,截面中性轴上的切应力为最大值:

$$\tau_{\max} = \frac{Qh^2}{8I_z}$$

将矩形截面的惯性矩$I_z=\frac{bh^3}{12}$代入上式,得到

$$\tau_{\max} = \frac{3Q}{2bh}$$

说明矩形截面梁横截面上的最大切应力值为其平均切应力的1.5倍。

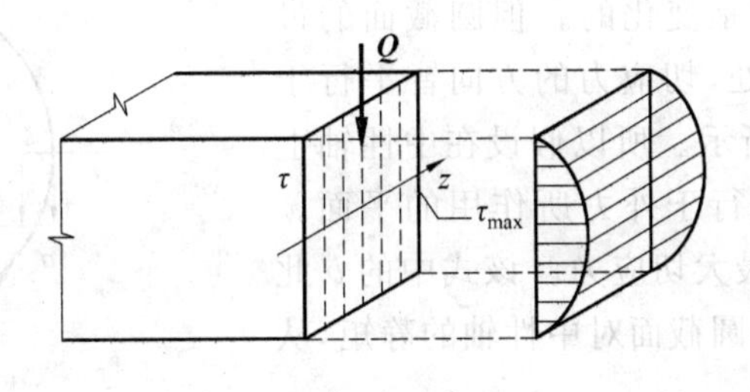

图 3.21

2. 工字形截面梁的弯曲切应力

工字形截面梁由腹板和翼缘组成。试验表明,在翼缘上切应力很小,梁横截面上的切应力主要分布于腹板上,在腹板上切应力沿腹板高度按抛物线规律变化,腹板的切应力平行于腹板的竖边,且沿宽度方向均匀分布,分布情况如图3.22所示。腹板上切应力仍然沿用矩形截面梁弯曲切应力计算公式:

$$\tau = \frac{QS_z^*}{bI_z}$$

式中　b—— 取腹板的宽度。

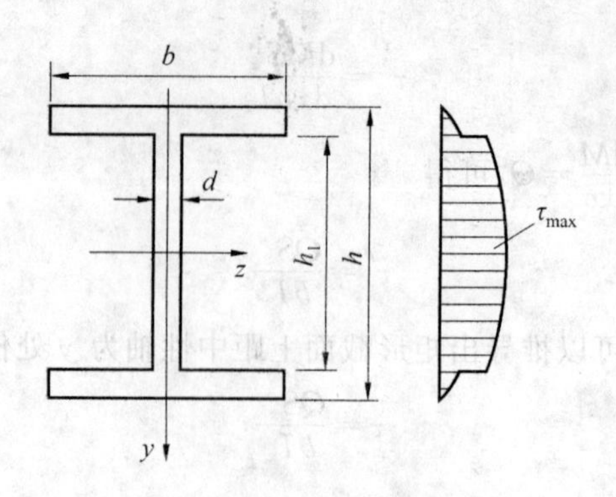

图 3.22

最大切应力在中性轴上，其值为

$$\tau_{max}=\frac{Q(S_z^*)_{max}}{dI_z}$$

式中 $(S_z^*)_{max}$—— 中性轴一侧截面面积对中性轴的静矩。

对于轧制的工字钢，式中的 $\frac{I_z}{(S_z^*)_{max}}$ 可以从型钢表中查得。

计算结果表明，腹板上的最大切应力与最小切应力相差不大，可近视地认为腹板上的切应力是均匀分布的；腹板承担的剪力约为 $(0.95\sim0.97)Q$，可见横截面上的剪力的绝大部分为腹板所承担。因此可以近似地得出腹板内的切应力为

$$\tau_{max}=\frac{Q}{h_1 d} \tag{3.25}$$

式中 h_1—— 腹板的高度；

$h_1 d$—— 腹板的面积。

在翼缘上切应力的分布情况比较复杂，它既有与剪力平行的切应力，还有与翼缘长边平行的切应力分量。由于翼缘上的最大切应力远小于腹板上的最大切应力，所以通常并不去计算。

3. 圆形截面梁的弯曲切应力

在圆形截面上，任一平行于中性轴的横线 aa_1 两端处，切应力的方向必切于圆周，并相交于 y 轴上的 c 点。因此，横线上各点切应力方向是变化的。但圆截面的最大切应力仍在中性轴上各点处，切应力的方向皆平行于剪力 Q，分布情况如图 3.23 所示。所以假设在中性轴上各点的切应力大小相等，且平行于外力所作用的平面。于是可以用式(3.24)来计算最大切应力。该式中的 b 此时为圆的直径 d，而 S_z^* 则为半圆截面对中性轴的静矩，从而得到

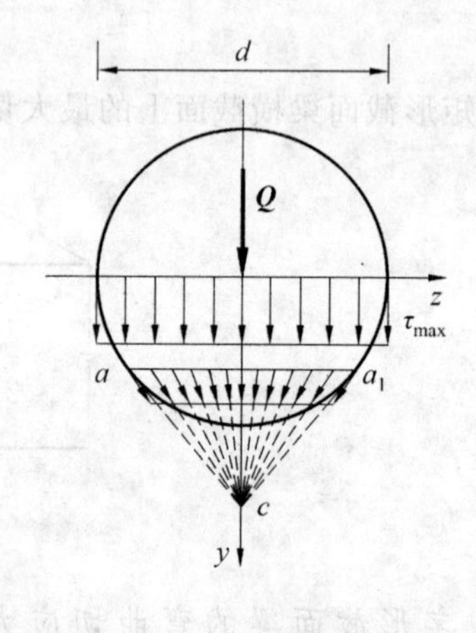

图 3.23

$$\tau_{max}=\frac{QS^*}{bI_z}=\frac{Q\left(\frac{d^3}{12}\right)}{d\left(\frac{\pi d^4}{64}\right)}=\frac{4}{3}\frac{Q}{A} \tag{3.26}$$

式中 A—— 圆截面面积。可见对圆形截面梁，其横截面上最大切应力为其平均切应力的 1.33 倍。

4. 圆环形截面梁的弯曲切应力

如图 3.24 所示薄壁圆环截面，设圆环厚度为 t，圆环的平均直径为 d_0。由于 t 与 d_0 相比很小，故可假设：

(1) 横截面上切应力的大小沿壁厚无变化，或沿壁厚 τ 为常量；

(2) 任一点处的切应力方向与所在点的圆周边相切。

根据薄壁截面上剪流的特点，如图 3.24 所示，横截面纵向对称轴线上各点的切应力必为零，切应力沿 y 轴对称分布，且最大切应力仍在中性轴上，式(3.24) 中的 $b=2t$，而 S_z^* 则为半个圆环截面对中性轴的静矩，于是有

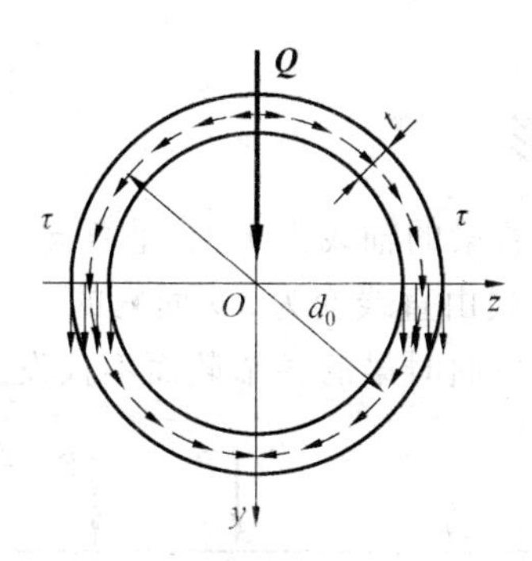

图 3.24

$$\tau_{\max}=\frac{QS^*}{bI_z}=\frac{Q\left(\frac{d_0^2}{2}t\right)}{2t\left(\frac{\pi d_0^3}{8}t\right)}=2\,\frac{Q}{A} \tag{3.27}$$

式中　A—— 薄壁圆环截面面积，$A=\pi d_0 t$。可见薄壁圆环截面上的最大切应力为其平均切应力的 2 倍。

【例 3.8】 一矩形截面简支梁如图 3.25 所示。已知 $l=3$ m，$h=160$ mm，$b=100$ mm，$h_1=40$ mm，$F=6$ kN。求：(1) 截面 $m-m$ 上 K 点的切应力；(2) 该梁的最大切应力。

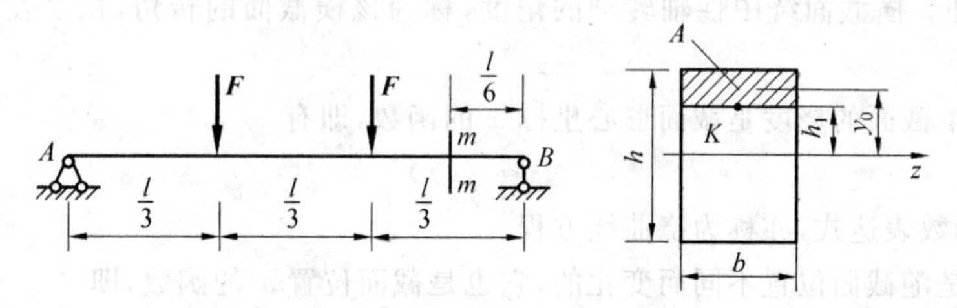

图 3.25

解　(1) 求截面 $m-m$ 上 K 点的切应力

① 求截面 $m-m$ 上的剪力：

$$Q=-F=-6\text{ kN}$$

② 计算截面的惯性矩及 K 点以外的面积 A 对中性轴的静矩：

$$I_z=\frac{bh^3}{12}=\frac{100\times 160^3}{12}\text{ mm}^4=3.41\times 10^7\text{ mm}^4$$

$$S_z^*=Ay_0=(100\times 40\times 60)\text{ mm}^3=2.4\times 10^5\text{ mm}^3$$

③ 计算截面 $m-m$ 上 K 点的切应力：

$$\tau_K=\frac{QS_z^*}{I_z b}=-\frac{6\times 10^3\times 2.4\times 10^5}{3.41\times 10^7\times 100}\text{ MPa}=-0.42\text{ MPa}$$

(2) 求该梁的最大切应力

① 求梁的最大剪力

$$Q_{\max}=-F=-6\text{ kN}$$

② 该梁的最大切应力

$$\tau_{\max}=\frac{3Q}{2hb}=\frac{3\times 6\times 10^3}{2\times 160\times 100}\text{ MPa}=0.56\text{ MPa}$$

【例题点评】 要明确所求应力的点所在截面的位置。通过此例强化梁弯曲时横截面上的切应力计算公式中每个物理量的意义。

3.5 平面弯曲梁的变形

3.5.1 平面弯曲梁的变形

图 3.26 所示简支梁，以变形前直梁的轴线为 x 轴，垂直向下的轴为 y 轴，建立 xOy 直角坐标系。当梁在 xy 面内发生弯曲时，梁的轴线由直线变为 xy 面内的一条光滑连续曲线，变形后的梁轴称为梁的挠曲线(或弹性曲线)。当梁发生弯曲时梁的各个截面不仅发生了线位移，而且还产生了角位移。

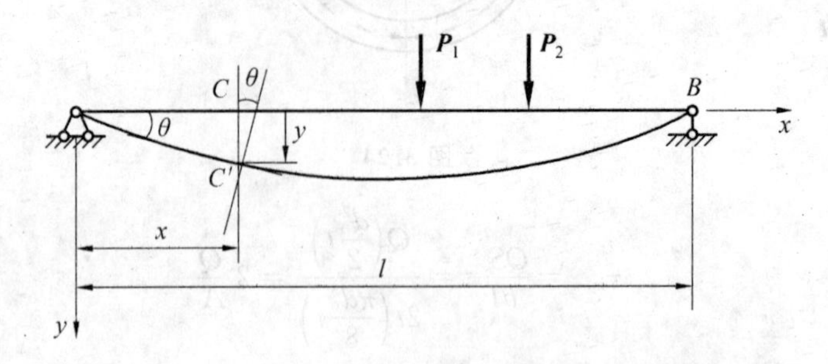

图 3.26

(1) 挠度：梁任一截面的形心在垂直于梁轴线方向的线位移(在 x 轴方向的线位移是二阶微量，可忽略不计)，称为该截面的挠度，用 y 表示。规定沿 y 轴向下的挠度为正，反之为负。

(2) 转角：梁任一横截面绕中性轴转动的角度，称为该横截面的转角，用 θ 表示。规定顺时针为正，反之为负。

梁弯曲时，各个截面的挠度是截面形心坐标 x 的函数，即有

$$y=y(x)$$

上式是挠曲线的函数表达式，亦称为挠曲线方程。

显然，转角也是随截面位置不同而变化的，它也是截面位置 x 的函数，即

$$\theta=\theta(x)$$

此式称为转角方程。

工程实际中，小变形时转角 θ 是一个很小的量，因此可表示为

$$\theta\approx\tan\theta=\frac{\mathrm{d}y}{\mathrm{d}x}=y'(x) \tag{3.28}$$

综上所述，求梁的任一截面的挠度和转角，关键在于确定梁的挠曲线方程 $y=y(x)$。

3.5.2 挠曲线近似微分方程

对细长梁，梁上的弯矩 M 和相应截面处梁轴的曲率半径 ρ 均为截面位置 x 的函数，因此，梁的挠曲线的曲率可表为

$$\frac{1}{\rho(x)}=\frac{M(x)}{EI}$$

即梁的任一截面处挠曲线的曲率与该截面上的弯矩成正比，与梁的抗弯刚度 EI 成反比。

另外，由高等数学知，曲线 $y=y(x)$ 任一点的曲率为

$$\frac{1}{\rho(x)}=\pm\frac{y''}{[1+(y')^2]^{\frac{3}{2}}}$$

显然，上述关系同样适用于挠曲线。比较上两式，可得

$$\pm \frac{y''}{[1+(y')^2]^{\frac{3}{2}}}=\frac{M(x)}{EI}$$

上式称为挠曲线微分方程。这是一个二阶非线性常微分方程,求解是很困难的。而在工程实际中,梁的挠度 y 和转角 θ 数值都很小,因此,$(y')^2$ 之值远小于 1,可以略去不计,于是,该式可简化为

$$\pm y''=\frac{M(x)}{EI}$$

式中左端的正负号的选择,与弯矩 M 的正负符号规定及 xOy 坐标系的选择有关。根据弯矩 M 的正负符号规定,当梁的弯矩 $M>0$ 时,梁的挠曲线为凹曲线,按图示坐标系,挠曲线的二阶导函数值 $y''<0$;反之,当梁的弯矩 $M<0$ 时,挠曲线为凸曲线,在图示坐标系中挠曲线的 $y''>0$。可见,在图示右手坐标系中,梁上的弯矩 M 与挠曲线的二阶导数 y'' 符号相反。所以,上式的左端应取负号,即

$$y''=-\frac{M(x)}{EI} \tag{3.29}$$

上式称为梁的挠曲线近似微分方程。实践表明,由此方程求得的挠度和转角,对工程计算来说,已足够精确。它是计算梁变形的基本公式。

3.5.3 积分法求梁的转角和挠度

对挠曲线近似微分方程式(3.29)进行积分,得到梁的转角方程和挠曲线方程,即可求得梁的任意截面的挠度和转角,此法称为积分法。对于等截面梁,其抗弯刚度 EI 为一常数,故式(3.29)可改写为如下形式:

$$-EIy''=M(x)$$

对 x 积分一次,可得转角方程:

$$-EIy'=-EI\theta=\int M(x)\mathrm{d}x+C \tag{3.30}$$

再对 x 积分一次,可得挠曲线方程:

$$-EIy=\iint M(x)\mathrm{d}x+Cx+D \tag{3.31}$$

式(3.30)和(3.31)被称为梁的转角方程和挠曲线方程。

C 和 D 为积分常数,可由梁的已知位移边界条件和分段处挠曲轴的连续及光滑条件确定。

(1) 边界条件:支座的“约束条件”,即支承对梁在该处的挠度、转角的限制。如固定端约束既限制线位移又限制角位移,则该处的挠度和转角均为零;而铰支座约束只限制线位移,所以该处的挠度为零。

(2) 连续条件:即在弹性范围内梁弯曲后,梁的挠曲轴为一连续、光滑的曲线,因而在分段处有转角相等、挠度相等。例如,如果 C 点为分段点,则有 $\theta_C^{左}=\theta_C^{右}$,$y_C^{左}=y_C^{右}$

从以上分析可知,梁的位移不仅与梁的弯矩及梁的抗弯刚度有关,而且也和梁的边界条件及连续性条件有关。

【例 3.9】 已知图 3.27 所示简支梁受均布荷载作用,EI 为常数。试用积分法求此梁的最大挠度和端截面 A、B 的转角。

解 (1) 列挠曲线近似微分方程

支座反力:
$$F_A=F_B=\frac{ql}{2}$$

弯矩方程:
$$M(x)=\frac{qlx}{2}-\frac{qx^2}{2}$$

写出挠曲线近似微分方程:

$$EIy''=-M(x)=\frac{q}{2}(x^2-lx)$$

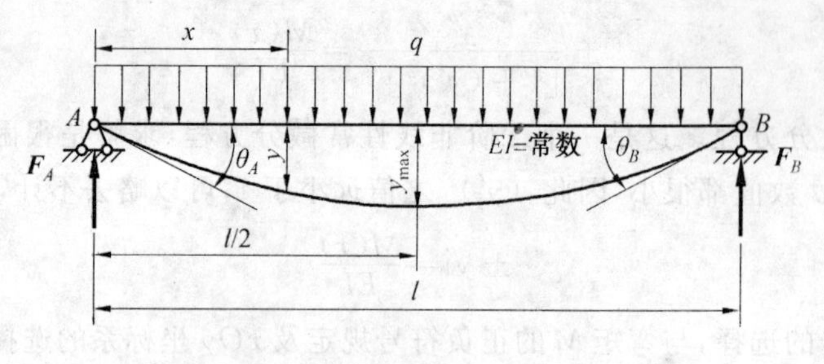

图 3.27

(2) 积分得

$$EI\theta = y' = \frac{q}{2EI}\left(\frac{x^3}{3} - \frac{lx^2}{2}\right) + C$$

$$EIy = \frac{q}{2EI}\left(\frac{x^4}{12} - \frac{lx^3}{6}\right) + Cx + D$$

(3) 利用边界条件,确定积分常数

当 $x=0$ 时,$y_A=0$,得 $D=0$

当 $x=l$ 时,$y_B=0$,得 $C=\frac{ql^3}{24}$

(4) 求得转角方程

$$\theta = \frac{q}{2EI}\left(\frac{x^3}{3} - \frac{lx^2}{2} + \frac{l^3}{12}\right) \tag{a}$$

挠度方程:

$$y = \frac{q}{12EI}\left(\frac{x^4}{2} - lx^3 + \frac{l^3 x}{2}\right) \tag{b}$$

(5) 求 $y_{\max}$,θ_A,θ_B

由 $\frac{dy}{dx}=0$,得 $x=\frac{l}{2}$。即在 $x=\frac{l}{2}$ 时,有最大挠度:

$$y_{\max} = y\big|_{x=\frac{l}{2}} = f = \frac{5ql^4}{384EI}(\downarrow)$$

将 $x=0$ 代入式(a),得

$$\theta_A = \theta\big|_{x=0} = \frac{ql^3}{24EI}(\text{顺时针})$$

将 $x=l$ 代入式(a),得

$$\theta_B = \theta\big|_{x=l} = -\frac{ql^3}{24EI}(\text{逆时针})$$

【例题点评】 要列出弯矩方程,然后利用边界条件和连续条件确定积分常数。

3.5.4 叠加法计算梁的变形

根据叠加原理知道构件在线弹性小变形前提下,其支反力、内力、应力和变形等都可以用叠加法进行计算。

弯曲变形时,如果在小变形下,且梁内应力不超过比例极限时,梁的挠度与转角都与荷载呈线性关系。因此,可以用叠加法计算梁的弯曲变形。当梁上有几个荷载共同作用时,可以分别计算梁在每个荷载单独作用时的变形,然后进行叠加,即可求得梁在几个荷载共同作用时的总变形。

表 3.2 中列出了几种梁在简单荷载作用时的挠曲线方程、最大挠度及端截面的转角。

表 3.2　梁在简单荷载作用下的变形

支承和荷载情况	挠曲线方程式	梁端转角	最大挠度
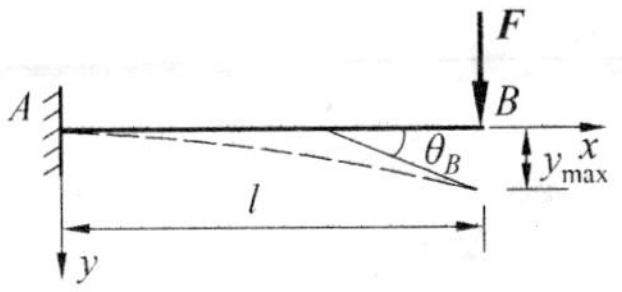	$y=\dfrac{Fx^2}{6EI_z}(3l-x)$	$\theta_B=\dfrac{Fl^2}{2EI_z}$	$y_{\max}=\dfrac{Fl^3}{3EI_z}$
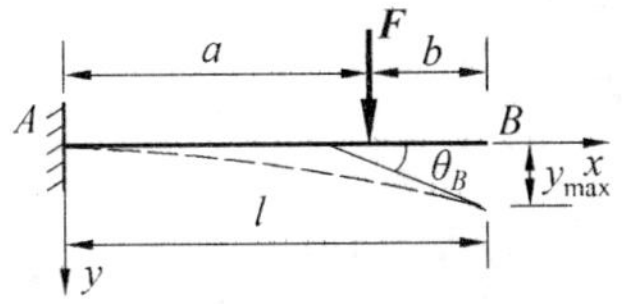	$y=\dfrac{Fx^2}{6EI_z}(3a-x)$ $(0\leqslant x\leqslant a)$ $y=\dfrac{Fa^2}{6EI_z}(3x-a)$ $(a\leqslant x\leqslant l)$	$\theta_B=\dfrac{Fl^2}{2EI_z}$	$y_{\max}=\dfrac{Fa^2}{6EI_z}(3l-a)$
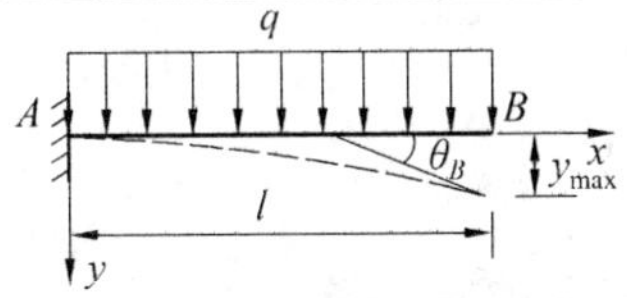	$y=\dfrac{qx^2}{24EI_z}(x^2+6l-4lx)$	$\theta_B=\dfrac{ql^3}{6EI_z}$	$y_{\max}=\dfrac{ql^4}{8EI_z}$
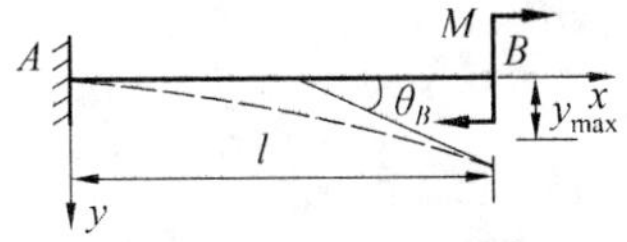	$y=\dfrac{Mx^2}{2EI_z}$	$\theta_B=-\dfrac{Ml}{EI_z}$	$y_{\max}=\dfrac{Ml^2}{2EI_z}$
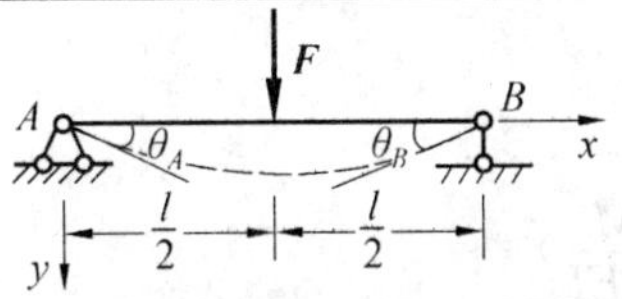	$y=\dfrac{Fx^2}{48EI_z}(3l^2-x^2)$ $\left(0\leqslant x\leqslant \dfrac{l}{2}\right)$	$\theta_A=-\theta_B=\dfrac{Fl^2}{16EI_z}$	$y_{\max}=\dfrac{Fl^3}{48EI_z}$
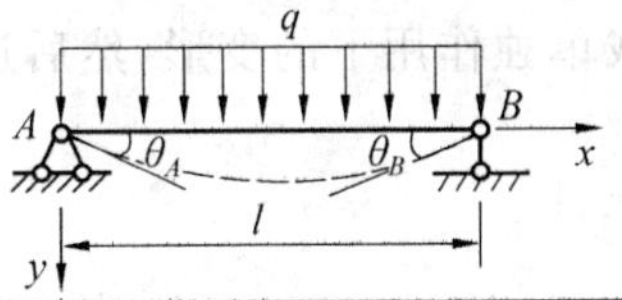	$y=\dfrac{qx}{24EI_z}(l^3-2lx^2+x^3)$	$\theta_A=-\theta_B=\dfrac{ql^3}{24EI_z}$	$y_{\max}=\dfrac{5ql^4}{384EI_z}$
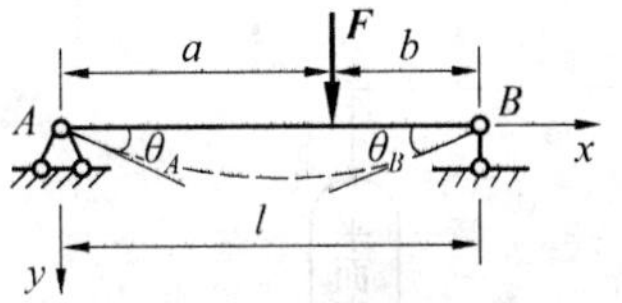	$y=\dfrac{Fbx}{6lEI_z}(l^2-x^2-b^2)$ $(0\leqslant x\leqslant a)$ $y=\dfrac{Fb}{6lEI_z}\left[(l^2-b^2)x-x^3+\dfrac{l}{b}(x-a)^3\right]$ $(a\leqslant x\leqslant l)$	$\theta_A=\dfrac{Fab}{6lEI_z}(l+b)$ $\theta_B=-\dfrac{Fab}{6lEI_z}(l+a)$	若 $a>b$ 在 $x=\sqrt{\dfrac{l^2-b^2}{3}}$ 处 $y_{\max}=\dfrac{\sqrt{3}Fb}{27lEI_z}(l^2-b^2)^{\frac{3}{2}}$
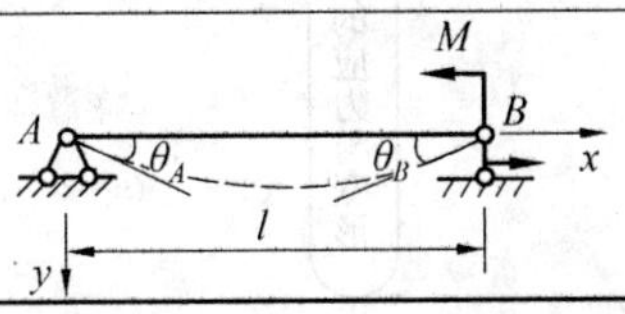	$y=\dfrac{Mx}{6lEI_z}(l^2-x^2)$	$\theta_A=\dfrac{Ml}{6EI_z}$ $\theta_B=-\dfrac{Ml}{3EI_z}$	在 $x=\dfrac{\sqrt{3}}{3}$ 处，$y_{\max}=\dfrac{\sqrt{3}Ml^2}{27EI_z}$ 在 $x=\dfrac{l}{2}$ 处，$y_{\frac{l}{2}}=\dfrac{Ml^2}{16EI_z}$

【例 3.10】 试用叠加法计算图 3.28(a) 所示梁跨中 C 截面的挠度和支座处截面转角。已知 $EI=$ 常数。

解　可将作用在此梁上的荷载分为 3 种简单的荷载，如图 3.28(b)、(c)、(d) 所示，然后从表 3.2 中查出有关的计算式，并按叠加原理求出其代数和，即可得到所要求的变形及转角。

(1)C 截面的挠度　$f_C=f_{Cq}+f_{CP}+f_{CM}=\dfrac{5ql^4}{384EI}+\dfrac{Pl^3}{48EI}+\dfrac{Ml^2}{16EI}$

(2)A 截面的转角　$\theta_A=\theta_{Aq}+\theta_{AP}+\theta_{AM}=\dfrac{ql^3}{24EI}+\dfrac{Pl^2}{16EI}+\dfrac{Ml}{3EI}$

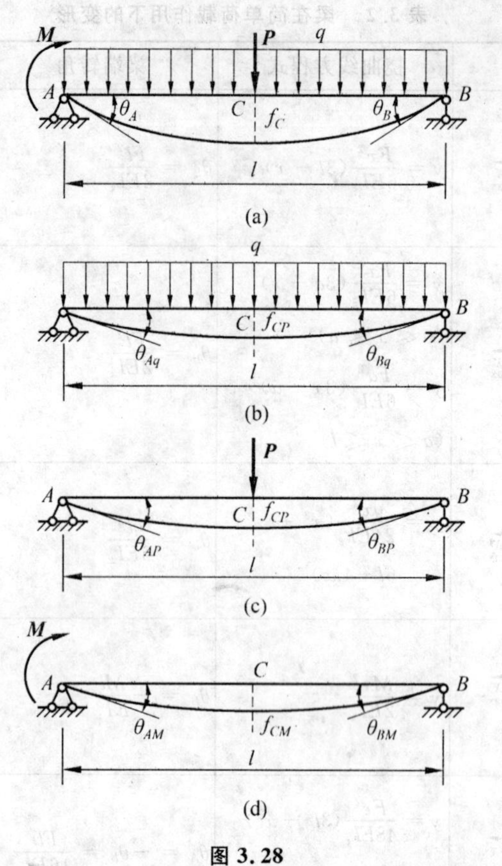

图 3.28

(3)B 截面的转角 $\theta_B=\theta_{Bq}+\theta_{BP}+\theta_{BM}=-(\dfrac{ql^3}{24EI}+\dfrac{Pl^2}{16EI}+\dfrac{Ml}{6EI})$

【例题点评】 将梁分为每种荷载单独作用,查表计算梁在每个荷载单独作用下的变形,然后进行叠加,即可求得梁在几个荷载共同作用时的总变形。

【重点串联】

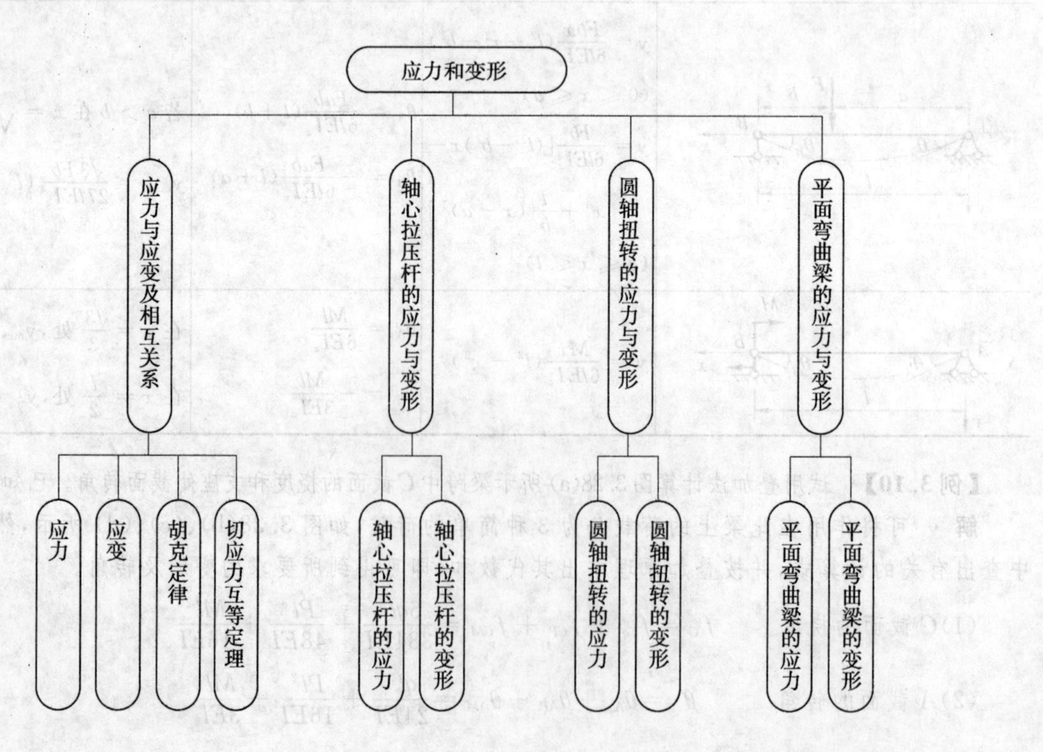

拓展与实训

基础训练

一、填空题

1. 杆件轴向拉伸或压缩时，其斜截面上切应力随截面方位不同而不同，而切应力的最大值发生在与轴线间的夹角为________的斜截面上。

2. 杆件轴向拉伸或压缩时，在平行于杆件轴线的纵向截面上，其应力值为________。

3. 金属拉伸试样在屈服时会表现出明显的________变形。

4. 铸铁试样压缩时，其破坏断面的法线与轴线大致成________的倾角。

5. 圆轴扭转时，横截面上任意点的切应力与该点到圆心的距离成________。

6. 梁在弯曲时的中性轴，就是梁的________与横截面的交线。

二、选择题

1. 在轴向拉伸或压缩杆件上正应力为零的截面是(　　)。

A. 横截面　　B. 与轴线成一定交角的斜截面

C. 沿轴线的截面　　D. 不存在的

2. 一轴向拉伸或压缩的杆件，设与轴线成45°的斜截面上的剪应力为τ，则该截面上的正应力等于(　　)。

A. 0　　B. 1.14τ　　C. 0.707τ　　D. τ

3. 一圆杆受拉，在其弹性变形范围内，将直径增加一倍，则杆的相对变形将变为原来的(　　)倍。

A. $\frac{1}{4}$　　B. $\frac{1}{2}$　　C. 1　　D. 2

4. 铸铁试样在做压缩试验时，试样沿倾斜面破坏，说明铸铁的(　　)。

A. 抗剪强度小于抗压强度　　B. 抗压强度小于抗剪强度

C. 抗压强度小于抗拉强度　　D. 抗剪强度小于抗拉强度。

5. 梁在平面弯曲时，其中性轴与梁的纵向对称平面是相互(　　)。

A. 平行　　B. 垂直　　C. 成任意夹角

6. 梁弯曲时，横截面上离中性轴距离相同的各点处正应力是(　　)的。

A. 相同　　B. 随截面形状的不同而不同

C. 不相同　　D. 有的地方相同，而有的地方不相同

三、判断题

1. 一空心圆轴在产生扭转变形时，其危险截面外缘处具有全轴的最大切应力，而危险截面内缘处的切应力为零。(　　)

2. 由扭转试验可知，铸铁试样扭转破坏的断面与试样轴线成45°的倾角，而扭转断裂破坏的原因，是由于断裂面上的切应力过大而引起的。(　　)

3. 梁弯曲时，梁内有一层既不受拉又不受压的纵向纤维就是中性层。(　　)

4. 中性层是梁平面弯曲时纤维缩短区和纤维伸长区的分界面。(　　)

5. 梁的横截面上作用有负弯矩，其中性轴上侧各点作用的是拉应力，下侧各点作用的是压应力。(　　)

四、计算题

1.结构受力如图 3.29 所示。已知 AB 为圆截面钢杆，$d=14$ mm；BC 为正方形截面木杆，边长 $a=60$ mm。试求 AB、BC 两杆横截面上的正应力分别是多少？

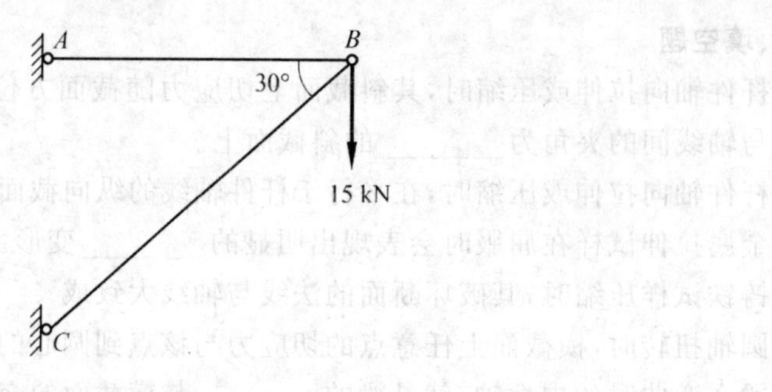

图 3.29

2.圆钢杆上有一槽，如图 3.30 所示，已知钢杆受拉力 $P=15$ kN 作用，钢杆直径 $d=20$ mm。试求截面 1－1 和 2－2 上的应力(槽的面积可近似看成矩形，不考虑应力集中)。

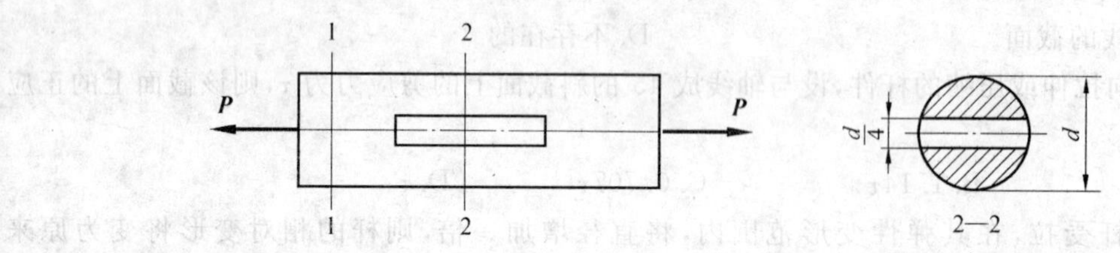

图 3.30

3.截面为正方形的阶梯砖柱如图 3.31 所示。上柱高 $H_1=3$ m，截面面积 $A_1=240$ mm×240 mm；下柱高 $H_2=4$ m，截面面积 $A_2=370$ mm×370 mm。荷载 $P=40$ kN，砖的弹性模量 $E=3$ GPa，试计算：(1)上、下柱的应力；(2)A 截面与 B 截面的位移。(不考虑砖柱的自重力)

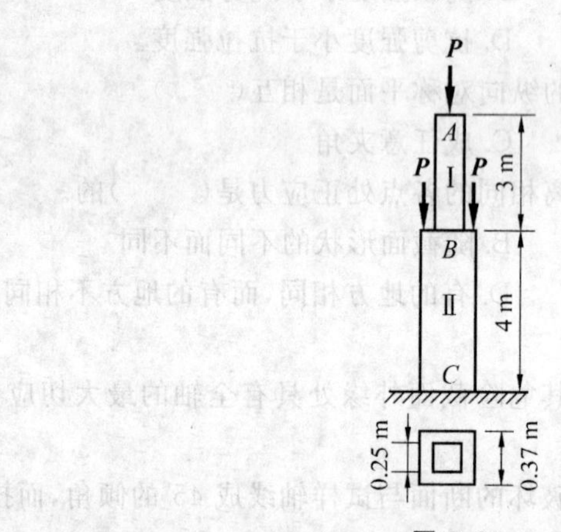

图 3.31

4.如图 3.32 所示为 20b 工字钢外伸梁，已知 $l=6$ m，$P=30$ kN，$q=6$ kN/m。试求梁的最大正应力和最大切应力。

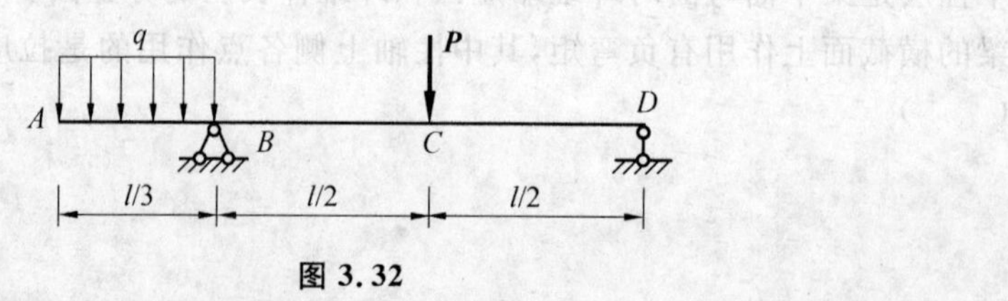

图 3.32

5. T形截面外伸梁上作用有均布荷载，梁的截面尺寸如图3.33所示，已知 $l=1.5$ m，$q=8$ kN/m，求梁的最大拉应力和压应力。（注：横截面尺寸单位为cm）

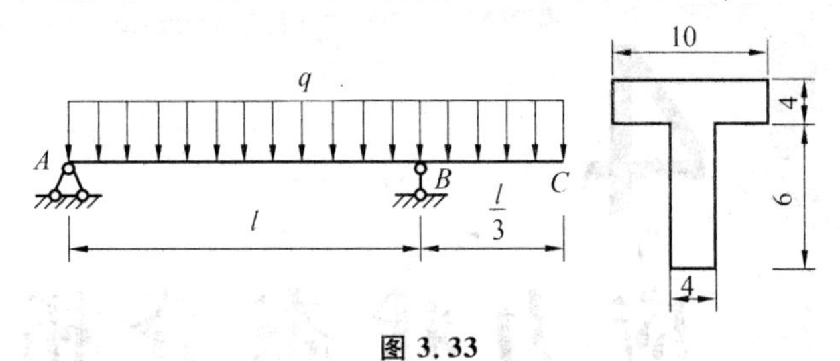

图3.33

链接执考

1. 物体受力作用而发生变形，当外力去掉后又能恢复原来形状和尺寸的性质称为（　　）。（二级注册结构师试题）

A. 弹性　　B. 塑性　　C. 刚性　　D. 稳定性

2. 四种梁的截面形状，从梁的正应力强度方面考虑，最合理的截面形状是（　　）。（二级注册结构师试题）

A. 圆形　　B. 工字形　　C. 长方形　　D. 正方形

3. 矩形截面梁受弯曲变形，如果梁横截面的高度增加一倍时，则梁内的最大正应力为原来的多少倍？（　　）（注册结构工程师试题）

A. 正应力为1/2倍　　B. 正应力为1/4倍

C. 正应力为4倍　　D. 无法确定

模块 4

应力状态分析和强度理论

【模块概述】

通过前面模块的学习我们得知，一般情形下杆件横截面上不同点的应力是不相同的。实际上一点的应力情况除与点的位置有关以外，还与通过该点所截取的截面方位有关。

与前几章中所采用的平衡方法不同的是，平衡对象既不是整体杆或某一段杆，也不是微段杆或其一部分，而是3个方向尺度均为小量的微元局部。

此外，本章中还将采用与平衡解析式相比拟的方法，作为分析和思考问题的一种手段，快速而有效地处理一些较为复杂的问题，从而避免死背硬记繁琐的解析公式。

【学习目标】

知识目标	能力目标
1.掌握一点处应力状态的概念及其研究目的； 2.掌握平面应力状态的应力坐标变换式及微元互垂面上正应力、切应力的关系； 3.掌握应力圆的画法、对应关系； 4.掌握主应力、主方向与最大切应力的计算； 5.了解三组特殊方向面与三向应力状态应力圆，了解一点处的最大正应力、最大切应力的计算； 6.了解广义胡克定律及其应用； 7.了解强度理论及相当应力。	1.培养学生勤于思考、善于钻研应力问题的能力； 2.培养学生熟练运用应力圆判断正应力、切应力的能力； 3.培养学生分析和解决应力分析与应变分析的工程实际问题。

【学习重点】

一点处应力状态的概念、描述与研究目的；平面应力状态的应力坐标变换式与应力圆；主应力、主方向、最大切应力计算；广义胡克定律及其应用。

【课时建议】

6～8课时

4.1 应力状态的概念

4.1.1 一点处的应力状态

当提及应力时，必须指明"哪一个面上哪一点"的应力或者"哪一点哪一个方向面上"的应力，即"应力的点和面的概念"。

所谓"应力状态"又称为一点处的应力状态，是指过一点不同方向面上应力的集合。应力状态分析是用平衡的方法，分析过一点不同方向面上应力的相互关系，确定这些应力中的极大值和极小值以及它们的作用面。即了解各个点处不同截面的应力情况，从而找出哪个点、哪个面上正应力最大或切应力最大。据此建立构件的强度条件，这就是研究应力状态的目的。

如上所述，应力随点的位置和截面方位不同而改变，若围绕所研究的点取出一个单元体（如微小正六面体），因单元体 3 个方向的尺寸均为无穷小，所以可以认为：单元体每个面上的应力都是均匀分布的，且单元体相互平行的面上的应力都是相等的，它们就是该点在这个方位截面上的应力。所以，可通过单元体来分析一点的应力状态。

4.1.2 主应力及应力状态的分类

复杂受力构件内的某点所截取出的单元体，一般来说，各个面上既有正应力，又有切应力（图 4.1(a)）。以下根据单元体面上的应力情况，介绍应力状态的几个基本概念。

1. 主平面

如果单元体的某个面上只有正应力，而无切应力，则此平面称为主平面。

2. 主应力

主平面上的正应力称为主应力。

3. 主单元体

若单元体 3 个相互垂直的面皆为主平面，则这样的单元体称为主单元体。可以证明：从受力构件某点处，以不同方位截取的诸单元体中，必有一个单元体为主单元体。主单元体在主平面上的主应力按代数值的大小排列，分别用 σ_1，σ_2 和 σ_3 表示，即 $\sigma_1 \geqslant \sigma_2 \geqslant \sigma_3$（图 4.1(b)）。

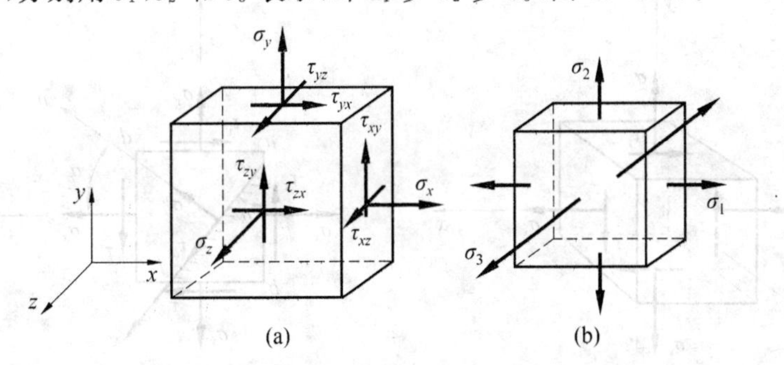

图 4.1 应力状态的一般情况和已知 3 个主应力的应力状态

4. 应力状态的类型

若在一个点的 3 个主应力中，只有一个主应力不等于零，则这样的应力状态称为单向应力状态。若 3 个主应力中有两个不等于零，则称为二向应力状态或平面应力状态。若 3 个主应力皆不为零，则称为三向应力状态或空间应力状态。单向应力状态也称为简单应力状态；二向和三向应力状态统称为复杂应力状态。

4.2 平面应力状态分析的数解法

4.2.1 二向应力状态下斜截面上的应力

二向应力状态分析，就是在二向应力状态下，通过一点的某些截面上的应力，确定通过这一点的其他截面上的应力，从而进一步确定该点的主平面、主应力和最大切应力。

从构件内某点截取的单元体如图4.2(a)所示。在图4.2(a)所示的单元体的各面上，设应力分量σ_x，σ_y，τ_x和τ_y皆为已知。关于应力的符号规定为：正应力以拉应力为正，而压应力为负；切应力以对单元体内任意点的矩为顺时针时，规定为正，反之为负。

现研究单元体任意斜截面ef上的应力(图4.2(b))。该截面外法线n与x轴的夹角为α。且规定：由x轴转到外法线n为逆时针时，则α为正。以斜截面ef把单元体假想截开，考虑任一部分的平衡，根据平衡方程$\sum F_n=0$，$\sum F_\tau=0$，得

$$\sigma_\alpha \mathrm{d}A+\tau_x(\mathrm{d}A\cos\alpha)\sin\alpha-\sigma_x(\mathrm{d}A\cos\alpha)\cos\alpha+$$
$$\tau_y(\mathrm{d}A\sin\alpha)\cos\alpha-\sigma_y(\mathrm{d}A\sin\alpha)\sin\alpha=0$$
$$\tau_\alpha \mathrm{d}A-\tau_x(\mathrm{d}A\cos\alpha)\cos\alpha-\sigma_x(\mathrm{d}A\cos\alpha)\sin\alpha+$$
$$\tau_y(\mathrm{d}A\sin\alpha)\sin\alpha+\sigma_y(\mathrm{d}A\sin\alpha)\cos\alpha=0$$

考虑到切应力互等定理，τ_x和τ_y在数值上相等，以τ_x代替τ_y，并利用三角函数公式：

$$\sin^2\alpha=\frac{1}{2}(1-\cos 2\alpha)$$

$$\cos^2\alpha=\frac{1}{2}(1+\cos 2\alpha)$$

$$2\sin\alpha\cos\alpha=\sin 2\alpha$$

简化以上平衡方程最后得出：

$$\sigma_\alpha=\frac{1}{2}(\sigma_x+\sigma_y)+\frac{1}{2}(\sigma_x-\sigma_y)\cos 2\alpha-\tau_x\sin 2\alpha \tag{4.1}$$

$$\tau_\alpha=\frac{1}{2}(\sigma_x-\sigma_y)\sin 2\alpha+\tau_x\cos 2\alpha \tag{4.2}$$

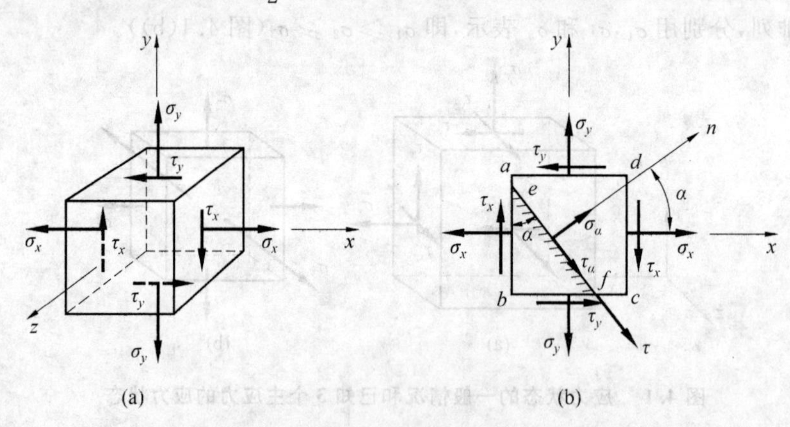

图 4.2 二向应力状态分析的单元体

上式表明：σ_α和τ_α都是α的函数，即任意斜截面上的正应力σ_α和切应力τ_α随截面方位的改变而变化。

4.2.2 主应力及主平面的方位

1. 正应力的极值及其所在平面的方位

为求正应力的极值，可将式(4.1)对 α 取导数，得

$$\frac{d\sigma_\alpha}{d\alpha} = -(\sigma_x - \sigma_y)\sin 2\alpha - 2\tau_x \cos 2\alpha$$

若 $\alpha=\alpha_0$ 时，导数 $\frac{d\sigma_\alpha}{d\alpha}=0$，则在 α_0 所确定的截面上，正应力为极值。以 α_0 代入上式，并令其等于零，即

$$-(\sigma_x - \sigma_y)\sin 2\alpha_0 - 2\tau_x \cos 2\alpha_0 = 0$$

得

$$\tan 2\alpha_0 = -\frac{2\tau_x}{\sigma_x - \sigma_y} \tag{4.3}$$

式(4.3)有两个解：α_0 和 $\alpha_0 \pm 90^\circ$。因此，由式(4.3)可以求出相差 90° 的两个角度 α_0，在它们所确定的两个互相垂直的平面上，正应力取得极值。在这两个互相垂直的平面中，一个是最大正应力所在的平面，另一个是最小正应力所在的平面。从式(4.3)求出 $\sin 2\alpha_0$ 和 $\cos 2\alpha_0$，代入式(4.1)，求得最大和最小正应力为

$$\sigma_{max} = \frac{\sigma_x + \sigma_y}{2} + \frac{1}{2}\sqrt{(\sigma_x - \sigma_y)^2 + 4\tau_x^2} \tag{4.4}$$

$$\sigma_{min} = \frac{\sigma_x + \sigma_y}{2} - \frac{1}{2}\sqrt{(\sigma_x - \sigma_y)^2 + 4\tau_x^2} \tag{4.5}$$

至于 α_0 确定的两个平面中哪一个对应着最大正应力，可按下述方法确定。若 σ_x 为两个正应力中代数值较大的一个，则式(4.3)确定的两个角度 α_0 和 $\alpha_0 \pm 90^\circ$，绝对值较小的一个对应着最大正应力 σ_{max} 所在的平面；反之，绝对值较大的一个对应着最大正应力 σ_{max} 所在的平面。此结论可由二向应力状态分析的图解法得到验证。

2. 正应力的极值就是主应力

现进一步讨论在正应力取得极值的两个互相垂直的平面上切应力的情况。为此，将 α_0 代入式(4.2)，求出该面上的切应力 τ_{α_0}，并与 $\frac{d\sigma_\alpha}{d\alpha}=0$ 的表达式比较，得 τ_{α_0} 为零。这就是说，正应力为最大或最小所在的平面，就是主平面。所以，主应力就是最大或最小的正应力。

4.2.3 切应力的极值及其所在平面

1. 切应力的极值及其所在平面的方位

为了求得切应力的极值及其所在平面的方位，将式(4.2)对 α 取导数：

$$\frac{d\tau_\alpha}{d\alpha} = (\sigma_x - \sigma_y)\cos 2\alpha - 2\tau_x \sin 2\alpha$$

若 $\alpha=\alpha_1$ 时，导数 $\frac{d\tau_\alpha}{d\alpha}=0$，则在 α_1 所确定的截面上，切应力取得极值。以 α_1 代入上式且令其等于零，得

$$(\sigma_x - \sigma_y)\cos 2\alpha_1 - 2\tau_x \sin 2\alpha_1 = 0$$

由此求得

$$\tan 2\alpha_1 = \frac{\sigma_x - \sigma_y}{2\tau_x} \tag{4.6}$$

由式(4.6)也可以解出两个角度值 α_1 和 $\alpha_1 \pm 90^\circ$，它们相差也为 90°，从而可以确定两个相互垂直

的平面，在这两个平面上分别作用着最大或最小切应力。由式(4.6)解出 $\sin 2\alpha_1$ 和 $\cos 2\alpha_1$，代入式(4.2)，求得切应力的最大值和最小值为

$$\left.\begin{matrix}\tau_{\max}\\ \tau_{\min}\end{matrix}\right\}=\pm\frac{1}{2}\sqrt{(\sigma_x-\sigma_y)^2+4\tau_x^2} \tag{4.7}$$

与正应力的极值和所在两个平面方位的对应关系相似，切应力的极值与所在两个平面方位的对应关系是：若 $\tau_x>0$，则绝对值较小的 α_1 对应最大切应力所在的平面。

2. 主应力所在的平面与切应力极值所在的平面之间的关系

比较式(4.3)和(4.6)，可以得到

$$\tan 2\alpha_0=-\frac{1}{\tan 2\alpha_1}=-\cot 2\alpha_1$$

所以有

$$2\alpha_1=2\alpha_0+\frac{\pi}{2},\quad \alpha_1=\alpha_0+\frac{\pi}{4}$$

即最大和最小切应力所在的平面的外法线与主平面的外法线之间的夹角为45°。

【例4.1】 一点处的平面应力状态如图4.3所示。已知：$\sigma_x=60$ MPa，$\tau_x=-30$ MPa，$\sigma_y=-40$ MPa，$\alpha=-30°$。试求：(1) 斜面上的应力；(2) 主应力、主平面。

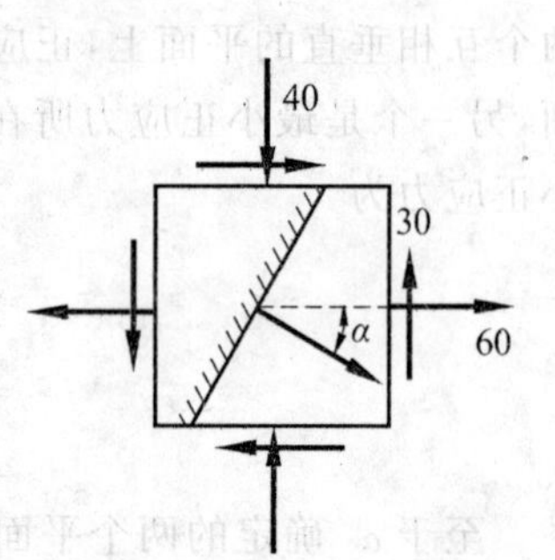

图4.3 例4.1图

解 (1) 斜面上的应力

$$\sigma_\alpha=\frac{\sigma_x+\sigma_y}{2}+\frac{\sigma_x-\sigma_y}{2}\cos 2\alpha-\tau_x\sin 2\alpha=$$

$$\left[\frac{60-40}{2}+\frac{60+40}{2}\cos(-60°)+30\sin(-60°)\right]\text{ MPa}=9.02\text{ MPa}$$

$$\tau_\alpha=\frac{\sigma_x-\sigma_y}{2}\sin 2\alpha+\tau_x\cos 2\alpha=$$

$$\left[\frac{60+40}{2}\sin(-60°)-30\cos(-60°)\right]\text{ MPa}=-58.3\text{ MPa}$$

(2) 主应力、主平面

$$\sigma_{\max}=\frac{\sigma_x+\sigma_y}{2}+\sqrt{\left(\frac{\sigma_x-\sigma_y}{2}\right)^2+\tau_x^2}=68.3\text{ MPa}$$

$$\sigma_{\min}=\frac{\sigma_x+\sigma_y}{2}-\sqrt{\left(\frac{\sigma_x-\sigma_y}{2}\right)^2+\tau_x^2}=-48.3\text{ MPa}$$

$$\sigma_1=68.3\text{ MPa},\quad \sigma_2=0,\quad \sigma_3=-48.3\text{ MPa}$$

主平面的方位：

$$\tan 2\alpha_0=-\frac{2\tau_x}{\sigma_x-\sigma_y}=-\frac{-60}{60+40}=0.6$$

$$\alpha_0=15.5°,\quad \alpha'_0=15.5°+90°=105.5°$$

4.3 平面应力状态分析的图解法

4.3.1 应力圆方程

将上式(4.1)、(4.2)两边平方，然后相加，并应用 $\sin^2(2\alpha)+\cos^2(2\alpha)=1$，便可得到一圆方程：

$$\left(\sigma_\alpha-\frac{\sigma_x+\sigma_y}{2}\right)^2+\tau_\alpha^2=\left(\frac{\sigma_x-\sigma_y}{2}\right)^2+\tau_x^2 \tag{4.8}$$

对于所研究的单元体，σ_x,σ_y,τ_x 是常量，$\sigma_\alpha,\tau_\alpha$ 是变量(随 α 的变化而变化)，故令 $\sigma_\alpha=x,\tau_\alpha=y$，

$\frac{\sigma_x+\sigma_y}{2}=a$，$\sqrt{\left(\frac{\sigma_x-\sigma_y}{2}\right)^2+\tau_x^2}=R$，则上式变为如下形式：

$$(x-a)^2+y^2=R^2$$

由解析几何可知，上式代表的是圆心坐标为$(a,0)$，半径为R的圆。因此，式(4.8)代表一个圆方程；若取σ为横坐标，τ为纵坐标，则该圆的圆心是$\left(\frac{\sigma_x+\sigma_y}{2},0\right)$，半径等于$\sqrt{\left(\frac{\sigma_x-\sigma_y}{2}\right)^2+\tau_x^2}$，这个圆称为“应力圆”。因应力圆是德国学者莫尔(O. Mohr)于1882年最先提出的，所以又叫莫尔圆。应力圆上任一点坐标代表所研究单元体上任一截面的应力，因此应力圆上的点与单元体上的截面有着一一对应关系。

4.3.2 应力圆的应用

以图4.4(a)所示的二向应力状态为例来说明应力圆的作法。单元体各面上应力正负号的规定与解析法一致。按一定的比例尺量取横坐标$\overline{OB_1}=\sigma_x$，纵坐标$\overline{B_1D_1}=\tau_x$，确定D_1点。D_1点的坐标代表单元体以x为法线的面上的应力。量取$\overline{OB_2}=\sigma_y$，纵坐标$\overline{B_2D_2}=\tau_y$，确定D_2点。因τ_y为负，故D_2点在横坐标轴σ轴的下方。D_2点的坐标代表以y为法线的面上的应力。连接D_1D_2，与横坐标轴交于C点。由于$\tau_x=\tau_y$，所以$\triangle CB_1D_1$全等于$\triangle CB_2D_2$，从而$\overline{CD_1}$等于$\overline{CD_2}$。以C点为圆心，以$\overline{CD_1}$(或$\overline{CD_2}$)为半径作圆，如图4.4(b)所示。此圆的圆心横坐标和半径分别为

$$\overline{OC}=\frac{1}{2}(\overline{OB_1}+\overline{OB_2})=\frac{1}{2}(\sigma_x+\sigma_y)$$

$$\overline{CD_1}=\sqrt{\overline{CB_1}^2+\overline{B_1D_1}^2}=\sqrt{\left(\frac{\sigma_x-\sigma_y}{2}\right)^2+\tau_x^2}$$

所以，这一圆即为应力圆。

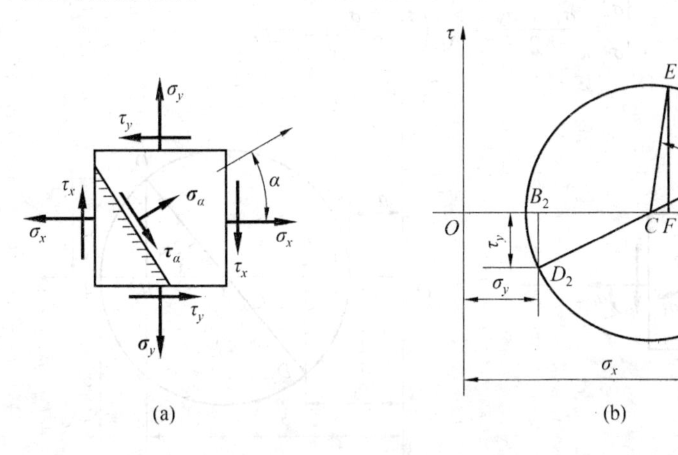

图4.4　平面应力状态应力圆

若确定图4.4(a)所示斜截面上的应力，则在应力圆上，从D_1点(代表以x轴为法线的面上的应力)也按逆时针方向沿应力圆周移到E点，且使D_1E弧所对的圆心角为实际单元体转过的α角的两倍，则E点的坐标就代表了以n为法线的斜截面上的应力(图4.4(b))。现证明如下：E点的横、纵坐标分别为

$$\overline{OF}=\overline{OC}+\overline{CE}\cos(2\alpha_0+2\alpha)=\overline{OC}+\overline{CE}\cos 2\alpha_0\cos 2\alpha-\overline{CE}\sin 2\alpha_0\sin 2\alpha$$

$$\overline{FE}=\overline{CE}\sin(2\alpha_0+2\alpha)=\overline{CE}\sin 2\alpha_0\cos 2\alpha+\overline{CE}\cos 2\alpha_0\sin 2\alpha$$

因为$\overline{CE}$和$\overline{CD_1}$同为圆周的半径，可以互相代替，故有

$$\overline{CE}\cos 2\alpha_0=\overline{CD_1}\cos 2\alpha_0=\overline{CB_1}=\frac{\sigma_x-\sigma_y}{2}$$

$$\overline{CE}\sin 2\alpha_0 = \overline{CD_1}\sin 2\alpha_0 = \overline{B_1D_1} = \tau_{xy}$$

将以上结果代入$\overline{OF}$ 和$\overline{FE}$ 的表达式中，并注意到

$$\overline{OC} = \frac{1}{2}(\sigma_x + \sigma_y)$$

得

$$\overline{OF} = \frac{\sigma_x + \sigma_y}{2} + \frac{\sigma_x - \sigma_y}{2}\cos 2\alpha - \tau_{xy}\sin 2\alpha$$

$$\overline{FE} = \frac{\sigma_x - \sigma_y}{2}\cos 2\alpha + \tau_{xy}\sin 2\alpha$$

与式(4.1)和(4.2)比较，可见$\overline{OF} = \sigma_\alpha$，$\overline{FE} = \tau_\alpha$。即 E 点的坐标代表法线倾角为 α 的斜截面上的应力。

4.3.3 利用应力圆确定主应力、主平面和最大切应力

已经指出，一点处或对应的单元体中，切应力等于零的方向面称为主平面，主平面上的正应力称为主应力。现在确定一点处的主平面和主应力。一点处的主平面和主应力，用应力圆确定比较直观、简便。

在应力圆中，正应力的极值点为 A_1 和 A_2 两点(图 4.5(b))，而 A_1 和 A_2 两点的纵坐标皆为零，因此，正应力的极值即为主应力。A_1A_2 圆弧对应的圆心角为 180°，因此，它们所对应单元体的两个主平面互相垂直。从应力圆上不难看出：

$$\sigma_1 = \overline{OA_1} = \overline{OC} + \overline{CA_1}$$

$$\sigma_2 = \overline{OA_2} = \overline{OC} - \overline{CA_2}$$

因为 OC 为圆心至原点的距离，而 CA_1 和 CA_2 皆为应力圆半径，故有

$$\left\{\begin{matrix}\sigma_1 \\ \sigma_2\end{matrix}\right. = \frac{\sigma_x + \sigma_y}{2} \pm \sqrt{\left(\frac{\sigma_x - \sigma_y}{2}\right)^2 + \tau_x^2}$$

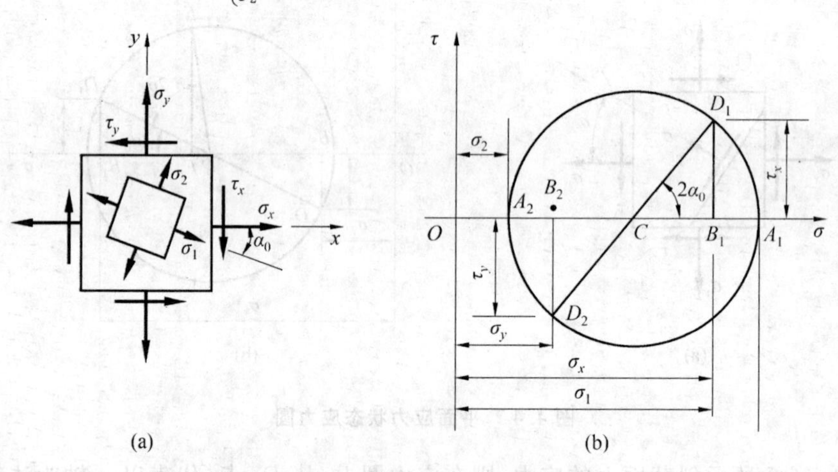

图 4.5 平面应力状态应力圆

从 D 点顺时针转 $2\alpha_0$ 角至 A_1 点，故 α_0 就是单元体从 x 轴向主平面转过的角度。因为 D 点向 A_1 点是顺时针转动，因此 $\tan 2\alpha_0$ 为负值，即

$$\tan 2\alpha_0 = \frac{\overline{D_1B_1}}{\overline{CB_1}} = -\frac{2\tau_x}{\sigma_x - \sigma_y}$$

从应力圆不难看出，若 $\sigma_x > \sigma_y$，则 D_1 点(对应以 x 为法线的面上的应力)在应力圆的右半个圆周上，所以和 A_1 点构成的圆心角的绝对值小于 D_1 点和 A_2 点构成的圆心角的绝对值，因此，公式(4.3)中，绝对值较小的 α_0 对应着最大的正应力。

由公式(4.7)，$\left.\begin{matrix}\tau_{max}\\ \tau_{min}\end{matrix}\right\}=\pm\frac{1}{2}\sqrt{(\sigma_x-\sigma_y)^2+4\tau_x^2}$，又因为应力圆的半径还等于$\frac{1}{2}(\sigma_1-\sigma_2)$，故切应力的极值又可表示为

$$\left.\begin{matrix}\tau_{max}\\ \tau_{min}\end{matrix}\right\}=\pm\frac{\sigma_1-\sigma_2}{2} \tag{4.9}$$

在应力圆周上，由 A_1 到圆最高点所对的圆心角为逆时针的 90°，所以，在单元体内，由 σ_1 所在的主平面的法线逆时针旋转 45°，即为最大切应力所在截面的外法线。

又若 $\tau_x>0$，则 D_1 点(以 x 为法向的面上的应力)在 σ 轴上方的应力圆周上，所以，D_1 点到圆最高点所对圆心角的绝对值小于 D_1 点到圆最低点所对圆心角的绝对值。

因此，若 $\tau_x>0$，则公式(4.9)所确定的两个值中，绝对值较小的 α_1 所确定的平面对应着最大切应力。

【例 4.2】 图 4.6(a) 所示单元体上，$\sigma_x=-6$ MPa，$\tau_x=-3$ MPa，试求主应力的大小和主平面的位置。

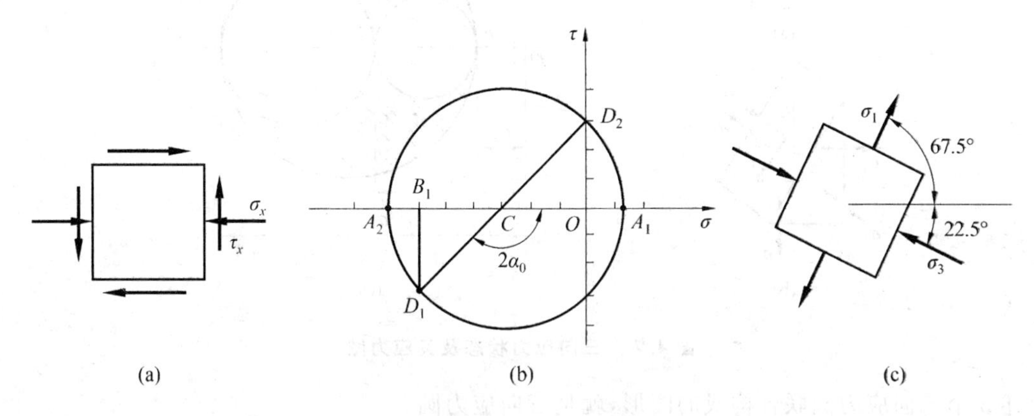

图 4.6 例 4.2 图

解 在坐标系中，按一定比例量取 $OB_1=-6$ MPa，$B_1D_1=-3$ MPa，得到 D_1 点；由于 $\sigma_y=0$，只需量取 $\overline{OD_2}=3$ MPa，得到 D_2 点；连接 D_1，D_2 点的直线交 σ 轴于 C 点；以 C 点为圆心、CD_1(或 CD_2)为半径作圆，即得应力圆，如图 4.6(b) 所示。量取 OA_1 和 OA_2 的长度，即得两个主应力的大小，它们是 $\sigma_1=1.3$ MPa，$\sigma_3=-7.2$ MPa。式中第二个主应力为负值，故标以 σ_3，该单元体的 $\sigma_2=0$。

在应力圆上量得 $\angle D_1CA_1=2\alpha_0=135°$，并以起始半径 CD_1 逆时针转至 CA_1，故在单元体上，σ_1 所在主平面的法线和 x 轴成逆时针角 $\alpha_0=67.5°$。σ_3 所在主平面和 σ_1 所在主平面垂直。主应力单元体如图 4.6(c) 所示。

4.4 三向应力状态

受力构件中一点处的 3 个主应力都不为零时，该点处于三向应力状态。本节仅研究三向应力状态的最大应力，并以一单元体受 3 个主应力的作用(图4.7(a))这一特例进行研究。首先分析 3 类特殊方向面上的应力。

1.垂直于 σ_3 主平面的方向面上的应力

为求此类方向面中任意一斜面(图 4.7(a) 中的阴影面)上的应力，如图 4.7(b) 所示，由该图可见，前后两个三角形面上，应力 σ_3 的合力自相平衡，不影响斜面上的应力。因此，斜面上的应力只由 σ_1 和 σ_2 决定。由 σ_1 和 σ_2，可在坐标系中画出应力圆，如图 4.7(c) 中的 AE 圆。该圆上的各点，对应于垂直于 σ_3 主平面的所有方向面，圆上各点的横坐标和纵坐标即表示对应方向面上的正应力和切应力。

2. 垂直于 σ_2 主平面的方向面上的应力

这类面上的应力只由 σ_1 和 σ_3 决定。因此，由 σ_1 和 σ_3 可画出应力圆，如图4.7(c)中的 AF 圆。根据这一应力圆上各点的坐标，就可求出这类方向面中各对应面上的应力。

3. 垂直于 σ_1 主平面的方向面上的应力

这类方向面上的应力只由 σ_2 和 σ_3 决定。因此，由 σ_2 和 σ_3，可画出应力圆，如图4.7(c)中的 EF 圆。根据这一应力圆上各点的坐标，就可求出这类方向面中各对应面上的应力。

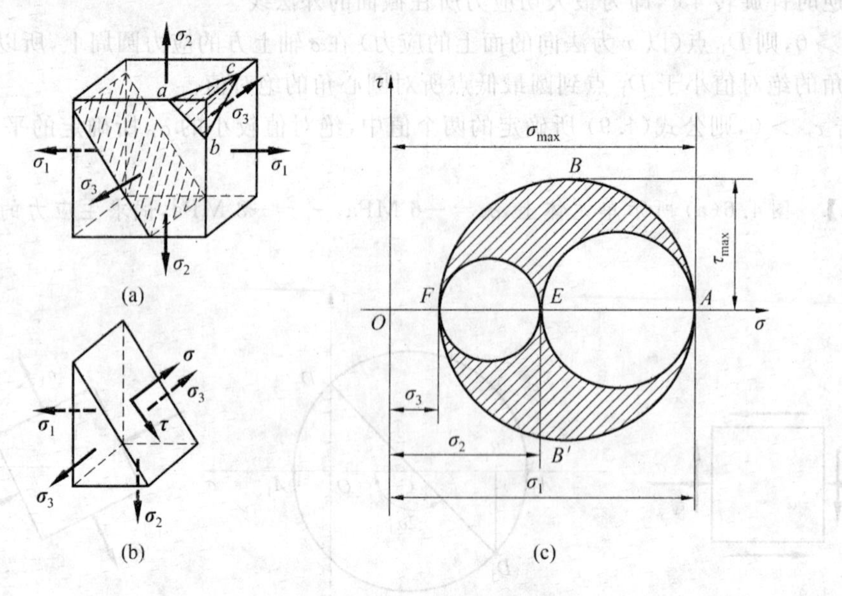

图 4.7　三向应力状态及其应力图

上述3个二向应力圆联合构成的图形，就是三向应力圆。

进一步的研究可以证明，图4.7(a)所示单元体中，和3个主应力均不平行的任意方向面(如图4.7(a)中的 abc 截面)上的应力，可由图4.7(c)所示阴影面中各点的坐标决定。

由图4.7(c)的应力圆中可看到，如一点处是三向应力状态时，该点处的最大正应力为 σ_1，最小正应力为 σ_3，即

$$\sigma_{\max}=\sigma_1,\quad \sigma_{\min}=\sigma_3$$

该点处的最大切应力(maximum shearing stress)是 B 点的纵坐标，其值为

$$\tau_{\max}=\frac{\sigma_1-\sigma_3}{2}$$

4.5　平面应力状态下的应变分析

4.5.1　任意方向应变的解析表达式

一点处沿不同方向的线应变和切应变，称为该点的应变状态。分析一点的应力状态是通过单元体进行研究的，同理，分析一点的应变状态也要通过单元体来进行研究。

取任一单元体及建立坐标系如图4.8所示，设 x 和 y 方向的线应变 ε_x 和 ε_y 及 xy 轴的切应变(直角改变量)皆为已知量。这里规定，线应变以伸长为正，压缩为负；切应变以使直角增大为正，反之为负。

将坐标系旋转 α 角，且规定逆时针的 α 为正，得到新的坐标系 $Ox'y'$，通过几何关系计算，可以证明：单元体 α 方向的线应变 ε_α 及 $x'y'$ 轴的切应变 γ_α 可通过下式求得

$$\varepsilon_\alpha=\frac{\varepsilon_x+\varepsilon_y}{2}+\frac{\varepsilon_x-\varepsilon_y}{2}\cos 2\alpha-\frac{\gamma_{xy}}{2}\sin 2\alpha \quad (4.10)$$

$$\frac{\gamma_\alpha}{2}=\frac{\varepsilon_x-\varepsilon_y}{2}\sin 2\alpha+\frac{\gamma_{xy}}{2}\cos 2\alpha \quad (4.11)$$

利用公式(4.10)和(4.11)便可求出任意方向的线应变 ε_α 和剪应变 γ_α。

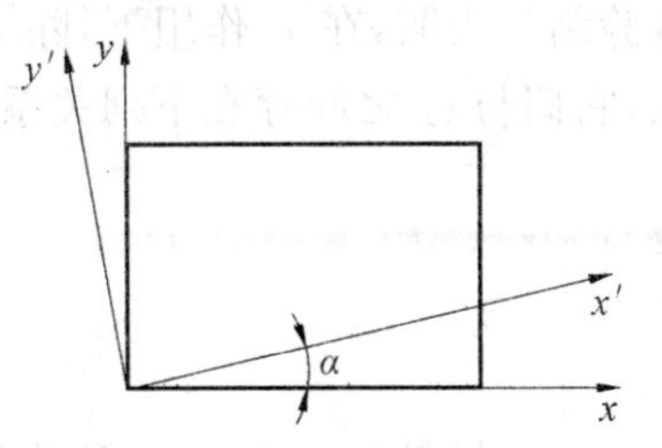

图 4.8 平面应变状态分析

4.5.2 主应变及主应变方向

在应变状态分析中的 ε_x,ε_y 和 ε_α 相当于二向应力状态中的 σ_x,σ_y 和 σ_α。而应变状态分析中的 $\frac{\gamma_{xy}}{2}$ 和 $\frac{\gamma_\alpha}{2}$ 相当于二向应力状态中的 τ_x 和 τ_α。所以,在二向应力中导出的那些结论,在应变分析中,必然也可以得到。

与主应力和主平面相对应,在平面应变状态中,通过一点一定存在两个相互垂直的方向,在这两个方向上,线应变为极值,而剪应变为零。这样的极值应变称为主应变,主应变的方向称为主方向。

在公式(4.3)、(4.4)和(4.5)中,以 ε_x,ε_y 和 $\frac{\gamma_{xy}}{2}$ 分别取代 σ_x,σ_y 和 τ_x,得到应变状态的主方向和主应变分别为

$$\tan 2\alpha_0=-\frac{\gamma_{xy}}{\varepsilon_x-\varepsilon_y} \quad (4.12)$$

$$\left.\begin{matrix}\varepsilon_{\max}\\ \varepsilon_{\min}\end{matrix}\right\}=\frac{\varepsilon_x+\varepsilon_y}{2}\pm\sqrt{\left(\frac{\varepsilon_x-\varepsilon_y}{2}\right)^2+\left(\frac{\gamma_{xy}}{2}\right)^2} \quad (4.13)$$

可以证明:对于各向同性材料,当变形很小,且在线弹性范围时,主应变的方向与主应力的方向重合。

【例 4.3】 已知构件某点处的应变为:$\varepsilon_x=1\,000\times10^{-6}$,$\varepsilon_y=-266.7\times10^{-6}$,$\gamma_{xy}=1\,617\times10^{-6}$。试用解析法求该点的主应变及主方向。

解 将 ε_x,ε_y 和 γ_{xy} 代入公式(4.12)、(4.13),得

$$\tan 2\alpha'_0=-\frac{\gamma_{xy}}{\varepsilon_x-\varepsilon_y}=\frac{-1\,617\times10^{-6}}{[1\,000-(-266.7)]\times10^{-6}}=-1.28$$

求得主应变的方位角为

$$\alpha'_0=-26^\circ \text{ 或 } \alpha'_0=64^\circ$$

$$\left.\begin{matrix}\varepsilon_{\max}\\ \varepsilon_{\min}\end{matrix}\right\}=\frac{\varepsilon_x+\varepsilon_y}{2}\pm\sqrt{\left(\frac{\varepsilon_x-\varepsilon_y}{2}\right)^2+\left(\frac{\gamma_{xy}}{2}\right)^2}=$$

$$\frac{1}{2}\times10^{-6}[(1\,000-266.7)\pm\sqrt{(1\,000+266.7)^2+1\,617^2}]=$$

$$\begin{cases}1\,394\times10^{-6}\\ -600\times10^{-6}\end{cases}$$

两个主应变与两个主方向的对应关系,可直接利用二向应力状态中介绍的判别方法。在本例中,由于 $\varepsilon_x>\varepsilon_y$,所以绝对值较小的 $\alpha'_0=-26^\circ$ 的方向对应着 $\varepsilon_{\max}=1\,394\times10^{-6}$。

4.6 广义胡克定律

根据各向同性材料在弹性范围内应力－应变关系,可以得到单向应力状态下微元沿正应力方向的正应变为

$$\varepsilon_x=\frac{\sigma_x}{E}$$

试验结果表明，在 σ_x 作用下，除 x 方向的正应变外，在与其垂直的 y，z 方向亦有反号的正应变 ε_y，ε_z 存在，它们与 ε_x 之间存在下列关系：

$$\varepsilon_y = -\mu\varepsilon_x = -\mu\frac{\sigma_x}{E}$$

$$\varepsilon_z = -\mu\varepsilon_x = -\mu\frac{\sigma_x}{E}$$

式中　μ—— 材料的弹性常数，称为泊松比，对于各向同性材料，上述二式中的泊松比是相同的。

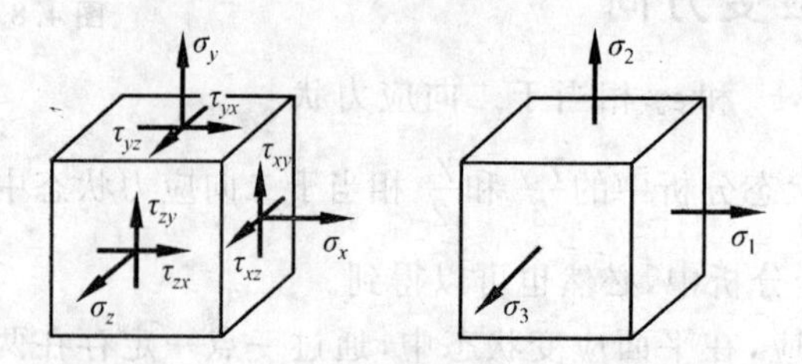

图 4.9　三向应力状态下应力 — 应变关系

对于纯切应力状态，前面已提到切应力和切应变在弹性范围也存在比例关系，即

$$\gamma = \frac{\tau}{G}$$

在小变形条件下，考虑到正应力与切应力的相互独立作用，应用叠加原理，可以得到一般应力（三向应力）状态下（图 4.9）的应力 — 应变关系。

$$\varepsilon_x = \frac{1}{E}[\sigma_x - \mu(\sigma_y + \sigma_z)]$$

$$\varepsilon_y = \frac{1}{E}[\sigma_y - \mu(\sigma_z + \sigma_x)]$$

$$\varepsilon_z = \frac{1}{E}[\sigma_z - \mu(\sigma_x + \sigma_y)] \tag{4.14}$$

$$\gamma_{xy} = \frac{\tau_{xy}}{G}$$

$$\gamma_{xz} = \frac{\tau_{xz}}{G}$$

$$\gamma_{yz} = \frac{\tau_{yz}}{G}$$

上式称为一般应力状态下的广义胡克定律。

若微元的 3 个主应力已知时，其应力状态如图 4.9(b) 所示，这时广义胡克定律变为下列形式：

$$\varepsilon_1 = \frac{1}{E}[\sigma_1 - \mu(\sigma_2 + \sigma_3)]$$

$$\varepsilon_2 = \frac{1}{E}[\sigma_2 - \mu(\sigma_3 + \sigma_1)] \tag{4.15}$$

$$\varepsilon_3 = \frac{1}{E}[\sigma_3 - \mu(\sigma_1 + \sigma_2)]$$

式中　$\varepsilon_1, \varepsilon_2, \varepsilon_3$—— 沿主应力 $\sigma_1, \sigma_2, \sigma_3$ 方向的应变，称为主应变。

对于平面应力状态，广义胡克定律(4.14) 简化为

$$\varepsilon_x = \frac{1}{E}(\sigma_x - \mu\sigma_y)$$

$$\varepsilon_y = \frac{1}{E}(\sigma_y - \mu\sigma_x)$$

$$\varepsilon_z = -\frac{\mu}{E}(\sigma_x + \sigma_y) \tag{4.16}$$

$$\gamma_{xy}=\frac{\tau_{xy}}{G}$$

对于同一种各向同性材料，广义胡克定律中的 3 个弹性常数并不完全独立，它们之间存在下列关系：

$$G=\frac{E}{2(1+\mu)} \tag{4.17}$$

需要指出的是，对于绝大多数各向同性材料，泊松比一般在 0 ～ 0.5 之间取值，因此 $E/2 \geqslant G \geqslant E/3$。

【例 4.4】 在一体积较大的钢块上开一个贯穿的槽，其宽度和深度都是 10 mm。在槽内紧密无隙地嵌入一铝质立方块，尺寸是 10 mm×10 mm。假设钢块不变形，铝的弹性模量 $E=70$ GPa，$\mu=0.33$。当铝块受到压力 $P=6$ kN 时(图 4.10(a))，试求铝块的 3 个主应力及相应的应变。

解 (1) 铝块的受力分析

为分析方便，建立坐标系如图 4.10(a) 所示，在 P 力作用下，铝块内水平面上的应力为

$$\sigma_y=-\frac{P}{A}=-\frac{6\times10^3}{10\times10\times10^{-6}}\ \mathrm{Pa}=-60\times10^6\ \mathrm{Pa}=-60\ \mathrm{MPa}$$

由于钢块不变形，它阻止了铝块在 x 方向的膨胀，所以，$\varepsilon_x=0$。铝块外法线为 z 的平面是自由表面，所以 $\sigma_z=0$。若不考虑钢槽与铝块之间的摩擦，从铝块中沿平行于 3 个坐标平面截取的单元体，各面上没有剪应力。所以，这样截取的单元体是主单元体(图 4.10(b))。

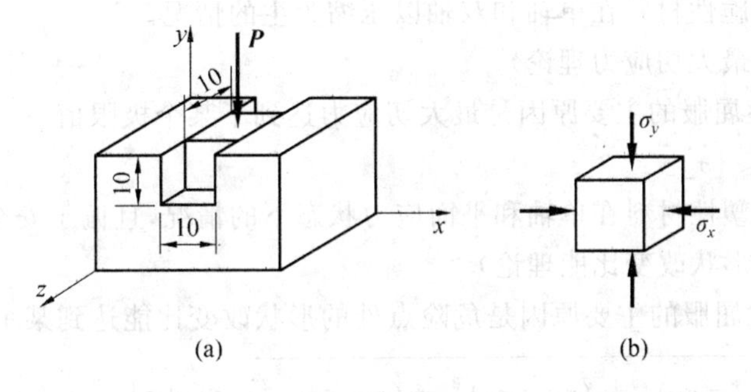

图 4.10

(2) 求主应力及主应变

根据上述分析，图 4.10(b) 所示单元体的已知条件为

$$\sigma_y=-60\ \mathrm{MPa},\quad \sigma_z=0,\quad \varepsilon_x=0$$

将上述结果及 $E=70$ MPa，$\mu=0.33$ 代入公式(4.16) 中：

$$\varepsilon_x=\frac{1}{E}[\sigma_x-\mu(-60+0)]$$

$$\varepsilon_y=\frac{1}{E}[-60-\mu(\sigma_x+0)]$$

$$\varepsilon_z=\frac{1}{E}[0-\mu(\sigma_x-60)]$$

联解上述 3 个方程得

$$\sigma_x=-19.8\ \mathrm{MPa},\quad \varepsilon_y=-17.65\times10^{-4},\quad \varepsilon_z=3.76\times10^{-4}$$

即

$$\sigma_1=\sigma_z=0,\quad \sigma_2=\sigma_x=-19.8\ \mathrm{MPa},\quad \sigma_3=\sigma_y=-60\ \mathrm{MPa}$$

$$\varepsilon_1=\varepsilon_z=3.76\times10^{-4},\quad \varepsilon_2=\varepsilon_x=0,\quad \varepsilon_3=\varepsilon_y=-7.65\times10^{-3}$$

4.7 强度理论及相当应力

4.7.1 强度理论

强度理论是从宏观角度，对引起材料某一破坏形式所作的破坏原因的假设，并利用简单应力状态下的试验结果，来建立材料在复杂应力状态下的强度条件，从而进行强度计算。

常温静载下，强度失效的形式主要有两种，即塑性屈服与脆性断裂。塑性屈服是指材料由于出现屈服现象或发生显著塑性变形而产生的破坏，脆性断裂是指不出现显著塑性变形的情况下突然断裂的破坏。常用的强度理论有4个，此外还有莫尔强度理论。

(1) 第一强度理论(最大拉应力理论)

基本假设：材料发生脆性断裂的原因是最大拉应力达到了某个极限值。

强度条件：$\sigma_1 \leqslant [\sigma]$

【说明】主要适用于脆性材料以拉伸为主的情况，且偏于安全。

(2) 第二强度理论(最大拉应变理论)

基本假设：材料发生脆性断裂的原因是最大拉应变达到了某个极限值。

强度条件：$\sigma_1 - \mu(\sigma_2 + \sigma_3) \leqslant [\sigma]$

【说明】主要适用于脆性材料在单轴和双轴以压缩为主的情况。

(3) 第三强度理论(最大切应力理论)

基本假设：材料塑性屈服的主要原因是最大切应力达到了某个极限值。

强度条件：$\sigma_1 - \sigma_3 \leqslant [\sigma]$

【说明】主要适用于塑性材料在单轴和平面应力状态下的情况，且偏于安全。

(4) 第四强度理论(形状改变比能理论)

基本假设：材料塑性屈服的主要原因是危险点处的形状改变比能达到某个极限值。

强度条件：$\sqrt{\frac{1}{2}\left[(\sigma_1 - \sigma_2)^2 + (\sigma_2 - \sigma_3)^2 + (\sigma_3 - \sigma_1)^2\right]} \leqslant [\sigma]$

【说明】主要适用于塑性材料在单轴和平面应力状态下的情况，比第三强度理论更符合试验结果。

(5) 莫尔强度理论

基本假设：材料的塑性屈服与脆性断裂主要取决于主应力 σ_1、σ_3 决定的极限应力状态。

强度条件：$\sigma_1 - \frac{[\sigma_t]}{[\sigma_c]}\sigma_3 \leqslant [\sigma_t]$

【说明】由于考虑了材料的许用拉应力和许用压应力不同的情况，主要适用于抗拉和抗压能力不同的材料，不但可用于塑性材料，也可以用于铸铁等脆性材料。

4.7.2 相当应力

四个强度理论和莫尔强度理论的强度条件写成统一形式：

$$\sigma_{ri} \leqslant [\sigma] \tag{4.18}$$

式中 σ_{ri}—— 相当应力或计算应力，下标 i 分别对应于相应的强度理论，即有

$$\left.\begin{aligned}\sigma_{r1}&=\sigma_1\\\sigma_{r2}&=\sigma_1-\mu(\sigma_2+\sigma_3)\\\sigma_{r3}&=\sigma_1-\sigma_3\\\sigma_{r4}&=\sqrt{\frac{1}{2}\left[(\sigma_1-\sigma_2)^2+(\sigma_2-\sigma_3)^2+(\sigma_3-\sigma_1)^2\right]}\\\sigma_{rM}&=\sigma_1-\frac{[\sigma_t]}{[\sigma_c]}\sigma_3\end{aligned}\right\}\tag{4.19}$$

4.7.3 强度理论的应用

大量的工程实践和试验结果表明，上述强度理论的适用范围与材料的类别和应力状态等有关。一般原则如下：

(1) 脆性材料通常发生脆性断裂破坏，宜采用第一或第二强度理论。

(2) 塑性材料通常发生塑性屈服破坏，宜采用第三或第四强度理论。

(3) 在三向拉伸应力状态下，如果3个拉应力相近，无论是塑性材料还是脆性材料都将发生脆性断裂破坏，宜采用第一强度理论。

(4) 在三向压缩应力状态下，如果3个压应力相近，无论是塑性材料还是脆性材料都将发生塑性屈服破坏，宜采用第三或第四强度理论。

应用强度理论解决实际问题的步骤是：

(1) 分析计算危险点的应力；

(2) 确定主应力 σ_1，σ_2，σ_3；

(3)根据危险点处的应力状态和构件材料的性质，选用适当的强度理论，计算相当应力，应用相应的强度条件进行强度计算。

【重点串联】

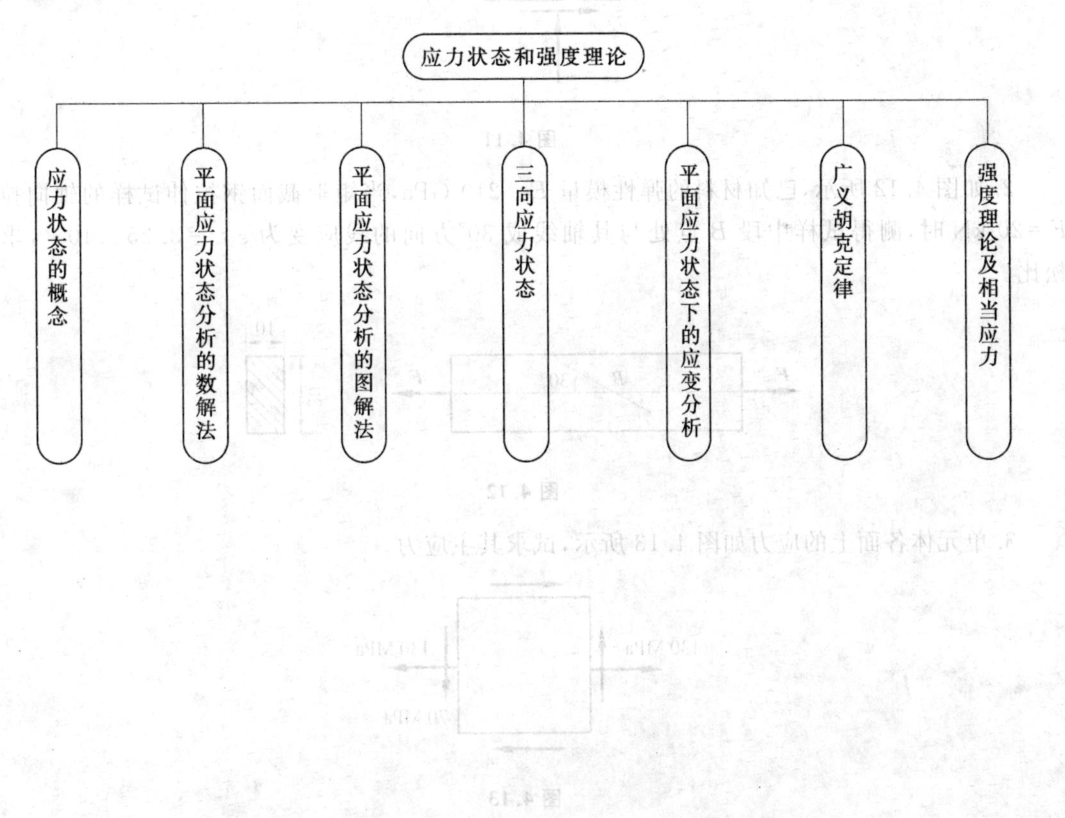

拓展与实训

基础训练

一、填空题

1. 四个常用的古典强度理论的相当表达式分别为________、________、________、________。

2. 使用强度理论对脆性材料进行强度计算时，对以________应力为主的应力状态宜采用第一强度理论；对以________应力为主的应力状态宜采用第二强度理论。

二、判断题：试判断下列说法是否正确，正确的划“√”，错误的划“×”并请说明理由。

1. 包围一点一定有一个单元体，该单元体各面只有正应力而无切应力。（　）

2. 单元体最大切应力作用面上必无正应力。（　）

3. 单向应力状态有一个主平面，二向应力状态有两个主平面。（　）

4. 通过受力构件的任意点皆可找到3个相互垂直的主平面。（　）

5. 在受力物体中一点的应力状态，最大正应力作用面上切应力一定是零。（　）

三、计算题

1. 单元体各面上的应力如图4.11所示，试求指定截面上的应力。

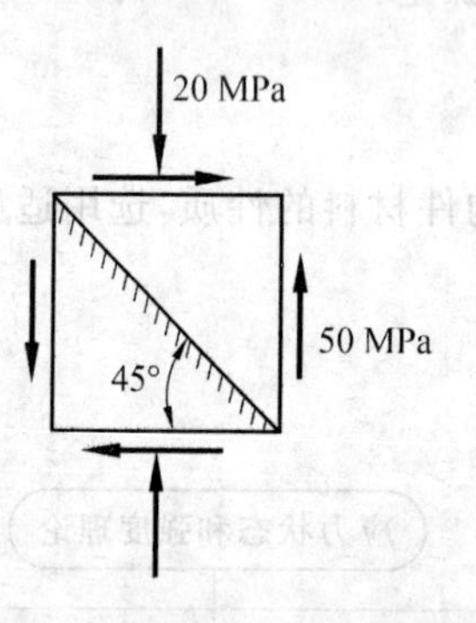

图 4.11

2. 如图4.12所示，已知材料的弹性模量 $E=210$ GPa，当矩形截面钢拉伸试样的轴向拉力 $F=20$ kN时，测得试样中段 B 点处与其轴线成30°方向的线应变为 $\varepsilon_{30^\circ}=3.25\times10^{-4}$，求泊松比。

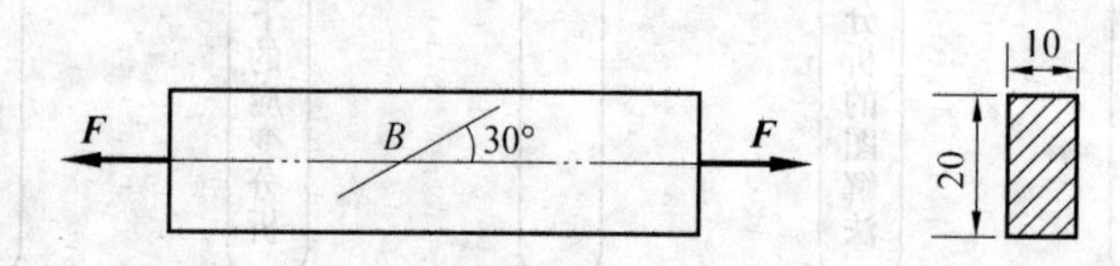

图 4.12

3. 单元体各面上的应力如图4.13所示，试求其主应力。

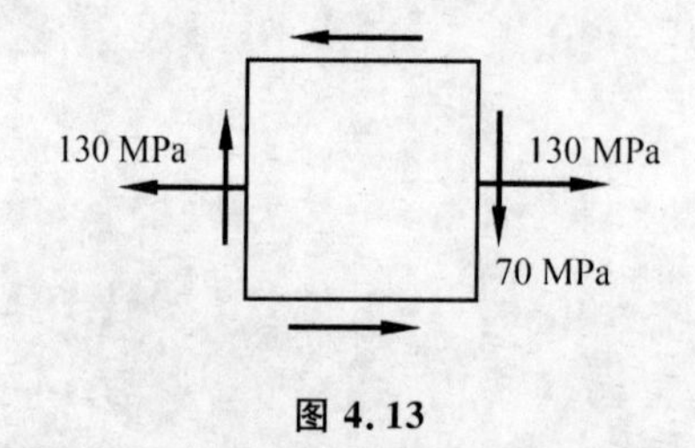

图 4.13

链接执考

1. 关于应力圆的下列说法，只有(　　)是正确的。(2012 年二级注册结构工程师)

A. 对于单向应力状态，只能作出一个应力圆；对于二向应力状态，在两个主应力相等时，只能作出一个应力圆，其他情形能作出 3 个应力圆；对于三向应力状态，3 个主应力相等时，只能作出一点圆，两个主应力相等时，只能作出一个应力圆，其他情形，可作出 3 个应力圆

B. 单向应力状态只能作出一个应力圆，其他应力状态能作出三个应力圆

C. 二向应力状态与单向应力状态一样只能做出一个应力圆

D. 三向应力状态都能作出 3 个应力圆

2. 对于平面应力状态，下列说法正确的是(　　)。(2012 年二级注册结构工程师)

A. 主应力就是最大正应力

B. 主平面上无切应力

C. 最大切应力作用的平面上正应力为零

D. 主应力必不为零

模块 5

强度计算和刚度计算

【模块概述】

在工程结构中对金属材料的选择有具体要求，比如低碳钢材料塑性好，其抗剪强度弱于抗拉强度；抗拉强度与抗压强度相近。铸铁材料塑性差，其抗拉强度远小于抗压强度，抗剪强度优于抗拉强度低于抗压强度。故在工程结构中塑性材料通常制造承受拉伸、冲击、振动的构件，脆性材料制造承受压缩的构件如机床床身、机架、缸体及轴承座等。

若杆件的强度不足会引起塑性变形或断裂，影响正常的使用和工作。

本模块主要介绍材料的力学性能，杆件的强度和刚度计算。

【学习目标】

知识目标	能力目标
1. 熟悉低碳钢的单向拉、压试验和铸铁的单向拉、压试验； 2. 掌握材料在单向拉、压时的力学性能； 3. 掌握杆件的强度条件和刚度条件，并会利用其进行相关的分析与计算； 4. 掌握梁的强度计算和刚度计算方法； 5. 掌握受扭圆轴的强度计算和刚度计算方法； 6. 掌握受剪连接件的计算方法； 7. 能够进行组合变形的强度计算。	1. 培养学生观察总结材料力学性能的能力； 2. 培养学生分析和解决杆件强度和刚度问题的能力； 3. 培养学生熟练运用轴心拉压杆强度条件和强度计算问题的本领； 4. 培养学生进行梁的强度和刚度计算的能力； 5. 培养学生熟练掌握进行构件的组合强度计算的能力。

【学习重点】

材料单向拉压时力学性能、杆件强度和刚度条件、轴心拉压杆强度计算、梁的强度和刚度计算、受扭圆轴的强度校核、组合变形的计算。

【课时建议】

16～18 课时

5.1 材料的力学性能

为了对构件的强度、刚度进行计算，除了对构件的应力和变形进行分析，还必须研究材料的力学性能。材料的力学性能也称为机械性质，是指材料在外力作用下表现出的变形、破坏等方面的特性，它要由试验来测定。在室温下，以缓慢平稳的加载方式进行试验，称为常温静载试验，是测定材料力学性能的基本试验。

为了便于比较不同材料的试验结果，对试件的形状(图 5.1，图 5.2)、加工精度、加载速度、试验环境等都有统一规定。图 5.1 为圆试件，$L_0=5d_0$ 或 $L_0=10d_0$；图 5.2 为板试件，$L_0=5.65\sqrt{A_0}$ 或 $L_0=11.3\sqrt{A_0}$。

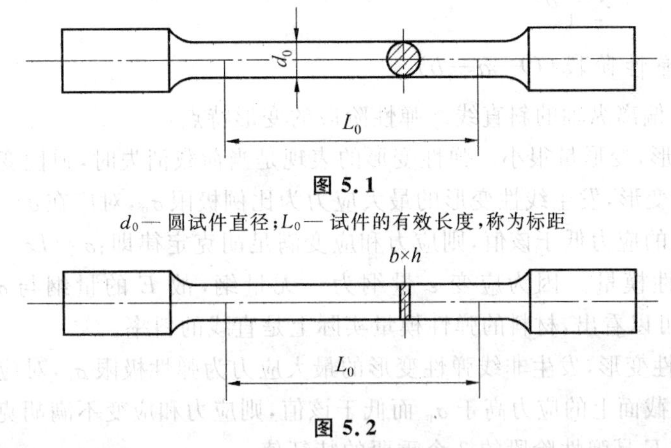

图 5.1

d_0— 圆试件直径；L_0— 试件的有效长度，称为标距

图 5.2

b,h— 板试件的横截面尺寸，横截面积 $A_0=b\times h$

5.1.1 低碳钢拉伸时的力学性能

低碳钢一般是指含碳量在 0.25% 以下的碳素钢(0.25% ～ 0.65% 是中碳钢，0.65% 以上是高碳钢)，低碳钢拉伸时的机械性质最为典型，现以低碳钢拉伸为例讲解材料的力学性能和应力－应变图。

拉伸试验是在材料试验机上完成的，试验时，将试件安装到材料试验机的夹头上，缓慢加载，直到试件拉断，在这个过程中，荷载每增加到一定的值，记下荷载 F 和试件标距长度内的伸长量 ΔL，将每一组的$(F,\Delta L)$ 绘制在 $F-\Delta L$ 坐标中，形成材料拉伸过程中的 $F-\Delta L$ 关系曲线，叫拉伸图，如图 5.3 所示，它反映了材料开始加载到破坏的全过程，所以也叫试件受力与变形的关系图。

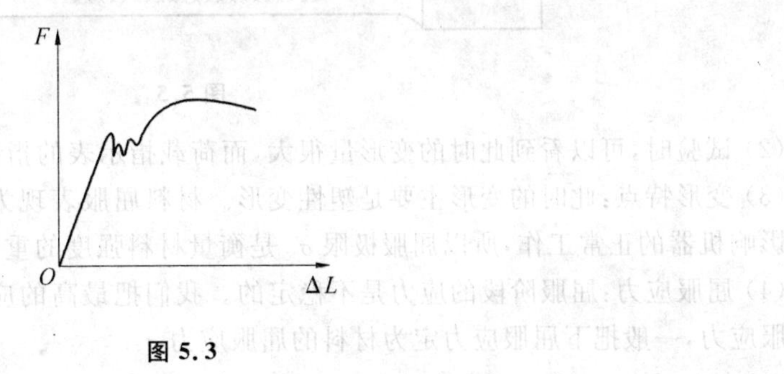

图 5.3

$F-\Delta L$ 拉伸图还不能直观地反映材料的应力应变和有关机械性能参数，所以一般以应力$(\sigma=\dfrac{F}{A})$和应变$(\varepsilon=\dfrac{\Delta L}{l})$为纵横坐标绘制出材料拉伸时的曲线，也称为应力－应变曲线(图 5.4)。

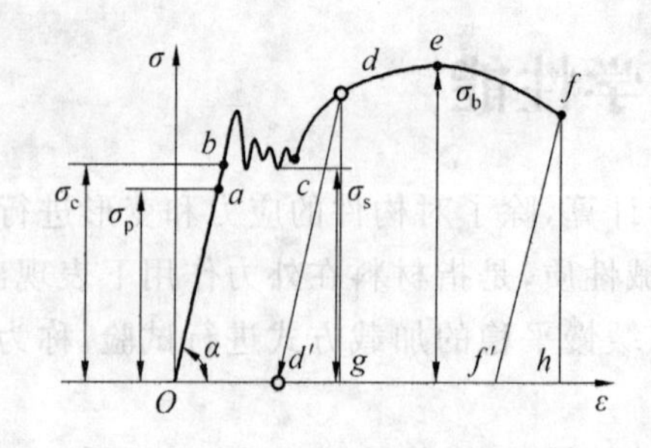

图 5.4

从低碳钢的 $\tau=\frac{F_s}{A_s}=\frac{F}{2\times\frac{\pi}{4}d^2}\leqslant[\tau]$ 曲线可以看出，材料的拉伸过程可以分为 4 个阶段。

1. 第一个阶段：弹性阶段（O—a—b）

该阶段大部分为略偏离纵轴的斜直线。弹性阶段的变形特点：

(1) 变形为弹性变形，变形量很小。弹性变形的表现是当荷载消失时，弹性变形消失。

(2)O—a 段是线性变形，发生线性变形的最大应力为比例极限 σ_p，对应在 $\sigma-\varepsilon$ 曲线上是 a 点的应力。只要构件横截面上的应力低于该值，则应力和应变满足胡克定律即：$\sigma=E\varepsilon$。式中 E 为与材料有关的比例常数，称为弹性模量。因为应变 ε 量纲为一无量纲，故 E 的量纲与 σ 相同，常用单位是 GPa(1 GPa $=10^9$ Pa)，可以看出，材料的弹性模量实际上是直线的斜率。

(3)a—b 段是非线性变形，发生非线弹性变形的最大应力为弹性极限 σ_e，对应在 $\sigma-\varepsilon$ 曲线上是 b 点的应力。只要构件横截面上的应力高于 σ_p 而低于该值，则应力和应变不满胡克定律。

综上所述，σ_p，σ_e 和 E 是弹性阶段的 3 个重要的特征值。

2. 第二个阶段：屈服阶段（$b-c$）

在 σ—ε 曲线上是一条近于水平的波浪线。屈服阶段的特点：

(1) 应力几乎不增加，而变形增加很快，好像材料失去了抵抗变形的能力，如果试件表面质量很高，可以观察到有一些细小的条纹相互间有相对的滑动，看起来像流动。表面磨光的试样屈服时，表面将出现与轴线大致成 45° 倾角的条纹（图 5.5）。这是由于材料内部相对滑移形成的，称为滑移线。因为拉伸时在与杆成 45° 倾角的斜截面上切应力为最大值，可见现象与最大切应力有关。

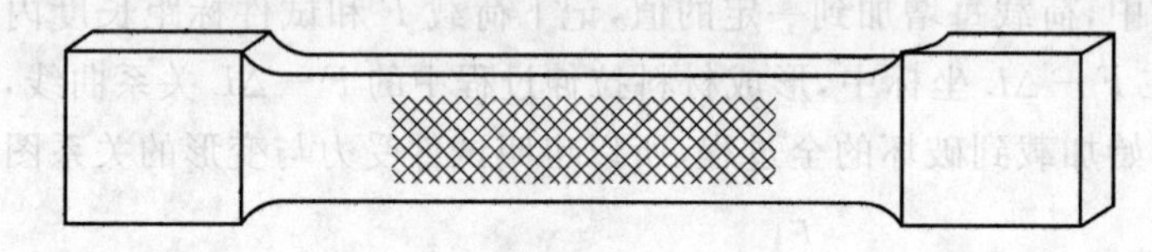

图 5.5

(2) 试验时，可以看到此时的变形量很大，而荷载指示表的指针在来回摆动。

(3) 变形特点：此时的变形主要是塑性变形。材料屈服表现为显著的塑性变形，而零件的塑性变形将影响机器的正常工作，所以屈服极限 σ_s 是衡量材料强度的重要指标。

(4) 屈服应力：屈服阶段的应力是不稳定的。我们把最高的应力叫上屈服应力，而最低的应力叫下屈服应力，一般把下屈服应力定为材料的屈服应力 σ_s。

3. 第三个阶段：强化阶段（$c-e$ 段）

在 $\sigma-\varepsilon$ 曲线上是 $c-e$ 段，试验表现为：当过了屈服之后，如果要使试件再产生变形，就要给试件再增加荷载，材料又恢复了抵抗荷载的能力，好像材料得到了强化，这种现象叫材料的强化。强化阶段的特点为：

(1) 荷载增加,变形增加,而且变形增加很快。

(2) 变形主要为塑性变形。强化阶段中可以观察到两个重要现象:

① 冷作硬化现象。如果在该阶段某个位置(图 5.4 所示 d 点)卸载,应力－应变曲线上将出现一条和线弹性阶段的直线相平行的一条直线,如果短时间重新加载,则应力－应变曲线将按卸载时的直线轨迹回到卸载点,提高了材料的比例极限 σ_p,这种现象叫材料的冷作硬化。

② 冷拉时效现象。如果在该阶段(强化阶段)某个位置卸载后,在常温下放置一段时间,再重新加载,则应力－应变曲线将按卸载时的直线轨迹上升到卸载点以上某个位置,不仅提高了材料的比例极限 σ_p,同时继续加载,又有了新的屈服阶段和强化阶段,这种现象叫材料的冷拉时效。

(3) 极限强度(极限应力)σ_b:强化阶段的最高点所对应的应力极限强度(极限应力)σ_b,实际上,到达该点后,材料就要断裂,只不过还有断裂过程。

4. 第四个阶段:颈缩断裂阶段($e-f$)

过了强化阶段后,试件在某个位置开始变细,出现明显"颈缩"现象,此后,试件的变形就集中于颈缩部位,如图 5.6 所示。由于这一部位的截面急剧缩小,使试件继续伸长所需的荷载反而迅速减小。到达 f 点试件在颈缩处拉断。此阶段也称为局部变形阶段。

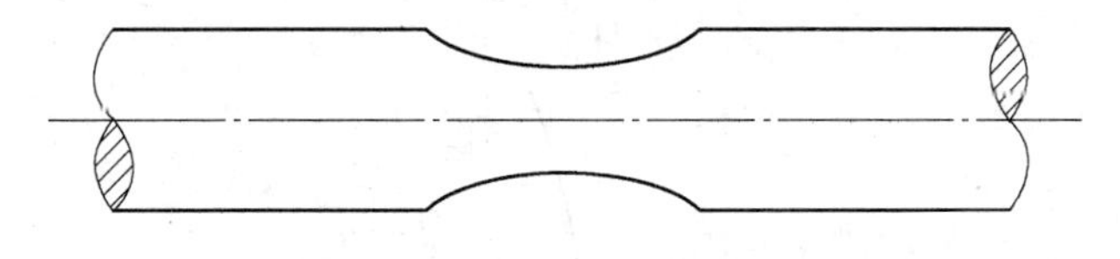

图 5.6

试件断裂后,变形中的弹性部分消失,但塑性变形部分残留下来。工程中用试件拉断后残留下来的变形表示材料的塑性性能。常用的塑性指标有两个:延伸率和断面收缩率。

材料的延伸率 δ:

$$\delta=\frac{L_1-L_0}{L_0}\times 100\%$$

式中 L_1—— 试件拉断后标距的长度;

L_0—— 标距的原长。

材料的截面收缩率 ψ:

$$\psi=\frac{A_0-A_1}{A_0}\times 100\%$$

式中 A_0—— 试验前试件的横截面积;

A_1—— 拉断后断口处横截面积。

δ、ψ 是表示材料塑性指标的两个参数,指标越高,塑性越好。一般把材料分为两类:

① 塑性材料:$\delta \geqslant 5\%$,例如碳钢、铜、铝等;

② 脆性材料:$\delta < 5\%$,例如铸铁、玻璃、陶瓷等。

低碳钢的 $\delta=20\% \sim 30\%$,$\psi=60\% \sim 70\%$。

5.1.2 其他塑性材料拉伸时的力学性能

工程上常用的塑性材料,除低碳钢外,还有中碳钢、某些高碳钢和合金钢、铝合金、青铜、黄铜等。图 5.7 中是几种塑性材料的曲线,其中有些材料,如 Q345 钢和低碳钢一样,有明显的弹性阶段、屈服阶段、强化阶段和局部变形阶段。有些材料,如黄铜 H62 没有屈服阶段,但其他三阶段却很明显,还有些材料,如高碳钢 T10A 没有屈服阶段和局部变形阶段,只有弹性阶段和强化阶段。

对没有明显屈服极限的塑性材料可以将产生 0.2% 塑性应变时所对应的应力作为屈服极限,称为名义屈服极限,并用 $\sigma_{0.2}$ 来表示,如图 5.8 所示。

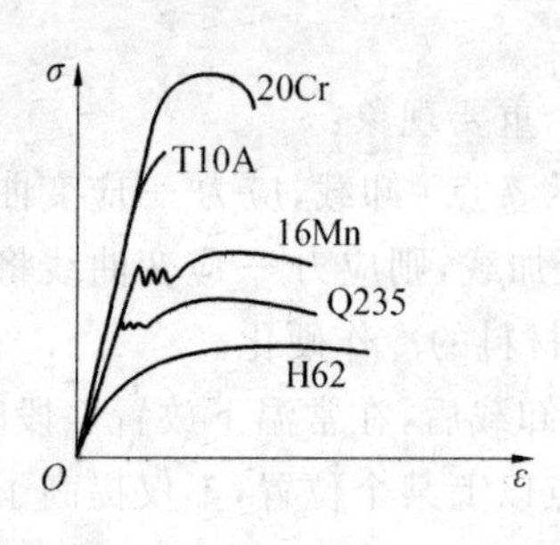

图 5.7

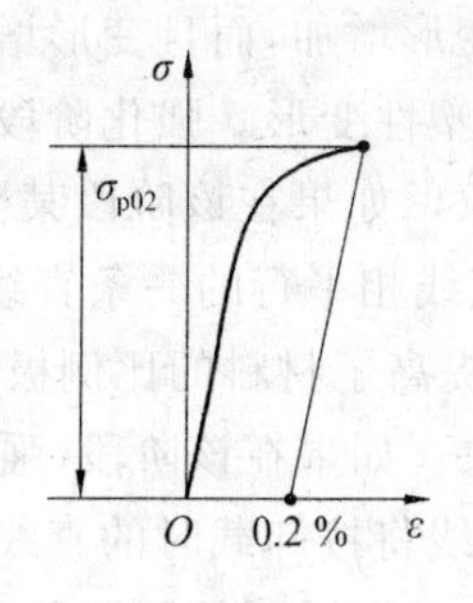

图 5.8

5.1.3 铸铁拉伸时的力学性能

灰口铸铁是一种典型的脆性材料。灰口铸铁拉伸时的应力－应变关系是一段微弯曲线，如图 5.9 所示，没有明显的直线部分。它在较小的应力下就被拉断，没有屈服和缩颈现象，拉断前的应变很小，伸长率也很小。铸铁拉断时的最大应力即为其强度极限。因为没有屈服现象，强度极限 σ_b 是衡量强度的唯一指标。铸铁等脆性材料的抗拉强度很低，所以不宜作为抗拉零件的材料。

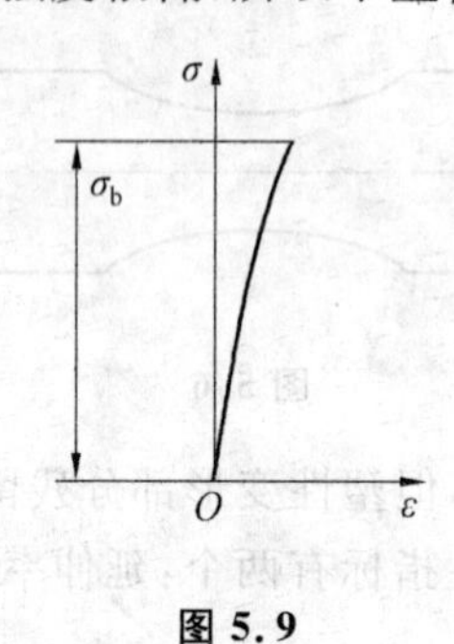

图 5.9

5.1.4 材料压缩时的力学性能

金属的压缩试件一般制成很短的圆柱，以免被压弯。圆柱高度约为直径的 1.5 ～ 3 倍。混凝土、石料等则制成 200 mm 立方形的试块。

低碳钢压缩时的曲线如图 5.10 所示。试验表明：低碳钢压缩时的弹性模量 E 和屈服极限 σ_s，都与拉伸时大致相同。屈服阶段以后，试件越压越扁，横截面积不断增大。试件抗压能力也继续增高，因而得不到压缩时的强度极限。

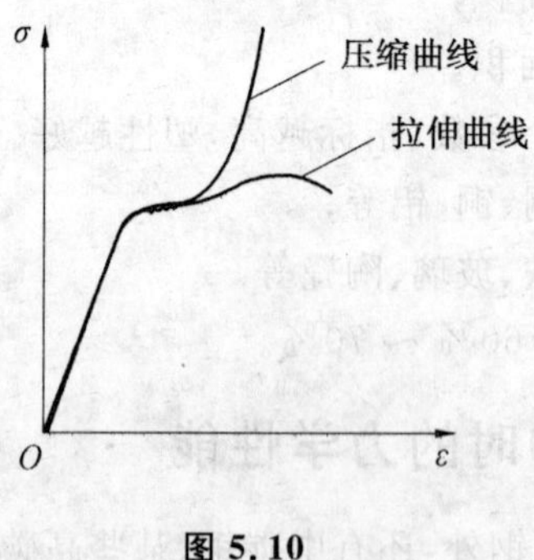

图 5.10

脆性材料的压缩性能以铸铁最为典型，铸铁压缩时的曲线如图 5.11 所示。试件仍然在较小的变形下突然破坏，破坏断面的法线与轴线大致成 45° ～ 55° 的倾角，表明试件沿斜截面因相对错动而破坏，铸铁的抗压强度比其抗拉强度高 4 ～ 5 倍。其他脆性材料，如混凝土、石料等，抗压强度也远高于抗拉强度。

脆性材料抗拉强度低，塑性性能差，但抗压能力强，且价格低廉，宜于作为抗压构件的材料。铸铁坚硬耐磨，易于浇铸成型比复杂的零部件。广泛用于铸造机床床身、机座、缸体及轴承座等受压零部件。因此，其压缩试验比拉伸试验更为重要。

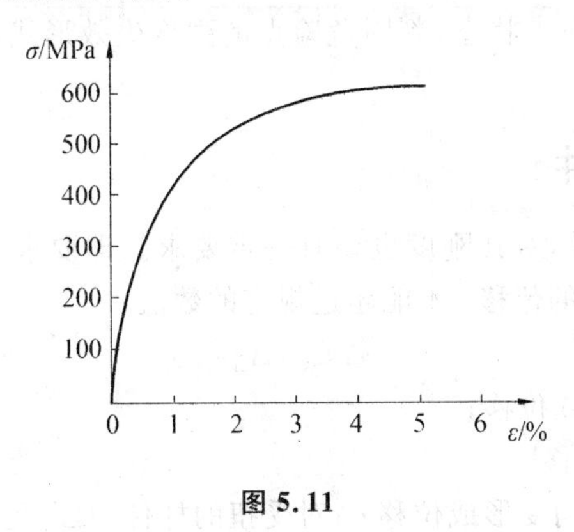

图 5.11

5.1.5 许用应力与安全系数

1. 许用应力

工程标准规定的杆件横截面上允许的最大工作应力被称为许用应力$[\sigma]$。许用应力的计算公式为

$$[\sigma]=\frac{\sigma_{jx}}{n}$$

对于塑性材料，$\sigma_{jx}=\sigma_s$，对应的安全系数为n_s。

对于脆性材料，$\sigma_{jx}=\sigma_b$，对应的安全系数为n_b。

2. 安全系数的确定

在常温下，一般塑性材料为$n_s=1.2\sim2.5$，脆性材料为$n_b=2\sim3.5(3\sim9)$，要考虑材料因素、荷载情况、实际结构与力学模型的吻合程度、构件承载的性质、构件的工作环境等因素进行调整。所以在利用强度条件进行设计时，一定要根据工作构件的工作实际情况和有关经验完成设计。

5.2 构件的强度条件和刚度条件

5.2.1 构件的失效模式

若荷载过大，超出了构件的承载能力，构件将失去某些功能而不能正常工作，称为构件失效。工程中，构件的失效模式主要有：

(1) 强度失效：构件的材料断裂或屈服。

(2) 刚度失效：构件的弹性变形过大，超出规定范围。

(3) 疲劳失效：构件在交变应力作用下的强度失效。

(4) 稳定失效：构件丧失了原有的平衡形态。

本章只研究杆件强度失效与刚度失效的计算问题。

5.2.2 构件的强度条件

我们知道，工程构件在工作过程中不能被强度失效，也就是在规定的最大荷载之内应该是安全、可靠的，即：因最大荷载引起的杆件内部的最大应力σ_{max}应该小于一个规定的值，这个规定的值称为许用应力$[\sigma]$，这就是强度条件。

$$\sigma_{max} \leqslant [\sigma]$$

首先根据内力分析方法，对受力杆件进行内力分析，确定可能最先发生强度失效的横截面。其次根据杆件横截面上应力分析方法，确定危险截面上可能最先发生强度失效的点，并确定出危险点的应力状态。最后根据材料性能和应力状态，判断危险点的强度失效形式，选择相应的强度理论，建立强度条件。

5.2.3 构件的刚度条件

除了要求满足强度条件之外，对其刚度也要有一定要求。即要求工作时杆件的变形或某一截面的位移（最大位移或指定截面处的位移）不能超过规定的数值，

$$\Delta \leqslant [\Delta]$$

式中　Δ—— 计算得到的变形或位移；

$[\Delta]$—— 许用变形或位移。

对轴向拉压杆，$[\Delta]$是指轴向变形或位移 u；对受扭的杆件，$[\Delta]$是指两指定截面的相对扭转角 φ 或单位长度扭转角 θ；对于梁，$[\Delta]$是指挠度 y 或转角 θ。

5.3 轴心拉压杆的强度计算

5.3.1 轴心拉压杆的强度条件

轴心拉压杆横截面上正应力是均匀分布的，各点均处于单向应力状态。因此，轴心拉压杆的强度条件为 $\sigma_{max} \leqslant [\sigma]$。

5.3.2 强度条件的应用

(1) 校核强度，在已知外力、杆件尺寸以及材料的许用应力的条件下，计算杆件的最大应力 σ_{max} 是否满足条件要求，即 $\sigma_{max} \leqslant [\sigma]$。

在工程上，如果工作应力 σ 略高于$[\sigma]$，但不超过 5%，一般是允许的。

(2) 设计截面尺寸：在选定了材料（已知许用应力）的条件下，在规定的荷载作用下，确定截面的面积（设计初期），即 $A \geqslant \frac{N_{max}}{[\sigma]}$。

(3) 确定许用荷载：已知材料结构尺寸，确定构件所承受的最大荷载，即 $N_{max} \leqslant [\sigma]A$。

【例 5.1】　如图 5.12 所示，已知气缸内径 $D=140$ mm，缸内气压 $P=0.6$ MPa，活塞杆材料为 20 钢，$[\sigma]=80$ MPa，试设计活塞杆的直径 d。

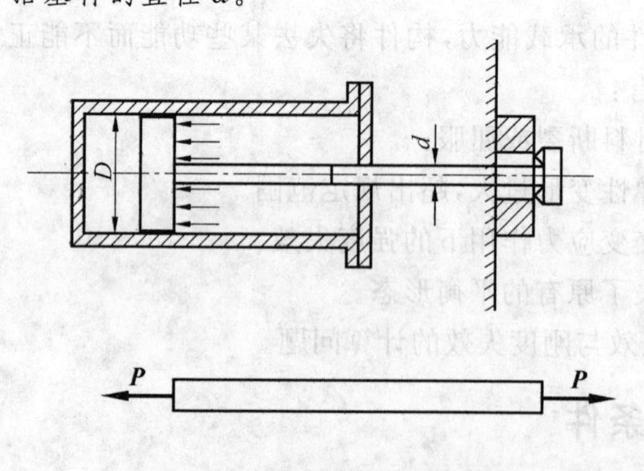

图 5.12

解 (1) 活塞杆受的拉力

$$P=p\times\frac{1}{4}\pi D^2=9\ 236\ \text{N}=9.24\ \text{kN}$$

(2) 根据强度条件

$$\sigma=\frac{P}{A}\leqslant[\sigma]$$

$$A=\frac{1}{4}\pi d^2\geqslant\frac{P}{[\sigma]}$$

$$d\geqslant\sqrt{\frac{4P}{\pi[\sigma]}}$$

$$d_{\min}=\sqrt{\frac{4P}{\pi[\sigma]}}=0.012\ 2\ \text{m}$$

取 $d=0.012\ \text{m}=12\ \text{mm}$。

(3) 校核强度

$$\sigma_{\max}=\frac{P}{A}=\frac{\frac{1}{4}\pi(D^2-d^2)p}{\frac{1}{4}\pi\cdot d^2}=\frac{D^2-d^2}{d^2}p=68.3\ \text{MPa}\leqslant 80\ \text{MPa}$$

合格。

【例题点评】 本题考查强度条件应用中的截面尺寸设计，归根结底是强度条件的转化应用。

【例 5.2】 如图 5.13(a) 所示结构中，AB 为圆形截面钢杆，BC 为正方形截面木杆，已知 $d=20\ \text{mm}$，$a=100\ \text{mm}$，$F=20\ \text{kN}$，钢材的许用应力 $[\sigma]_{钢}=160\ \text{MPa}$，木材的许用应力 $[\sigma]_{木}=100\ \text{MPa}$，试分别校核钢杆和木杆的强度。

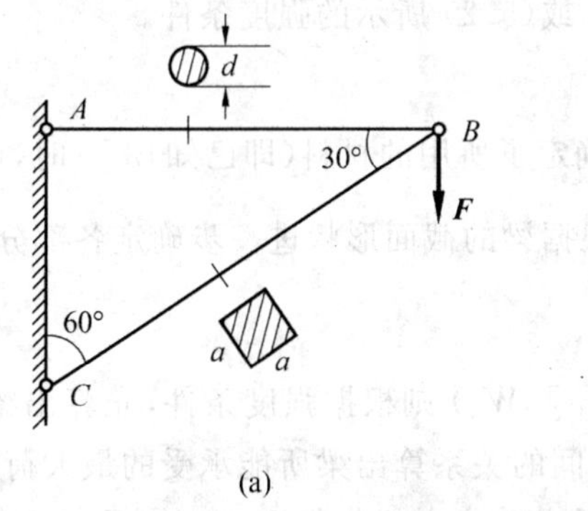

图 5.13

解 (1) 计算 AB 杆和 BC 杆的轴力

取结点 B 为研究对象. 其受力如图 5.13(b) 所示。由平衡方程：

$$\sum X=0,\quad -N_{BC}\cos 30^\circ-N_{AB}=0$$

$$\sum Y=0,\quad -N_{BC}\sin 30^\circ-F=0$$

解得

$$N_{AB}=\sqrt{3}F,\quad N_{BC}=-2F$$

(2) 校核 AB 杆和 BC 杆的强度

$$\sigma_{AB}=\frac{N_{AB}}{A_{AB}}=\frac{\sqrt{3}F}{\pi d^2/4}=\frac{\sqrt{3}\times 20\times 10^3}{\pi\times 20^2/4}\ \text{N/mm}^2=110.3\ \text{MPa}\leqslant[\sigma]_{钢}=160\ \text{MPa}$$

故钢杆强度足够。

$$\sigma_{BC}=\frac{N_{BC}}{A_{BC}}=\frac{2F}{a^2}=\frac{2\times 20\times 10^3}{100^2}\ \text{N/mm}^2=4\ \text{MPa}\leqslant[\sigma]_{木}=100\ \text{MPa}$$

故木杆强度足够。

【例题点评】 此题是有关杆件强度校核的考查，主要理解$\sigma_{max}\leqslant[\sigma]$的意义。

5.4 梁的强度计算和刚度计算

在学习杆件的强度计算和刚度计算的基础上，可以对工程构件的安全和可靠度进行分析和计算。在该模块中主要对梁的强度和刚度条件进行分析和计算。

5.4.1 梁的正应力强度计算

为保证梁能正常地工作并有一定的安全储备，梁的最大正应力不能超过材料在弯曲时的许用应力$[\sigma]$，这就是梁的正应力强度条件。分两种情况表达如下：

(1) 材料的抗拉和抗压能力相同，中性轴是横截面的对称轴的正应力强度条件：

$$\sigma_{max}=\frac{M_{max}}{W_z}\leqslant[\sigma] \tag{5.1}$$

(2) 材料的抗拉和抗压能力不同，中性轴往往也不是对称轴时的正应力强度条件：

$$\begin{aligned}(\sigma_+)_{max}&\leqslant[\sigma_+]\\(\sigma_-)_{max}&\leqslant[\sigma_-]\end{aligned} \tag{5.2}$$

注意：如果梁内既有最大正弯矩，也有最大负弯矩时，最大拉应力和最大压应力并不发生在同一截面上。

根据强度条件可以解决有关强度方面的3类问题。

1. 强度校核

在已知梁的材料和横截面的形状和尺寸（即已知$[\sigma]$，W_z）以及所受荷载（即已知M_{max}）的情况下，可以检查梁的正应力是否满足式(5.1)或(5.2)所示的强度条件。

2. 截面设计

当算出了梁的内力（即已知M_{max}）和确定了所用的材料（即已知$[\sigma]$）时，可根据强度条件，计算所需的抗弯截面模量，即$W_z\geqslant\dfrac{M_{max}}{[\sigma]}$，然后根据梁的截面形状进一步确定各部分的具体尺寸。

3. 确定许用荷载

如已知梁的材料和截面尺寸（即已知$[\sigma]$，W_z）则根据强度条件，先算出梁所能承受的最大弯矩，即$M_{max}\leqslant W_z\cdot[\sigma]$，然后由$M_{max}$与荷载间的关系算出梁所能承受的最大荷载，即许用荷载$[P]$。

【例5.3】 某圆形截面的悬臂木梁，梁上受集中荷载作用。已知$P_1=1$ kN，$P_2=2$ kN，梁长$l=1.5$ m，截面直径$d=16$ cm，木材的弯曲许用应力$[\sigma]=11$ MPa(图5.14)。试校核梁的正应力强度。

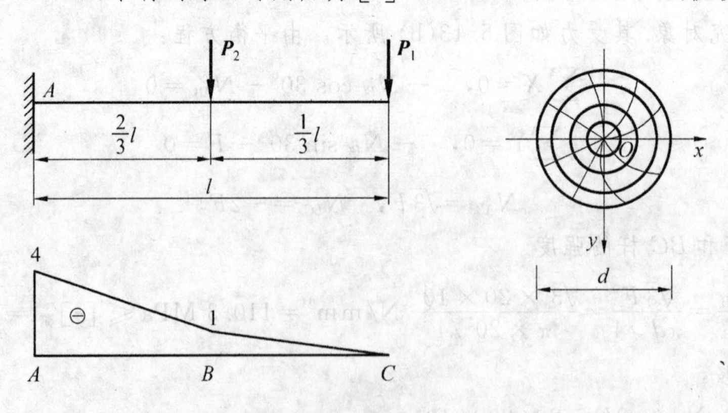

图5.14

解　(1) 求内力，绘 M 图

由 M 图知，最大弯矩发生在固定端截面，是梁的危险截面。

(2) 计算抗弯截面系数 W_z

$$W_z=\frac{\pi}{32}d^3=\frac{\pi\times16^3}{32}\ \text{cm}^3=401.9\ \text{cm}^3$$

(3) 校核正应力强度

$$\sigma_{\max}=\frac{M_{\max}}{W_z}=\frac{4\times10^6}{401.9\times10^3}\ \text{MPa}=10\ \text{MPa}<[\sigma]$$

(4) 结论

梁满足正应力强度条件。

【例题点评】　对于悬臂梁而言危险截面在悬臂根处，如果悬臂根处满足要求，其他部位也满足要求。

【例 5.4】　矩形截面的松木梁两端搁在墙上，承受由楼板传来的荷载(图 5.15)。已知木梁的间距 $a=1.2$ m，梁的跨度 $l=5$ m，楼板的均布面荷载 $p=3\ \text{kN/m}^2$，材料的许用应力 $[\sigma]=10$ MPa 试求：

(1) 设截面的高宽比为 $h/b=2$。试设计木梁的截面尺寸 b、h；

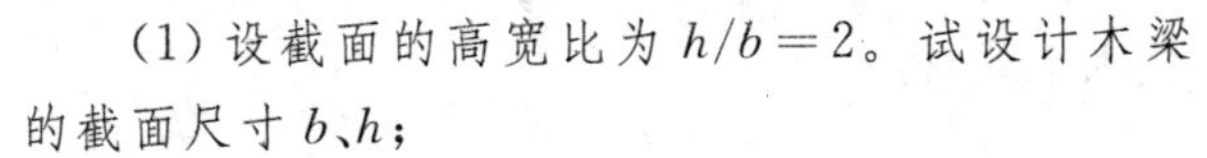

(2) 若木梁采用 $b=140$ mm，$h=210$ mm 的矩形截面，计算楼板的许可面荷载 $[p]$。

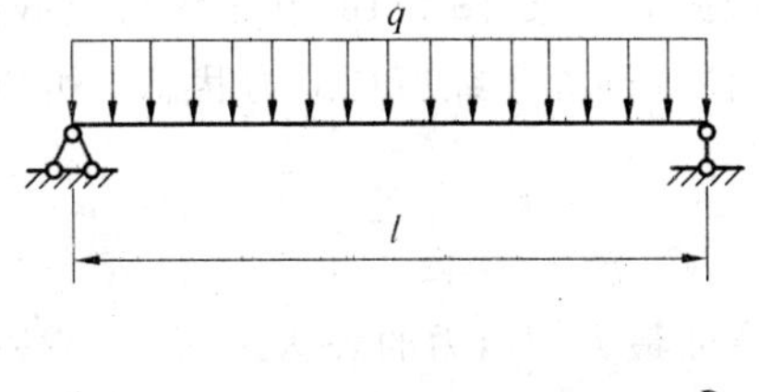

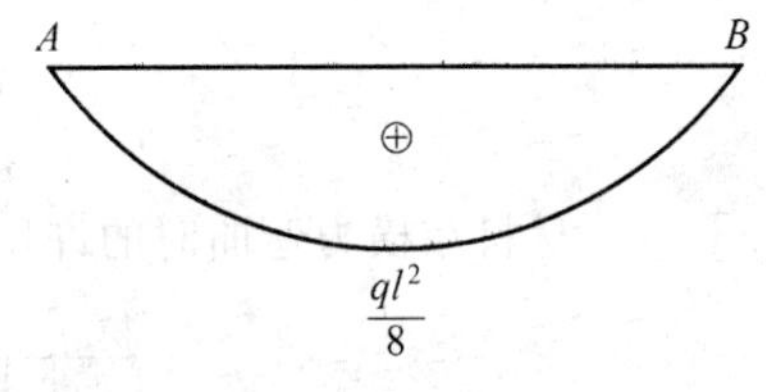

图 5.15

解　(1) 建立力学模型，并绘 M 图

木梁支承于墙上，可按简支梁计算。每根木梁的受荷宽度 $a=1.2$ m，所以每根木梁承受的均布线荷载的集度为

$$q=p\cdot a=(3\times1.2)\ \text{kN/m}=3.6\ \text{kN/m}$$

最大弯矩发生在跨中截面：

$$M_{\max}=\frac{1}{8}ql^2=(\frac{1}{8}\times3.6\times5^2)\ \text{kN}\cdot\text{m}=11.25\ \text{kN}\cdot\text{m}$$

(2) 设计木梁的截面尺寸，根据强度条件可得所需的抗弯截面模量为

$$W_z=\frac{M_{\max}}{[\sigma]}=\frac{11.25\times10^6}{10}\ \text{mm}^3=1.125\times10^6\ \text{mm}^3$$

由于 $h/b=2$，则

$$W_z=\frac{bh^2}{6}=\frac{b\,(2b)^2}{6}=\frac{2}{3}b^3$$

所以

$$\frac{2}{3}b^3\geqslant1.125\times10^6$$

得

$$b\geqslant\sqrt{1.125\times10^6\times(3/2)}\ \text{mm}=119\ \text{mm}$$

采用

$$b=120\ \text{mm},h=240\ \text{mm}$$

(3) 求楼板的许可面荷载 $[p]$

当木梁的截面尺寸为 $b=140$ mm，$h=210$ mm 时，抗弯截面模量为

$$W_z=\frac{bh^2}{6}=\frac{140\times210^2}{6}\text{mm}^3=1.029\times10^6\,\text{mm}^3$$

木梁能承受的最大弯矩为

$$M_{\max}\leqslant W_z\cdot[\sigma]=(1.029\times10^6\times10)\text{N}\cdot\text{mm}=10.29\times10^6\ \text{N}\cdot\text{mm}=10.29\ \text{kN}\cdot\text{m}$$

而

$$M_{\max}=\frac{ql^2}{8}=\frac{pal^2}{8}$$

$$\frac{pal^2}{8} \leqslant 10.29$$

得
$$p \leqslant \frac{10.29 \times 8}{1.2 \times 5^2} \text{ kN/m}^2 = 2.74 \text{ kN/m}^2$$

结论：取$[p]=2.74\ \text{kN/m}^2$。

【例题点评】 对于梁而言可以根据梁的特性反算构件能够承受的最大荷载。

5.4.2 梁的切应力强度条件

对于横力弯曲下的等直梁，其横截面上一般既有弯矩又有剪力。梁除保证正应力强度外，还需要满足切应力强度要求。

等直梁的最大切应力一般是在最大剪力所在横截面的中性轴上各点处，这些点处的正应力$\sigma=0$，在略去纵截面上的挤压应力后，最大切应力所在点处于纯剪切应力状态。例如对全梁承受均布荷载的矩形截面简支梁(图5.16)在最大弯矩截面上，距中性轴最远处处于单轴应力状态；而在最大剪力截面上，中性轴则处于纯剪切应力状态。可以按照纯剪应力状态下的强度条件公式建立梁的切应力强度条件。

$$\tau_{\max} \leqslant [\tau]$$

将弯曲最大切应力的表达式$\tau_{\max}=\dfrac{Q_{\max}S_{z,\max}^{*}}{I_z b}$代入上式，得

$$\frac{Q_{\max}S_{z,\max}^{*}}{I_z b} \leqslant [\tau]$$

式中　$[\tau]$——材料在横力弯曲时的许用切应力，其值在有关设计规范中有具体规定。

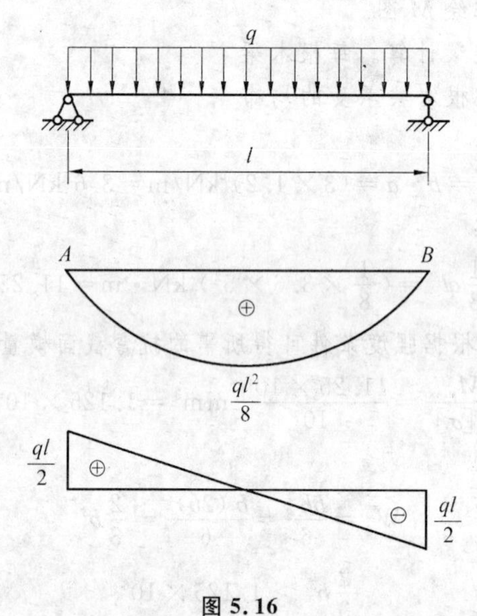

图 5.16

在选择梁的截面时，必须同时满足正应力和切应力强度条件。在选择危险截面时，通常是先按正应力进行强度校核。梁的强度大多由正应力控制，按正应力强度条件选好截面后，一般并不需要再按切应力进行强度校核。但在以下几种特殊条件下，需要校核梁的应力：(1) 梁的最大弯矩较小，而最大剪力却很大；(2) 在焊接组合截面上(例如工字形) 钢梁中，当其横截面腹板部分的厚度与梁高之比小于型钢截面的相应比值；(3) 由于木材在其顺纹方向的剪切强度较差，木梁在横力弯曲时可能因中性层上的切应力过大而使梁沿中性层发生剪切破坏。

【例5.5】 一简易起重设备如图5.17所示。起重量(包括电葫芦自重)$P=30$ kN，跨长$l=5$ m。吊车大梁AB由20a号工字钢制成，其许用弯曲正应力$[\sigma]=170$ MPa，许用切应力$[\tau]=100$ MPa。试校核梁的强度。

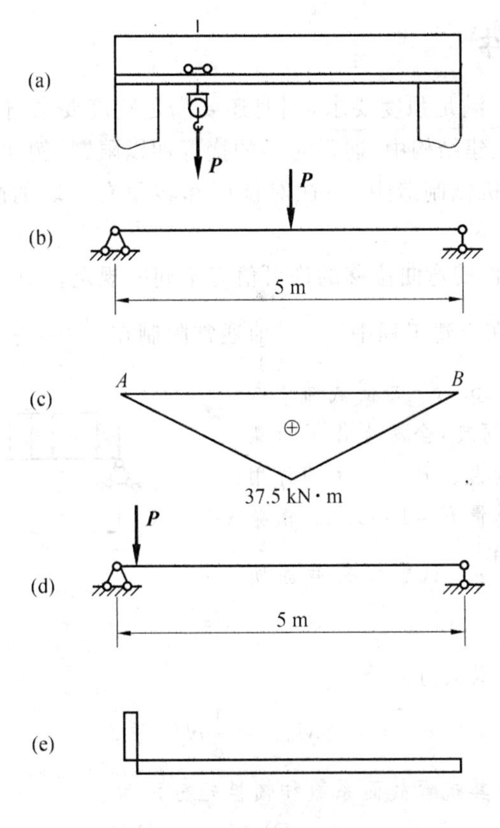

图 5.17

解 吊车梁可简化为简支梁。由于荷载是移动的,需确定荷载的最不利位置。在计算最大正应力时,应取荷载 P 在跨中 C 处。在计算最大切应力时,应取荷载在紧靠任一支座如支座 A 处。

校核正应力强度。在荷载处于最不利位置时,梁的弯矩图如图 5.17(c) 所示,最大弯矩值为

$$M_{\max}=37.5\ \mathrm{kN\cdot m}$$

由型钢规格表查得 20a 号工字钢的 W_z 为

$$W_z=237\ \mathrm{cm^3}$$

梁的最大正应力为

$$\sigma_{\max}=\frac{M_{\max}}{W_z}=\frac{37.5\times10^3\ \mathrm{N\cdot m}}{237\times10^{-6}\ \mathrm{m^3}}=158\ \mathrm{MPa}<[\sigma]$$

校核切应力强度时的最不利荷载位置如图 5.17(d) 所示,相应的剪力图如图 5.17(e) 所示。因为荷载 P 很靠近支座 A,所以,支反力 F_A 约等于 P,$P=30\ \mathrm{kN}$。

对于 20a 号工字钢,利用型钢规格表查得

$$\frac{I_z}{S^*_{z,\max}}=17.2\ \mathrm{cm}$$

$$b=7\ \mathrm{mm}$$

梁的最大切应力为

$$\tau_{\max}=\frac{F_{s,\max}}{\left(\frac{I_z}{S^*_{z,\max}}\right)b}=\frac{30\times10^3\ \mathrm{N}}{(17.2\times10^{-2}\ \mathrm{m})(7\times10^{-3}\ \mathrm{m})}=24.9\ \mathrm{MPa}<[\tau]$$

梁的正应力和切应力强度条件均满足要求,所以梁是安全的。

【例题点评】 对于工厂起重设备而言其最大剪力发生在支座处,需要对此处截面的抗剪承载力进行验算。

5.4.3 梁的刚度条件

在外力作用下，梁不但要满足强度要求，同时还要满足刚度要求，使梁的最大变形不超过某一限度，才能使梁正常工作。在土建结构中，通常对梁的挠度加以限制，例如桥梁的挠度过大，则在机车通过时将发生很大的震动。在机械制造中，往往对挠度和转角有一定的限制，如果机床主轴的挠度过大，将会影响其加工精度。

在各类工程设计中对构件的弯曲位移的许可值有不同的规定。对梁的挠度以许可挠度和跨长的比值$\left[\frac{y}{l}\right]$作为标准。例如，在土建工程中，$\left[\frac{y}{l}\right]$值通常限制在$\frac{1}{250}\sim\frac{1}{1\ 000}$。

【例 5.6】 松木檩条(图 5.18)的横截面为圆形，跨长为 4 m，两端可视为简支，全跨上作用有集度为q=1.82 kN/m 的均布荷载。已知松木的许用应力为$[\sigma]$=10 MPa，弹性模量E=10 GPa。檩条的许可相对挠度为$\left[\frac{y}{l}\right]=\frac{1}{200}$。试求檩条截面所需的直径。

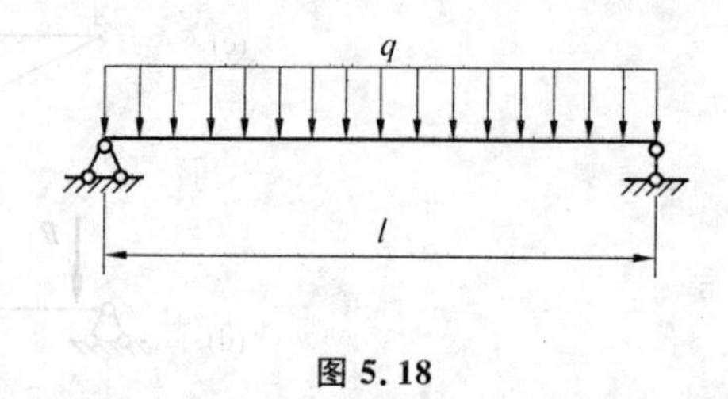

图 5.18

解 松木檩条梁的跨中最大弯矩为

$$M_{\max}=\frac{1}{8}ql^2$$

设檩条截面直径为D，则其抗弯截面系数和惯性矩分别为

$$W=\frac{\pi D^3}{32},\quad I=\frac{\pi D^4}{64}$$

由强度条件：

$$\sigma_{\max}=\frac{M_{\max}}{W}=\frac{32M_{\max}}{\pi D^3}\leqslant[\sigma]$$

可得

$$D\geqslant\sqrt[3]{\frac{32M_{\max}}{\pi[\sigma]}}=\sqrt[3]{\frac{32ql^2}{8\pi[\sigma]}}=155\ \text{mm}$$

由刚度条件：

$$\frac{y_{\max}}{l}=\frac{5ql^2}{384EI}\leqslant\left[\frac{y}{l}\right]=\frac{1}{200}$$

可得

$$D\geqslant\sqrt[4]{\frac{5ql^3\times 64\times 200}{384\pi E}}=158\ \text{mm}$$

所以檩条横截面直径选用 158 mm。

【例题点评】 对于梁而言不但要满足强度要求同时还应满足刚度要求，有时仅满足强度条件不一定满足刚度条件。

5.5 轴的扭转强度计算

在工程中另一种常见的构件是受扭构件，受扭构件的安全度取决于其抗剪能力。

5.5.1 受扭圆轴的强度计算

等直圆杆在扭转时，杆内各点均处于纯剪切应力状态。其强度条件应该是横截面上的最大工作切应力$\tau_{\max}$不超过材料的许用切应力$[\tau]$，即

$$\tau_{\max} \leqslant [\tau] \tag{5.3}$$

由于等直圆杆的最大工作应力 $\tau_{\max}$ 存在于最大扭矩所在横截面即危险截面的周边上任一点处，故强度条件应以危险点处的切应力为依据。上述强度条件可写作：

$$\frac{M_{x\max}}{W_{\mathrm{p}}} \leqslant [\tau] \tag{5.4}$$

【例 5.7】 图 5.19 所示圆轴，直径 $d=120$ mm，扭转力偶矩为 $M_A=M_B=22$ kN·m。材料许用切应力 $[\tau]=80$ MPa，试校核该轴的强度。

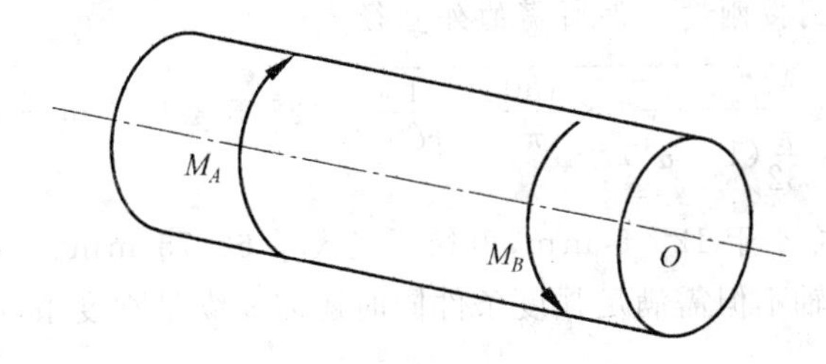

图 5.19

解

$$\tau_{\max}=\frac{M_{x\max}}{W_{\mathrm{p}}}=\frac{22\times10^3\ \mathrm{N\cdot m}}{\frac{\pi(0.12)^3}{16}}=64.84\ \mathrm{MPa}<[\tau]=80\ \mathrm{MPa}$$

因此，该轴满足强度条件的要求。

【例题点评】 对于受扭圆轴而言，扭转应力小于许用切应力即满足强度条件。

5.5.2 受扭圆轴的刚度计算

等直圆杆扭转时，除需满足强度条件外，有时还需要满足刚度条件。例如，机器的传动轴如果扭转角过大，将会使机器在运转时产生较大的振动；精密机床的轴若变形过大，则将影响机床的加工精度等。刚度要求通常是限制其单位长度扭转角 $\theta_{\max}$ 不超过某一规定的允许值 $[\theta]$，即

$$\theta_{\max} \leqslant [\theta] \tag{5.5}$$

式中　$[\theta]$——许可单位长度扭转角，(°)/m。

式(5.5)即为等直圆杆在扭转时的刚度条件。其计算表达式可以写为

$$\frac{M_{x\max}}{GI_{\rho}}\times\frac{180}{\pi}\leqslant[\theta] \tag{5.6}$$

式中，$M_{x\max}$，G，I_{ρ} 的单位分别为 N·m，Pa，$\mathrm{m^4}$。

【例 5.8】 图 5.20 所示圆轴是由 45 号钢制成的空心圆截面轴，其内、外直径之比为 $\alpha=\frac{1}{2}$。钢的许用应力 $[\tau]=40$ MPa，切变模量 $G=80$ GPa，许可单位长度扭转角 $[\theta]=0.3$(°)/m。试按强度条件和刚度条件选择轴的直径($M_{x\max}=9.56$ kN·m)。

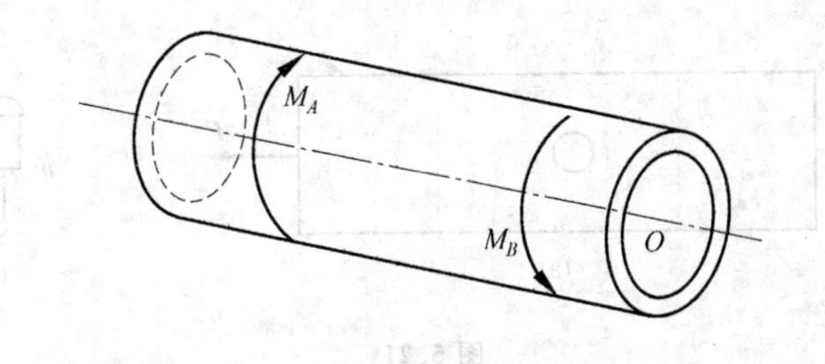

图 5.20

解

$$W_p=\frac{\pi D^3}{16}(1-\alpha^4)=\frac{\pi D^3}{16}\left[1-\left(\frac{1}{2}\right)^4\right]=\frac{\pi D^3}{16}\times\frac{15}{16}$$

$$I_\rho=\frac{\pi D^4}{32}(1-\alpha^4)=\frac{\pi D^4}{32}\times\frac{15}{16}$$

将 W_p 代入式(5.4)，可以得到空心圆轴按强度条件所需的外直径为

$$D=\sqrt[4]{\frac{16M_{x\max}}{\pi(1-\alpha^4)[\tau]}}=109\times10^{-3}\text{ m}=109\text{ mm}$$

将 I_ρ 代入式(5.6)得到按刚度条件所需的外直径为

$$D=\sqrt[4]{\frac{M_{x\max}}{G\times\frac{\pi}{32}(1-\alpha^4)}\times\frac{180}{\pi}\times\frac{1}{[\theta]}}=125.5\times10^{-3}\text{ m}=125.5\text{ mm}$$

故空心圆轴的外径不应小于125.5 mm，内径不能大于62.75 mm。

【例题点评】 受扭圆轴不但需满足强度条件同时还需要满足刚度条件。

5.6 连接件的强度计算

工程中的连接件，如螺栓、铆钉和销钉等，其长度和横向尺寸的比值不是很大，介于1～2之间。连接件的受力与变形一般都比较复杂，主要承受剪切变形和局部的挤压变形。然而，简化后应力的强度计算公式与轴向拉压的正应力强度条件相似，故在本节介绍连接件的强度计算。

与拉压杆件不同，由于连接件属于粗短件，受力复杂，变形也没有明显的规律，而且很大程度上受到加工工艺的影响，所以精确分析其应力比较困难，同时精确分析的结果也不便于工程应用。因此，工程上通常对连接件的强度采用简化分析法，或称为实用计算法。其特点是一方面对连接件的受力与应力分布进行简化，计算出相应的名义应力；同时，对同类连接件进行破坏试验，并采用同样的计算方法，由破坏荷载确定材料的极限应力。实践表明，只要简化合理，并有充分的试验依据，这种简化方法是可靠的。

5.6.1 抗剪强度计算

一铆钉连接上下两块板的连接件如图5.21(a)所示。铆钉的受力如图5.21(b)所示。根据板的平衡条件，可知铆钉上下部分分别受合力为 F 的挤压力作用。可以看出，作用在铆钉两个侧面上的挤压力垂直于铆钉的轴线，且大小相等，方向相反，作用线相距较近。试验表明，当上述外力过大时，铆钉将沿 $m-m$ 截面被剪断，如图5.21(c)所示。横截面 $m-m$ 称为剪切面。对于铆钉等受剪连接件，剪切破坏是最主要的破坏形式。因此，必须考虑其剪切强度问题。

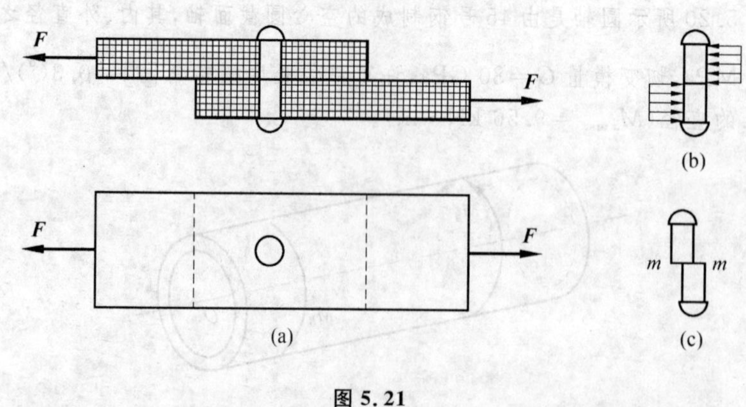

图 5.21

连接件的切应力为 $\tau = \dfrac{Q}{A_s}$，剪切强度条件为

$$\tau_{max} = \left(\frac{Q}{A_s}\right)_{max} \leqslant [\tau]$$

式中　A_s—— 铆钉的截面积；

Q—— 铆钉受到的剪力。

5.6.2 挤压强度计算

铆接接头在受力时.铆钉与钢板之间的接触面将相互压紧，这种现象称为挤压。挤压面上传递的力称为挤压力。如果挤压力过大，就可能使铆钉或钢板上的铆钉孔产生局部皱缩或坍塌破坏，使接头丧失承载能力(图 5.22)。因此，需要对接头进行挤压强度计算。

对连接件与被连接件的挤压强度计算，采用挤压实用计算。

【例 5.9】　图 5.22 所示为插销与板件的组合，插销材料为 20 号钢，$[\tau]=30$ MPa，$[\sigma_c]=275$ MPa，板厚 8 mm，$F=15$ kN。分别从切应力和挤压应力角度选定插销的直径。

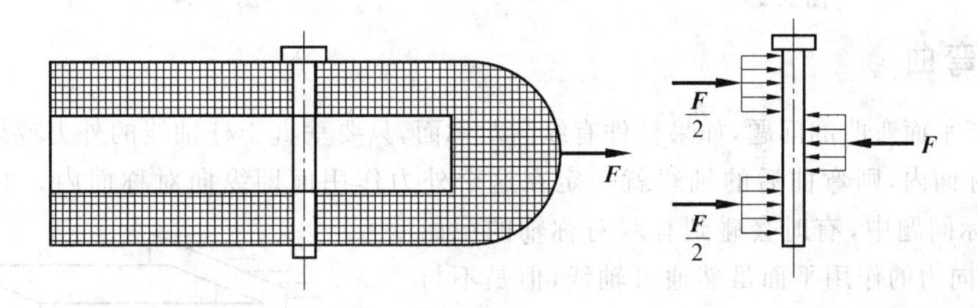

图 5.22

解　(1) 计算插销所受的剪力

插销为双面受剪，所受剪力为

$$Q = \frac{F}{2} = 15 \text{ kN}$$

(2) 根据插销的剪切强度确定直径

$$\tau = \frac{Q}{A_s} = \frac{F}{2 \times \frac{\pi}{4} d^2} \leqslant [\tau]$$

$$d \geqslant \sqrt{\frac{2F}{\pi[\tau]}} = \sqrt{\frac{2 \times 15\,000 \text{ N}}{\pi \times 30 \text{ N/mm}^2}} = 17.8 \text{ mm}$$

(3) 验算挤压强度条件

$$\sigma_c = \frac{F}{A} = \frac{15 \text{ kN}}{8 \text{ mm} \times 17.8 \text{ mm}} = 105 \text{ MPa} < [\sigma_c]$$

(4) 确定插销的直径

根据计算选择插销直径为 18 mm，同时满足挤压和剪切强度条件。

【例题点评】　对于连接件而言，同时应满足受剪和挤压强度条件。

5.7　组合变形

就材料的变形而言，拉压、剪切、扭转、弯曲是 4 种基本的变形模式，但在实际工程中，受力构件所发生的变形往往是由两种或两种以上的基本变形构成的。杆件在外力作用下同时产生两种或两种以上同数量级的基本变形的情况称为组合变形。例如，烟囱变形除自重引起轴向压缩外(图 5.23)，还有

水平方向的风力引起的弯曲变形；排架柱(图 5.24) 在偏心荷载的作用下将产生轴向压缩和弯曲的组合变形等。

根据工程中的常见情况，本节主要对斜弯曲、拉伸弯曲的结合、扭转弯曲的结合 3 种的情况进行研究。

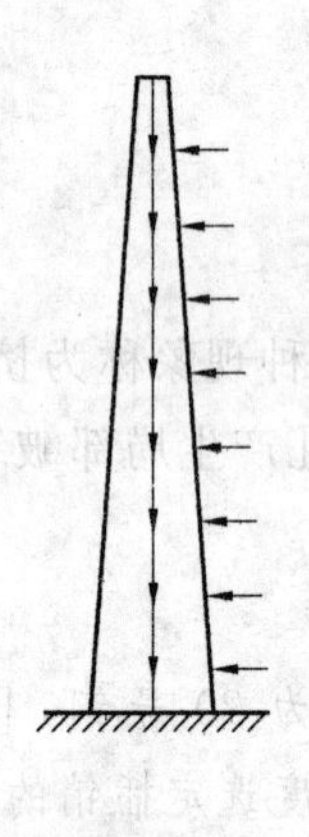
图 5.23

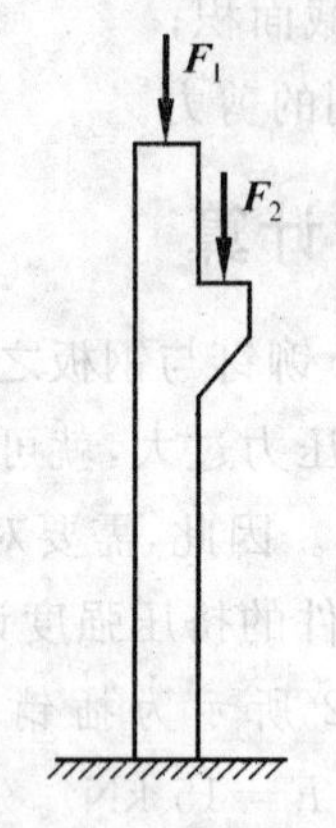

图 5.24

5.7.1 斜弯曲

前面讨论了平面弯曲的问题，如果杆件有纵向对称面，只要垂直于杆轴线的外力或外力偶都作用在同一纵向对称面内，则弯曲后的轴线就一定在这个外力作用面即纵向对称面内。它就是平面弯曲。在工程实际问题中，有时会碰到有双对称轴的截面梁，外力偶或横向力的作用平面虽然通过轴线，但是不与梁的同一纵向对称面重合。这时，梁弯曲变形后的轴线就不在外力作用面内，这种弯曲称为斜弯曲。

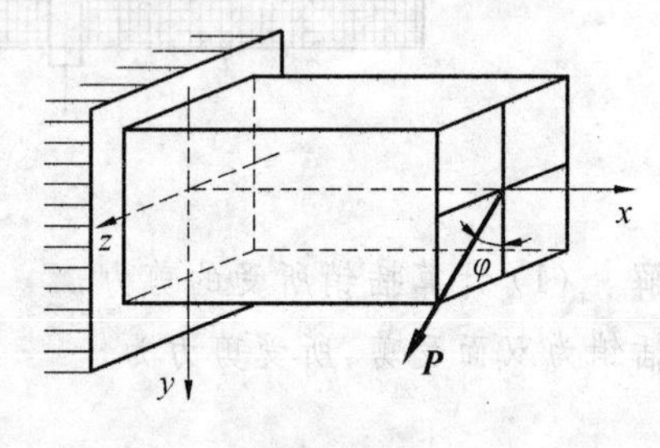

图 5.25

下面以悬臂梁为例来说明叠加法计算内力的过程，然后再进行强度计算。

设矩形截面悬臂梁在自由端截面上作用一集中力 P，P 过形心且垂直杆轴线，与对称轴 y 成 φ 角(图 5.25)。

1. 外力分解

设坐标系如图 5.25 所示，将力沿截面两对称轴分解，得两个分量：

$$P_y = P\cos\varphi, \quad P_z = P\sin\varphi$$

两个方向的分力将使梁产生两个方向的弯曲。

2. 内力分析

在距自由端为 x 的横截面上，两个分力 P_y，P_z 所引起的弯矩值分别为

$$M_z = P_y x = P\cos\varphi \cdot x$$

$$M_y = P_z x = P\sin\varphi \cdot x$$

3. 应力计算

斜弯矩的计算中，最大应力并不出现在 y 轴和 z 轴上，其最大弯矩出现在距中性轴的最远处，其中性轴与 z 轴的夹角 α 的计算公式为

$$\tan\alpha = \left|\frac{y_0}{z_0}\right| = \frac{I_z}{I_y}\frac{M_y}{M_z}$$

最大应力计算公式为

$$\sigma_K = \sigma_{Mz} + \sigma_{My} = \frac{M_z y}{I_z} + \frac{M_y z}{I_y} \tag{5.7}$$

式中　I_z, I_y—— 横截面对形心主轴 z 和 y 的惯性矩。

应力的正负号以受拉为正，受压为负。代入公式时 M_z, M_y, y, z 均以绝对值代入。

5.7.2 拉伸弯曲组合

当杆件上同时作用有轴向和横向外力时，轴向力使杆件伸长，横向力使杆件弯曲，这种变形为杆件的拉伸和弯曲组合变形。

图 5.26 所示的悬臂梁受到拉伸和弯曲组合荷载，在拉伸和弯曲组合变形情况下会产生两个方向的应力，横截面上的正应力 σ_N 和梁的上边缘的拉应力 σ_M。其最大正应力为二者的叠加。计算过程如下：

$$\sigma_N = \frac{F_x}{A}$$

$$\sigma_M = \frac{M}{W} = \frac{F_y l}{W}$$

危险截面处危险点的正应力为

$$\sigma_{\max} = \frac{M}{W} + \frac{F_x}{A} \leqslant [\sigma]$$

式中　$[\sigma]$—— 构件的许用应力。

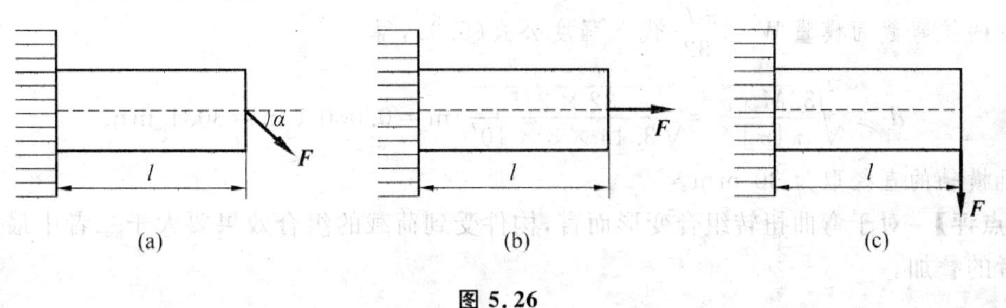

图 5.26

5.7.3 弯曲扭转组合变形

工程中不少杆件同时受到弯曲和扭转的作用，如机械中的传动轴、房屋的雨篷梁、厂房的吊车梁受偏心的吊车轮压作用等都是弯扭组合变形的实例。

本节只讨论圆截面杆同时受弯曲和扭转时的强度计算。

图 5.27 所示为一卷扬机，该机在工作时横梁 AB 受摇把上的推力 P 和吊装物重量 Q 的共同作用。在分析此受力情况时假定横轴匀速转动，即 P 和 Q 是不变的。此外，不考虑轴承 A 和 B 的摩擦力。

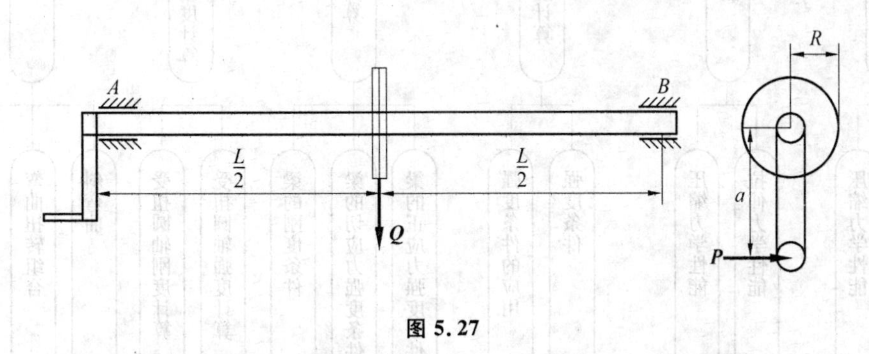

图 5.27

将力 P 和 Q 向横轴的轴线简化，这样横轴就受到集中力 P 和 Q 以及力偶矩 $M_{nA} = Pa$ 和 $M_{nC} = QR$ 的作用。这里不计摇把离支承 A 的微小距离，即假定简化后的力 P 作用在支承 A 上。

在 AB 杆跨中的弯矩和扭矩值为

$$M=\frac{Ql}{4},\quad M_n=Pa=QR$$

正应力 σ_w 和剪应力 τ_n 计算公式为

$$\sigma=\frac{M_n y}{I_z},\quad \tau=\frac{M_n\rho}{I_\rho}$$

对于圆轴杆而言采用第三强度理论，计算弯矩和扭矩的组合应力，组合应力的计算公式为

$$M_{xd,3}=\sqrt{M^2+M_n^2} \tag{5.8}$$

受弯扭组合荷载的构件需满足强度条件：

$$\frac{M_{xd,3}}{W}\leqslant[\sigma] \tag{5.9}$$

【例 5.10】 试选择图 5.27 所示卷扬机圆轴的直径。已知：$Q=800\ \text{N}$，$l=0.8\ \text{m}$，$[\sigma]=80\ \text{MPa}$。

解 计算危险截面的弯矩值 M 和扭矩值 M_n 如下：

$$M=\frac{Ql}{4}=\frac{800\times0.8}{4}\ \text{N}\cdot\text{m}=160\ \text{N}\cdot\text{m}$$

$$M_n=QR=(800\times0.18)\ \text{N}\cdot\text{m}=144\ \text{N}\cdot\text{m}$$

圆轴为钢制的，可采用第三强度理论，将 M 和 M_n 的值代入式(5.8)得到相当弯矩为

$$M_{xd,3}=\sqrt{M^2+M_n^2}=\sqrt{160^2+140^2}\ \text{N}\cdot\text{m}=215\ \text{N}\cdot\text{m}$$

将圆轴的抗弯截面模量 $W=\frac{\pi d^3}{32}$ 代入强度公式(5.9)，得

$$d\geqslant\sqrt[3]{\frac{32M_{xd,3}}{\pi[\sigma]}}=\sqrt[3]{\frac{32\times215}{3.14\times8\times10^7}}\ \text{m}=0.030\ 1\ \text{m}=30.1\ \text{mm}$$

卷扬机横轴的直径取为 30 mm。

【例题点评】 对于弯曲扭转组合变形而言，构件受到荷载的组合效果要大于二者中最大的荷载，但并非二者的叠加。

【重点串联】

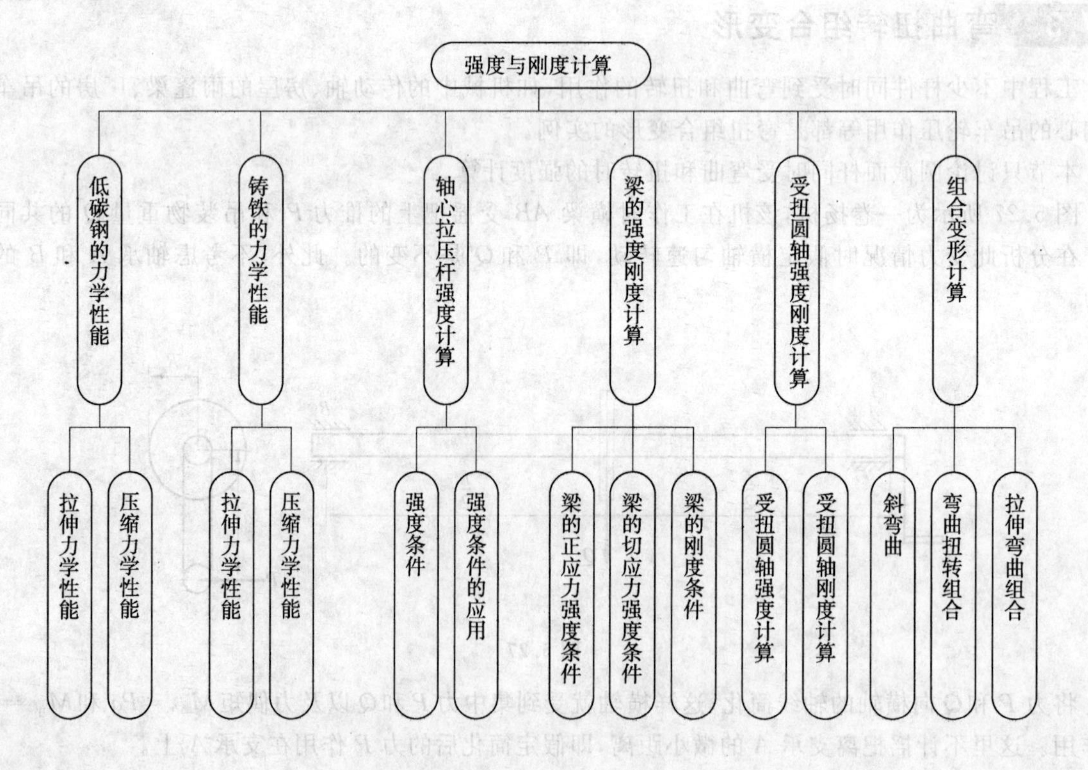

拓展与实训

基础训练

一、填空题

1. 低碳钢拉伸破坏的4个阶段是________、________、________、________。

2. 常温下塑性材料的安全系数为________;脆性材料的安全系数为________。

3. 低碳钢材料由于冷作硬化,会使________提高,可使________降低。

4. 根据强度条件$\sigma \leqslant [\sigma]$可以进行________、________、________方面的强度计算。

5. 梁的最大应力发生在________________。

6. 梁的适用性条件有两个指标:________和________。

7. 圆形实心截面的极惯性矩为________。

二、判断题

1. 毛石、素混凝土、砌体都是脆性材料。(　　)

2. 低碳钢和铸铁试件在拉断前都有“颈缩”现象。(　　)

3. 梁的危险截面是应力最大的截面。(　　)

4. 钢材的含碳量越高从受力到破坏的伸长率越小。(　　)

5. 构件的工作应力可以和其极限应力相等。(　　)

6. 材料用量相同时,空心梁的极惯性矩小于实心梁。(　　)

7. 当构件处于组合受力状态时,对材料的稳定都是不利的。(　　)

三、计算题

1. 如图5.28所示支架,杆BC的直径$d=20$mm的圆截面钢杆,许用应力$[\sigma]=215$ MPa,已知在C点悬一重物$Q=40$ kN,试校核该杆BC的强度。

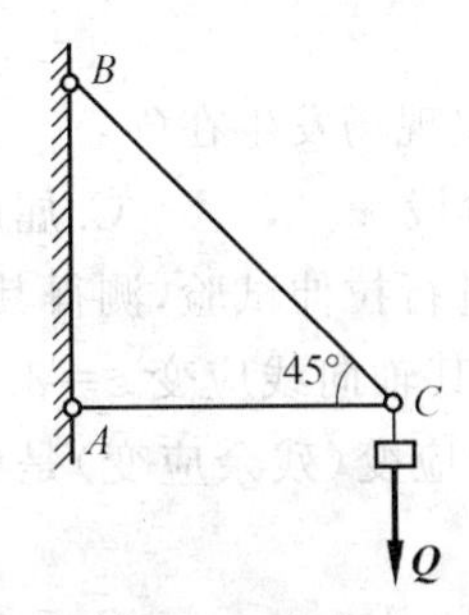

图5.28

2. 如图5.29所示三铰架中,AC杆长为L,面积为S,容许应力为$[\sigma]$;杆BC的面积为$3S$,容许应力为$\frac{1}{2}[\sigma]$。试求最大荷载$[P]$。

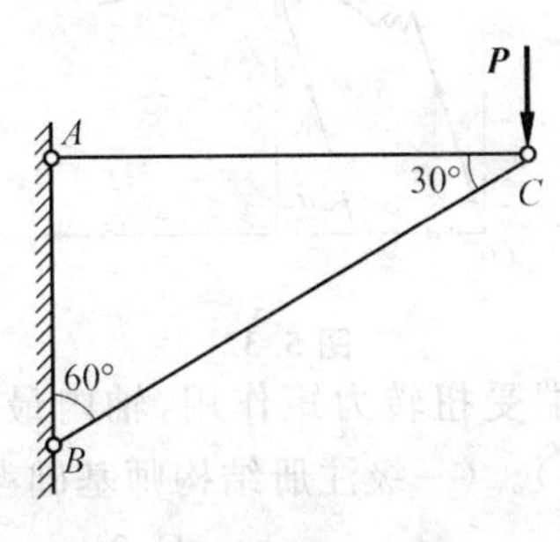

图5.29

3. 如图 5.30 所示，桁架的两杆件材料相同，$[\sigma]=150$ MPa。杆 1 直径 $d_1=15$ mm，杆 2 直径 $d_2=20$ mm，试求此结构所能承受的最大荷载。

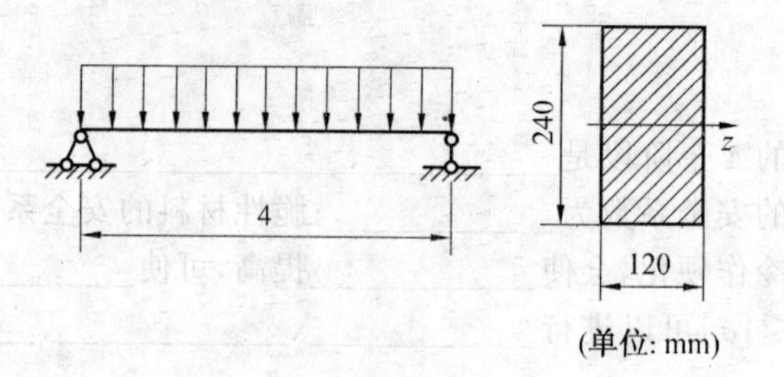

图 5.30

4. 如图 5.31 所示简支松木梁，材料许用应力 $[\sigma]=10$ MPa，不考虑自身重力，试确定许可均布荷载 $[q]$。

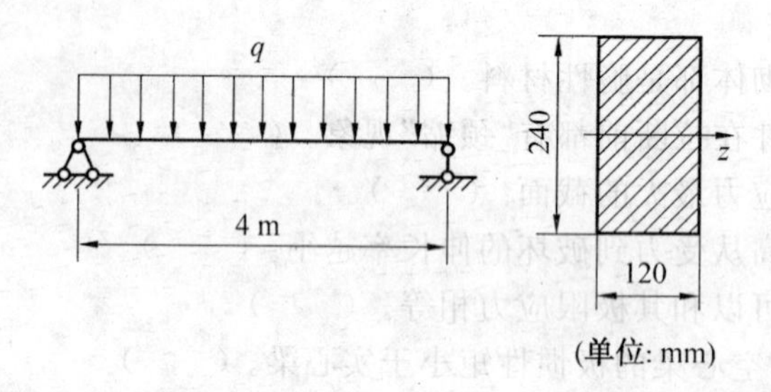

图 5.31

5. 如图 5.31 所示，根据上题计算出的均布荷载，材料的许用切应力 $[\tau]=2$ MPa。试校核该梁的切应力强度。

链接执考

1. 在低碳钢拉伸试验中，冷作硬化现场发生在（　　）。（一级岩土工程师基础考试题）

A. 弹性阶段　　B. 屈服阶段　　C. 屈服阶段　　D. 颈缩阶段

2. 如图 5.32 所示对低碳钢试件进行拉伸试验，测得其弹性模量 $E=200$ GPa。当试件横截面上的正应力达到 320 MPa 时，测得其轴向线应变 $\varepsilon=3.6\times10^{-3}$，此时开始卸载，直至横截面上正应力 $\sigma=0$。最后试件中纵向塑性应变（残余应变）是（　　）。（一级岩土工程师基础考试题）

A. 2.0×10^{-3}　　B. 1.5×10^{-3}　　C. 2.3×10^{-3}　　D. 3.6×10^{-3}

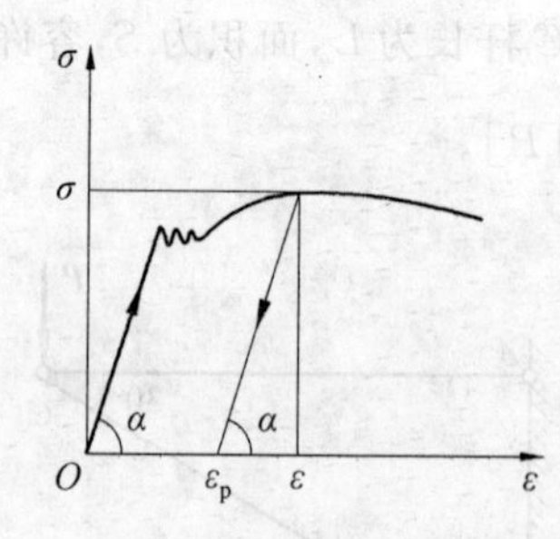

图 5.32

3. 直径为 D 的实心圆轴，两端受扭转力矩作用，轴内最大切应力为 τ。若轴的直径改为 $D/2$，则轴内的最大切应力为（　　）。（一级注册结构师基础考试题）

A. 2τ　　B. 4τ　　C. 8τ　　D. 16τ

4. 如图 5.33 所示两根圆截面梁的直径分别为 d 和 $2d$，许可荷载分别为 $[P]_1$ 和 $[P]_2$。若二梁的材料相同，则 $[P]_2/[P]_1$ 等于（　　）。（一级注册结构师基础考试题）

A. 2　　B. 4　　C. 8　　D. 16

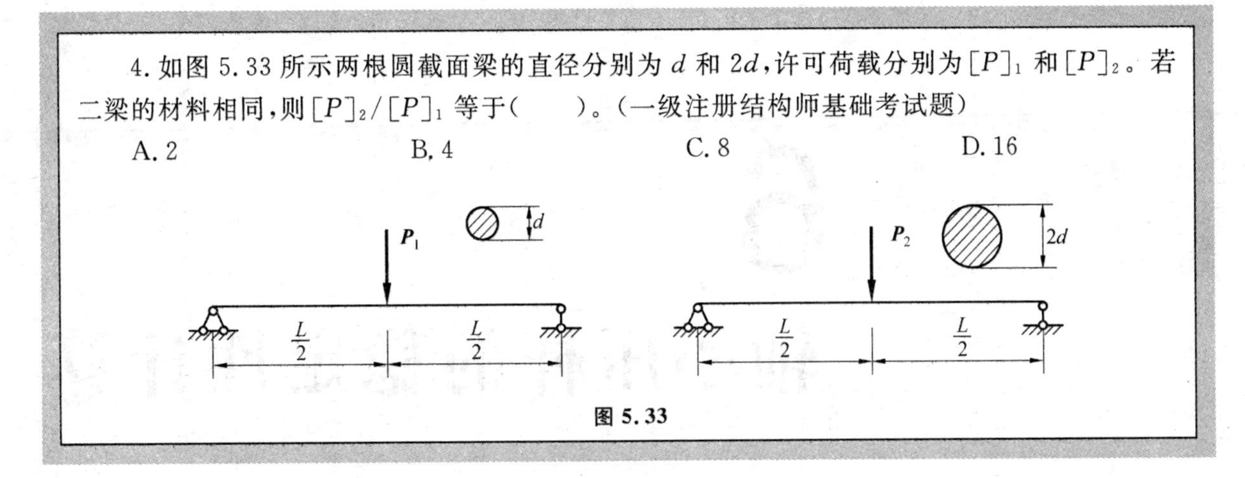

图 5.33

模块 6 轴心压杆的稳定性计算

【模块概述】

当受拉杆件的应力达到屈服极限或强度极限时，将引起塑性变形或断裂。长度较小的受压短柱也有类似的现象，例如低碳钢短柱被压扁，铸铁短柱被压碎。这些都是由于强度不足引起的失效。

而细长的受压杆，当压力达到一定值时，受压杆可能突然弯曲而破坏，即产生失稳现象。由于受压杆失稳后将丧失继续承受原设计荷载的能力，而失稳现象又常是突然发生的，所以，结构中受压杆件的失稳常造成严重的后果，甚至导致整个结构物的倒塌。

本模块主要介绍轴心压杆稳定性的概念、临界应力和临界应力总图和压杆的稳定性校核。

【学习目标】

知识目标	能力目标
1. 掌握轴心压杆稳定性的概念； 2. 会对实际的轴心压杆进行分析； 3. 熟悉柔度及压杆的类型； 4. 会进行各种压杆的临界应力计算； 5. 掌握临界应力总图的使用； 6. 学会进行压杆的稳定性计算。	1. 培养学生勤于思考、善于钻研工程失稳问题的能力； 2. 培养学生熟练运用压杆稳定知识的本领； 3. 培养学生分析和解决实际压杆稳定问题的能力。

【学习重点】

轴心压杆稳定性的概念、临界应力和临界应力总图、压杆的稳定性校核。

【课时建议】

4～6 课时

6.1 轴心压杆稳定性的概念

本书绪论中曾指出，要保证杆件能正常地工作，在设计时，必须注意使其能满足强度、刚度和稳定3方面的要求。在后面各模块中，我们已经研究了有关强度和刚度方面的问题。对于受拉的杆件或部件，应该满足强度和刚度要求，即能正常工作了。但对于受压的杆件或部件，除了要满足强度和刚度要求之外，更重要的是要满足稳定要求，特别是杆长较大的受压杆更应重视稳定问题。下面做两个简单的试验来说明压杆的强度和稳定性。

取一根长为300 mm的钢锯条，其横截面尺寸为10 mm×0.6 mm的矩形，若材料的许用应力$[\sigma]=170$ MPa，则按强度条件求出钢锯条所能承受的轴心压力为$P=[\sigma]A=(170\times10^6\times10\times0.6\times10^{-6})N=1\ 120$ N$=1.12$ kN。但将此钢锯条竖立在桌上，用手压其上端，则当压力不到5 N时，钢锯条就被明显压弯而折断。显然与强度的许可压力1.12 kN相差两个数量级。由此可见，钢锯条的承载能力取决于受压时的抗压强度，与钢锯条受压时变弯有关。即与压杆的抗弯刚度及杆长等有关，在杆长不变时，则与刚度有关。

因此，要提高压杆的承载能力，就应提高压杆的抗弯刚度。我们要用一张纸来做一个简单的试验，把一张纸沿长度方向竖直地放在桌上，其自重就可以使它变弯。但若把纸折成类似角钢截面的形状，就能承担压力了。若将纸卷成圆筒形，则可承受更大一些的压力也不会变弯。为什么会出现上述试验现象呢？这就涉及压杆的稳定性问题。

所谓压杆的稳定性是指压杆保持原有直线平衡形式的能力，以图6.1所示的轴向受压细长杆为例，设压杆顶端作用有一轴心压力P。P使压杆处于直线平衡状态，如图6.1(a)所示。

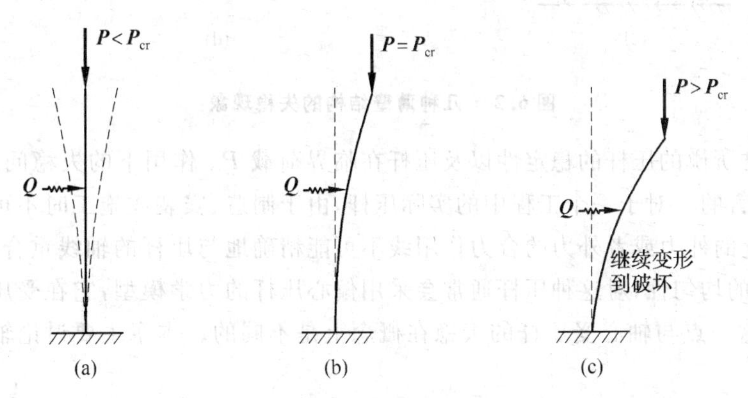

图6.1 压杆的平衡形式

然后，假想地在杆上施加一微小横向水平力Q(干扰力)，在P和Q共同作用下，压杆将会发生弯曲变形。由试验可以证明，如果将横向水平力Q去掉，压杆可能出现以下3种情况：其一，当P小于某个值时，去掉Q，压杆将恢复到原有的直线平衡形式，这时，我们称原来压杆的直线平衡是稳定平衡(图6.1(a))；其二，当外力P大于某个值时，一旦施加微小横向水平力Q后，压杆立即会由于压弯变形而折断，根本无法回到原有的直线平衡状态，这时，我们称原压杆的直线平衡是不稳定平衡(图6.1(c))；其三，当外力P等于某个值时，施加微小横向水平力Q后，压杆处于微弯状态下，若去掉Q，压杆不能恢复到原来的直线平衡状态，而在新的微弯状态下保持平衡。这时，我们称原压杆的直线平衡处于临界状态，即压杆处于由稳定平衡向不稳定平衡转化的临界状态(图6.1(b))。可以定义使压杆处于临界状态下的最小轴向压力为压杆的临界荷载，或简称临界力，并用P_{cr}表示。轴心受压细长直杆在临界荷载P_{cr}作用下，其直线状态的平衡将会由于轻微横向干扰力作用而开始丧失稳定性，从而形成微弯状态，这种现象一般称为压杆的失稳。受压杆件由于稳定性不够而失去承载能力的现象称为压杆的屈曲破坏。

显然，我们设计一个压杆应希望它是处于稳定平衡状态，而不希望在偶然的、不可预见的微小的荷载影响下压杆丧失稳定而破坏或失效。工程实践和工程历史事故均表明，某个受压构件的失稳会导致整个结构的破坏，而且一旦事故发生，其后果往往是灾难性的。例如，在 1907 年，加拿大长达 548 m 的魁北克大桥在施工时突然倒塌，就是由于两根受压杆失稳所引起的。因此，研究压杆的稳定问题具有很重要的意义。另外，除了上述细长压杆外，其他薄壁结构也会出现不同的失稳现象（图 6.2）。但对这些构件的稳定性研究，要比等直压杆的问题复杂很多，一般应参阅专门的教程。

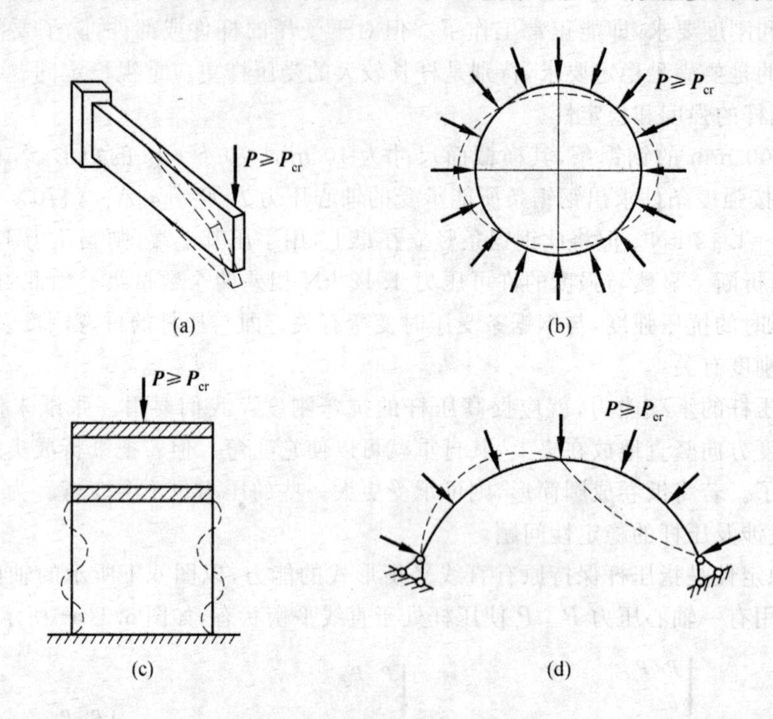

图 6.2　几种薄壁结构的失稳现象

应当指出，通常所说的压杆的稳定性以及压杆在临界荷载 P_{cr} 作用下的失稳问题，是针对轴心受压这一力学模型而言的。对于一个工程中的实际压杆，由于制造、安装或施工时不可避免地会存在初曲率，作用在压杆上的外力或者外力的合力作用线不可能精确地与压杆的轴线重合，压杆的材料本身也达不到理想状态的均匀性，对这种压杆通常会采用偏心压杆的力学模型，它在受压力作用开始时即伴随着弯曲变形，这一点与轴心受压杆的失稳在概念上是不同的。本章主要讨论轴心受压杆的稳定问题。

压杆在各种建筑机械中非常常见，如塔式起重机，其最可怕的事故是出现倒塌。一旦发生这种事故，往往是机毁人亡，损失惨重。面对这种情况，如果不具备一定的塔式起重机专业知识，要想对事故进行分析，是件很困难的事。但是，也有些地方在出了事故以后，只要看到发生了断裂，就认为是质量问题。而且特别容易做出材料不合格或者焊接质量有问题的结论，这样的分析和判断往往没有考虑受压杆件的稳定性问题，分析的结论是欠妥当的。

在众多塔式起重机安全事故中，由于材料不合格和焊接不到位而引起倒塌的，只占其中的一部分，是安全隐患之一，但要做出结论仍然要有充分的事实依据。特别是对那些使用多年的塔式起重机，或是对那些多年来一直稳定批量供货的材料，要做出这样的结论更应该慎重。因为塔式起重机发生破坏的因素很多，要对各种可能因素进行对比。断裂只是一种现象，不一定是发生事故的本质原因。断裂有可能是内在质量缺陷引起的，也有可能是连锁反应引起的。实际上，在塔式起重机结构中，压杆失稳引发的事故并不少见，比原发性受拉断裂发生的比例高得多，所以我们必须深入了解压杆失稳对塔式起重机的安全威慑。

压杆还经常被应用于各种机械构件中，例如内燃机的连杆（图 6.3）和液压装置的活塞杆（图6.4），当处于如图 6.3、6.4 所示的位置时，均承受压力，此时必须考虑其稳定性，以免引起活塞杆失稳破坏。

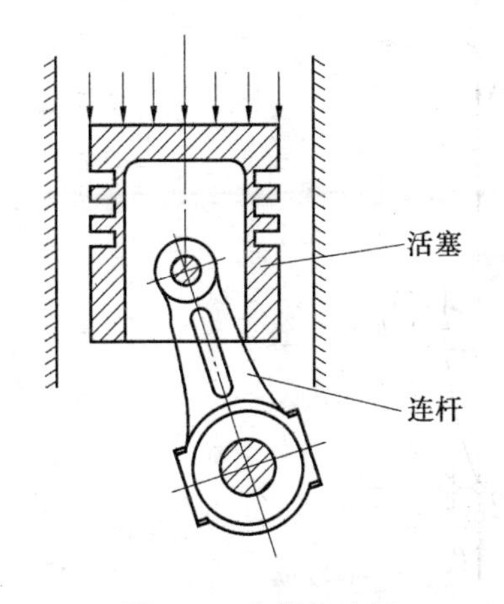

图 6.3 内燃机连杆

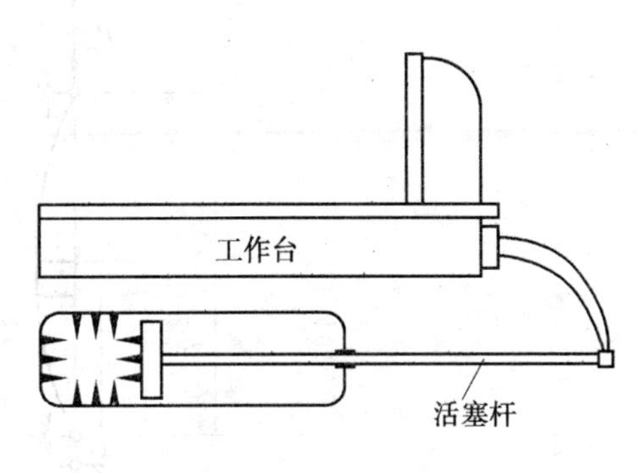

图 6.4 液压活塞杆

6.2 临界力和临界应力

6.2.1 细长压杆临界力计算公式 —— 欧拉公式

细长轴心受压直杆在临界荷载作用下，处于不稳定的直线平衡状态，其材料仍处于理想的线弹性范围内。从力学概念上讲，这类稳定问题一般称为线弹性稳定问题，它是压杆稳定问题中最简单，也是最基本的情况。

为了求出压杆的临界荷载，应该考虑压杆处于临界状态下，即临界荷载是维持压杆微弯平衡的最小轴心压力。首先，以两端为球形铰支座的等直细长压杆为例，推导其临界荷载 P_{cr} 的计算公式。

设两端为球形铰支座的细长杆上作用有轴心压力 P，当压力 P 的大小达到 P_{cr} 时，压杆会保持微弯状态(图 6.5(a))。由于杆的弯曲变形很小，利用梁的挠曲线近似微分方程式可得

$$\frac{d^2 y}{dx^2}=-\frac{M(x)}{EI} \text{ 或 } y''=-\frac{M(x)}{EI}$$

在任意 x 截面上，弯矩方程式为

$$M(x)=Py$$

再令

$$k^2=\frac{P}{EI} \tag{6.1}$$

则压杆的微弯挠曲线微分方程可以化为

$$y''+k^2 y=0 \tag{6.2}$$

式(6.2) 是一个二阶常系数线性齐次微分方程，它的通解为

$$y=A\sin kx+B\cos kx \tag{6.3}$$

式中 A,B—— 积分常数，可以由压杆杆端的位移边界条件求出，即

当 $x=0$ 时，$y=0$；

当 $x=l$ 时，$y=0$。

将上述两个边界条件分别代入式(6.3)，可得

$$\begin{cases} B=0 \\ A\sin kl+B\cos kl=0 \end{cases} \tag{6.4}$$

显然，$A=B=0$ 时，$y=0$，不是我们所要求的解，因为 $y=0$ 这个解答，说明压杆不可能处于微弯状态。若要求式(6.4) 有非零解，这就要求由待定积分常数 A 和 B 的系数所组成的行列式等于零，即

$$\begin{vmatrix} 0 & 1 \\ \sin kl & \cos kl \end{vmatrix}=0 \tag{6.5}$$

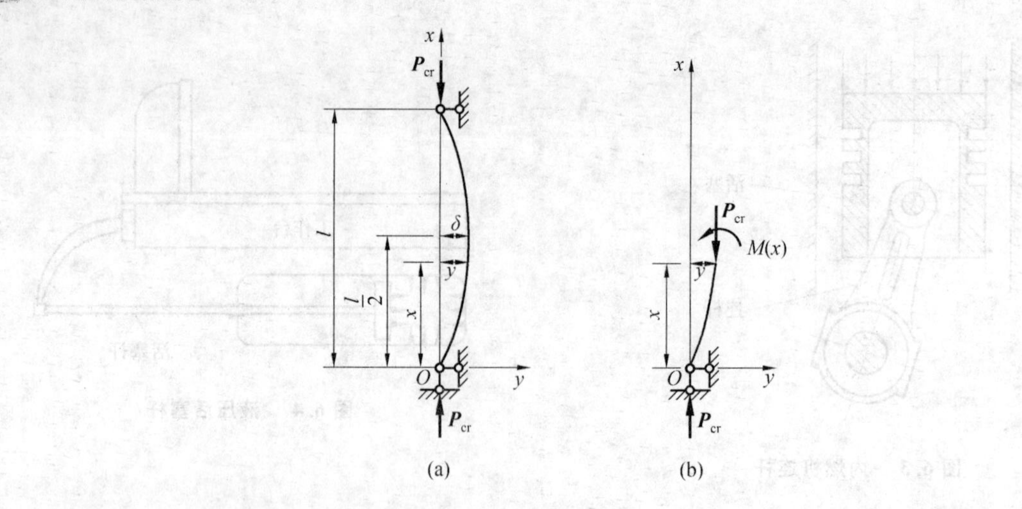

图 6.5　两端铰支的压杆

通常把式(6.5)表示的方程称为稳定问题的特征方程，由此式可以求得临界荷载，例如将式(6.5)展开可得

$$\sin kl = 0$$

要满足这一条件，必须有

$$kl = n\pi \text{ 或 } k = \frac{n\pi}{l} \quad (n = 1, 2, \cdots)$$

将其代入式(6.1)即可得到

$$P = n^2 \frac{\pi^2 EI}{l^2} \tag{6.6}$$

由临界荷载的定义可知，应在式(6.6)中取 $n=1$，使 P 最小，这样得到两端铰支压杆的临界荷载为

$$P_{cr} = \frac{\pi^2 EI}{l^2} \tag{6.7}$$

式(6.7)是欧拉(L. Euler)在1744年首先得到的结果，故通常称为欧拉公式。需要注意的是，杆的弯曲将在其最小刚度平面内发生，故式(6.7)中的 I 是杆截面的最小形心主惯性矩。

将 $k = \frac{\pi}{l}$ 代入式(6.3)中，可以得到在临界荷载 P_{cr} 作用下杆的挠曲线，即杆的失稳波形曲线(半个波长的正弦曲线)。

$$y = A\sin\frac{\pi x}{l} \tag{6.8}$$

在压杆的中间截面处，有 $x = \frac{l}{2}$，则得

$$y_{max} = A$$

积分常数 A 即表示杆的跨中截面处所发生的最大挠度，若以 δ 代表它，则得到杆的挠曲线方程为

$$y = \delta\sin\frac{\pi x}{l} \tag{6.9}$$

在此处 δ 可为任意的微小位移值，即当 $P < P_{cr}$ 时，杆保持直线形状；而当 $P = P_{cr}$ 时，杆只要受到任意的扰动，即会立即发生弯曲，且此时挠度具有任意的微小数值。若我们以 δ 为横坐标，P 为纵坐标，画出 $P-\delta$ 曲线图，则压杆 $P-\delta$ 曲线出现折线 OAB 的变化规律(图6.6)。

δ 的不确定性之所以存在，是由于在推导欧拉公式的过程中，以近似的曲率 $\frac{d^2y}{dx^2}$ 代替了精确的曲线 $\frac{\frac{d^2y}{dx^2}}{\left[1+\left(\frac{dy}{dx}\right)^2\right]^{3/2}}$，而近似公式只有在曲率很小时才适用。若用精确的曲率来求解其挠曲线，则得出

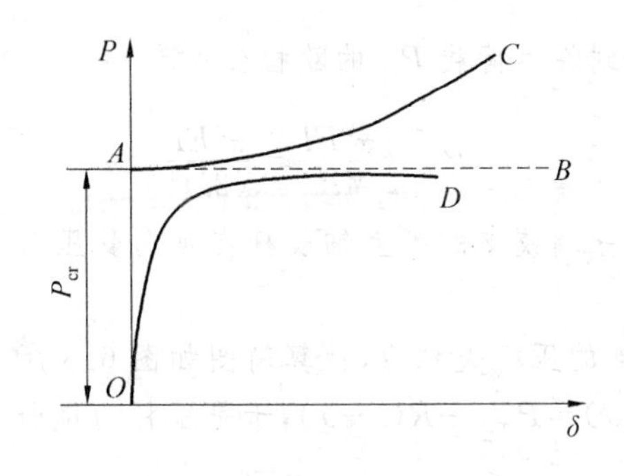

图 6.6　压杆的 $P-\delta$ 曲线图

的 $P-\delta$ 曲线应为图 6.6 的 OAC。从这条曲线可以看出，当 $P>P_{cr}$ 时，杆的最大挠度 δ 随 P 的增大而增大，故 P 与 δ 仍然有确定的对应关系，这样 δ 的不确定性只有将 $\left(\frac{\mathrm{d}y}{\mathrm{d}x}\right)^2$ 项视为零时才会出现，因此，实际上 δ 的不确定性并不存在。

当我们利用试验方法来研究压杆的稳定性时，由于受加载的偏心，材料不完全均匀，杆有微小的初始曲率等条件限制，所得到的 $P-\delta$ 曲线如图 6.6 中的 OD 所示。当荷载远小于临界荷载的理论值时，压杆就已有挠度产生，但增加很缓慢，而当压力接近于临界荷载的理论值时，则挠度增加很快。试验的技术越先进，仪器越精密，试验曲线 OD 就越接近理论曲线 OAC。

【例 6.1】　由压杆挠曲线近似微分方程，试导出一端固定、另一端自由细长压杆的欧拉公式。

解　一端固定、另一端自由的压杆失稳后，计算简图如图 6.7 所示。最大挠度 δ 发生在自由端。由临界荷载所引起杆任意 x 横截面的弯矩为

$$M(x)=-P_{cr}(\delta-y) \tag{1}$$

式中　y—— 该横截面处杆的挠度。

将式(1) 中的 $M(x)$ 代入压杆的近似挠曲线微分方程即得

$$EIy''=-M(x)=P_{cr}(\delta-y) \tag{2}$$

令 $k^2=\frac{P_{cr}}{EI}$，将上述微分方程化为标准形式：

$$y''+k^2y=k^2\delta \tag{3}$$

其通解为

$$y=A\sin kx+B\cos kx+\delta \tag{4}$$

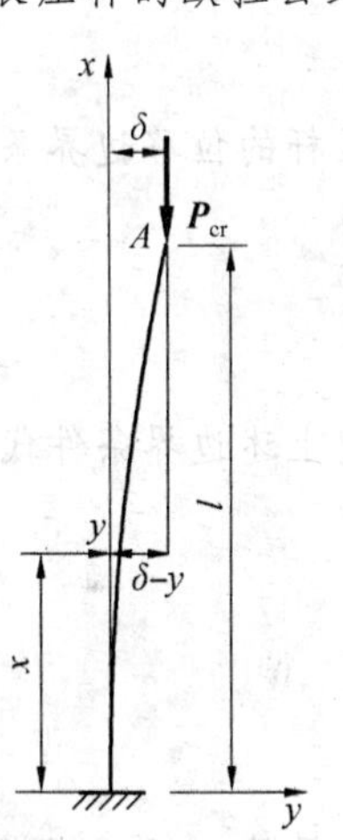

图 6.7　例 6.1 图

其中 A,B,k 可由挠曲线的位移边界条件来确定，即 $x=0,y=0$；$x=0,y'=0$；$x=l,y=\delta$。

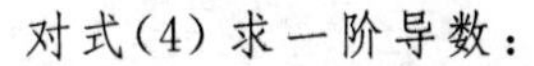

对式(4) 求一阶导数：

$$y'=Ak\cos kx-Bk\sin kx \tag{5}$$

将边界条件 $x=0,y'=0$ 代入式(5)，得 $A=0$。再将边界条件 $x=0,y=0$ 代入式(4)，得 $B=-\delta$。因此，由式(4) 可得挠曲线方程：

$$y=\delta(1-\cos kx) \tag{6}$$

最后将边界条件 $x=l,y=\delta$ 代入式(6) 即得

$$\delta=\delta(1-\cos kl) \tag{7}$$

解出

$$\cos kl=0 \tag{8}$$

从而得到

$$kl=n\frac{\pi}{2}$$

$n=1$ 时，$kl=\dfrac{\pi}{2}$，使压杆达到临界荷载 P_{cr} 的欧拉公式为

$$P_{cr}=\frac{\pi^2 EI}{4l^2}=\frac{\pi^2 EI}{(2l)^2} \tag{9}$$

【例 6.2】 求一端固定、另一端铰支的等直细长杆在轴向受压时的欧拉公式。

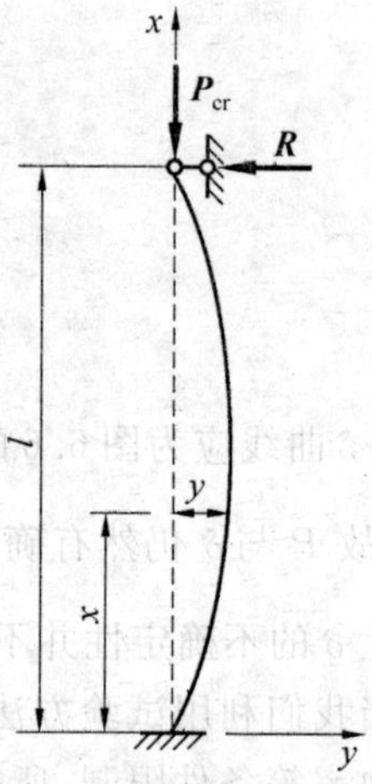

解 一端固定、另一端铰支的压杆失稳后，计算简图如图 6.8 所示。任意横截面上的弯矩为 $M(x)=P_{cr}y+R(l-x)$，于是压杆的挠曲线近似微分方程应为

$$EI\frac{d^2 y}{dx^2}=-M(x)=-P_{cr}y-R(l-x) \tag{1}$$

令 $k^2=\dfrac{P_{cr}}{EI}$，上式可以改写为

$$y''+k^2 y=-\frac{R}{EI}(l-x) \tag{2}$$

图 6.8 例 6.2 图

上述微分方程的通解为

$$y=A\sin kx+B\cos kx-\frac{R}{P_{cr}}(l-x) \tag{3}$$

挠曲线的一阶导数为

$$y'=Ak\cos kx-Bk\sin kx+\frac{R}{P_{cr}} \tag{4}$$

压杆的位移边界条件为

$$x=0,y=0$$
$$x=0,y'=0$$
$$x=l,y=0$$

把上述边界条件代入式(3) 和式(4)，可以得到

$$\left.\begin{aligned}&B-\frac{R}{P_{cr}}=0\\&Ak+\frac{R}{P_{cr}}=0\\&A\sin kl+B\cos kl=0\end{aligned}\right\} \tag{5}$$

这是关于 A,B 和 R/P_{cr} 的齐次方程组，它有非零解的条件为系数行列式应等于零。

$$\begin{vmatrix}0 & 1 & -1\\ k & 0 & 1\\ \sin kl & \cos kl & 0\end{vmatrix}=0 \tag{6}$$

式(6) 为稳定的特征方程，展开后得到

$$\sin kl-kl\cos kl=0$$

$$\tan kl=kl \tag{7}$$

式(7) 是超越方程，用试算法或图解法可解得无限多个解，但实际需要的最小非零解为

$$kl=4.49 \tag{8}$$

由此得到的临界荷载为

$$P_{cr}=k^2 EI=\frac{20.16EI}{l^2}=\frac{\pi^2 EI}{(0.7l)^2} \tag{9}$$

【例 6.3】 求两端固定的细长压杆在轴向受压时的欧拉公式。

解 两端固定压杆失稳后，计算简图如图 6.9 所示。压杆的挠曲线应在跨中截面对称，两固定端处的反作用力偶矩均为 m，水平反力均等于 0。对于 x 截面，其弯矩方程为

$$M(x)=P_{cr}y-m \tag{1}$$

挠曲线近似微分方程为

$$EIy''=-P_{cr}y+m \tag{2}$$

若令 $k^2=\dfrac{P_{cr}}{EI}$,式(2) 可以改写为

$$y''+k^2y=\frac{m}{EI} \tag{3}$$

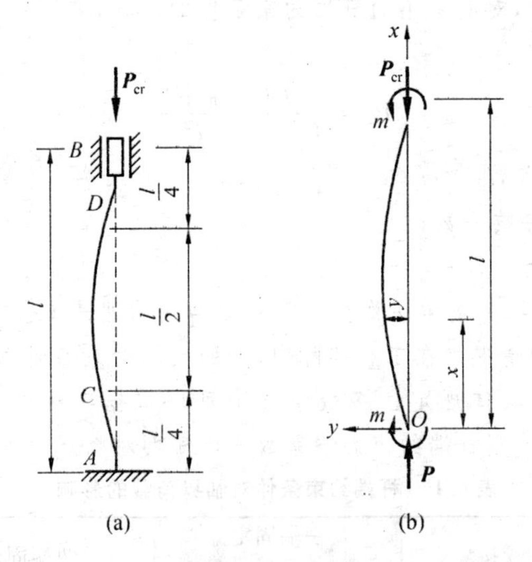

图 6.9　例 6.3 图

该方程式的通解为

$$y=A\sin kx+B\cos kx+\frac{m}{P_{cr}} \tag{4}$$

对 y 求一阶导数:

$$y'=Ak\cos kx-Bk\sin kx \tag{5}$$

两端固定杆的位移边界条件是

$$x=0,y=0;x=0,y'=0$$
$$x=l,y=0;x=l,y'=0$$

将上述边界条件代入式(4) 和式(5),得到

$$\left.\begin{aligned}&B+\frac{m}{P_{cr}}=0\\&Ak=0\\&A\sin kl+B\cos kl+\frac{m}{P_{cr}}=0\\&A\cos kl-B\sin kl=0\end{aligned}\right\} \tag{6}$$

由式(6) 得出

$$\cos kl-1=0,\quad \sin kl=0$$

满足以上两式的根,除 $kl=0$ 外,最小非零根是

$$kl=2\pi$$

所求临界荷载为

$$P_{cr}=k^2EI=\frac{4\pi^2EI}{l^2}=\frac{\pi^2EI}{\left(\dfrac{1}{2}l\right)^2} \tag{7}$$

也可通过将两种压杆的挠曲轴线形状进行对比的方法,由两端铰接压杆的临界力公式直接推出杆端在其他支承情况下的压杆的临界荷载公式。

如图 6.7 所示的一端固定、一端自由的压杆，在临界荷载 P_{cr} 的作用下，其挠曲轴线的形状与长度为 $2l$ 的两端铰接压杆挠曲轴线(图 6.8) 的上半段完全一样，因此，有这种支承的压杆的临界荷载与长度为 $2l$、截面惯性矩和它相同的两端铰接压杆的临界荷载相等，即

$$P_{cr}=\frac{\pi^2 EI}{(2l)^2}$$

对其他两种理想约束的压杆，也可仿照上述方法得到临界荷载的计算公式。

从以上各例题中可以看出，对具有不同杆端约束条件的压杆，其临界荷载(即欧拉公式) 可以归纳为如下的统一形式：

$$P_{cr}=\frac{\pi^2 EI}{(\mu l)^2}=\frac{\pi^2 EI}{l_0^2} \tag{6.10}$$

式中 l_0—— 压杆的计算杆长，$l_0=\mu l$；

μ—— 压杆杆端约束影响系数；

l—— 压杆的实际杆长。

4 种典型约束的压杆的临界荷载和计算长度 l_0 的计算可参见表 6.1。需要指出的是，本节介绍的约束方式都是理想的和典型的情况。在工程实际中，杆的实际约束条件通常较为复杂，如何确定计算长度，可以参见设计规范中的具体规定。多数情况下可以根据实际约束情况，将其恰当地简化为表 6.1 所述的各种情况，或者判别杆端约束影响系数处于哪两种情况之间。

表 6.1 杆端约束条件对临界荷载的影响

杆端支承情况	两端铰接	一端固定 一端自由	两端固定	一端固定 一端铰接
压杆图形	P_{cr}, l	P_{cr}, l	P_{cr}, l, $0.5l$	P_{cr}, l, $0.7l$
临界力	$P_{cr}=\frac{\pi^2 EI}{l^2}$	$P_{cr}=\frac{\pi^2 EI}{(2l)^2}$	$P_{cr}=\frac{\pi^2 EI}{(0.5l)^2}$	$P_{cr}=\frac{\pi^2 EI}{(0.7l)^2}$
计算长度	$l_0=l$	$l_0=2l$	$l_0=0.5l$	$l_0=0.7l$
约束影响系数	$\mu=1$	$\mu=2$	$\mu=0.5$	$\mu=0.7$

【例题点评】 上述3道例题是针对不同约束情况的细长压杆的临界力计算公式 —— 欧拉公式的推导，通过推导过程，不难发现，细长压杆的约束不同，欧拉公式的形式亦不同。在今后的学习和实际工作中一定要明确区分细长压杆的约束情况，对于实际工程中约束条件比较复杂的细长压杆更是如此。

【例 6.4】 有一支承混凝土楼板的圆截面木支柱。已知柱长 $l=4$ m，其横截面的平均直径 $d=120$ mm，木材的 $E=10$ GPa，若材料处于线弹性阶段，试求此受压木柱的临界力。

解 (1) 计算柱截面的惯性矩

$$I=\frac{\pi d^4}{64}=\frac{\pi\times 120^4}{64}\ \text{mm}^4=10.2\times 10^6\ \text{mm}^4=10.2\times 10^{-6}\ \text{m}^4$$

(2) 柱两端的约束条件，可看做是铰接，$\mu=1$。

(3) 计算柱的临界力

$$P_{cr}=\frac{\pi^2 EI}{(\mu l)^2}=\frac{\pi^2\times 10\times 10^9\times 10.2\times 10^{-6}}{(1\times 4)^2}\ \text{N}=63\times 10^3\ \text{N}=63\ \text{kN}$$

【例题点评】 压杆的约束条件一定要根据实际工程中的支撑情况进行简化，选取正确的杆端约束影响系数 μ 是计算和设计的前提条件。

6.2.2 细长压杆临界应力计算公式

下面我们研究压杆的临界应力计算及压杆的分类，并讨论欧拉公式的适用条件。

将临界荷载 P_{cr} 除以压杆的横截面面积 A，即可求得压杆的临界应力：

$$\sigma_{cr}=\frac{P_{cr}}{A}$$

将公式(6.10)代入，则相应的临界应力为

$$\sigma_{cr}=\frac{\pi^2 E}{\lambda^2} \tag{6.11}$$

上式中

$$\lambda=\frac{\mu l}{i} \tag{6.12}$$

λ 是一个无量纲的量，$i=\sqrt{\frac{I}{A}}$ 为压杆截面的惯性半径，由于 λ 能综合反映压杆杆端约束条件、杆横截面尺寸及形状、压杆长度对临界应力的影响，一般将 λ 称为压杆的长细比或压杆的柔度。

从式(6.11)可知，欧拉临界应力将随着 λ 值的增大而迅速地减小，当 λ 值较小时，临界应力 σ_{cr} 的数值可能远远地超过了材料的比例极限 σ_p。应当注意，在推导欧拉公式(6.10)时，曾利用了梁挠曲线的近似微分方程，而近似微分方程是从胡克定律出发而推导出来的，因此只有当胡克定律适用时欧拉公式才适用。这说明，当临界应力 σ_{cr} 不超过杆材料的比例极限 σ_p 时，欧拉公式才适用，因此能用欧拉公式的条件为

$$\sigma_{cr}=\frac{\pi^2 E}{\lambda^2}\leqslant\sigma_p$$

若用压杆的长细比来判别，则由上式应有

$$\lambda^2\geqslant\frac{\pi^2 E}{\sigma_p}$$

由此可以知道，欧拉公式的适用范围可用压杆的下列最小细比(或柔度)来表示：

$$\lambda_p\geqslant\pi\sqrt{\frac{E}{\sigma_p}} \tag{6.13}$$

由此可知，前面所称的细长压杆(欧拉压杆)是指其柔度不小于 λ_p，即 $\lambda\geqslant\lambda_p$ 的压杆。

对于不同的材料，其 λ_p 值不同。例如对 Q235 钢材，若取材料的弹性模量 $E=210$ GPa，比例极限 $\sigma_p=200$ MPa，则该材料的最小柔度为

$$\lambda_p=\pi\sqrt{\frac{210\times 10^9}{200\times 10^6}}\approx 100$$

这说明，对 Q225 钢制成的压杆，只有当压杆的柔度 $\lambda\geqslant 100$ 时，我们才可以用欧拉公式计算其临界荷载及其相应的临界应力。表 6.2 给出了其他一些工程常用材料的 λ_p 值，可供参考。

表 6.2 一些常用材料的 $\lambda_p, \lambda_s, a, b$ 值

材料	σ_p/MPa	σ_b/MPa	a/MPa	b/MPa	λ_p	λ_s
Q235	240	372 ~ 380	304 ~ 310	1.12 ~ 1.14	100	62
35 号钢	306	470	460	2.57	100	60
45 号钢	312	480	469	2.62	100	60
硅钢	360	520	577	3.74	100	60
铬钼钢	380	560	980	5.29	55	0
硬铝			372	2.14	50	
铸铁			331.9	1.453	80	
松木			39.2	0.199	50	

【例 6.5】 有一两端铰支的钢压杆,已知其矩形横截面的尺寸为 60 mm×100 mm,材料的弹性模量 $E=200$ GPa,比例极限 $\sigma_p=250$ MPa。试求:用欧拉公式计算杆的最小长度。

解 两端空间铰支压杆 $u=1$,失稳时,应考虑截面的最小形心主惯性矩:

$$I_{\min}=(\frac{1}{12}\times 0.1\times 0.06^3)\mathrm{m}^4=1.8\times 10^{-6}\mathrm{m}^4$$

最小的惯性半径为

$$i=i_{\min}=\sqrt{\frac{1.8\times 10^{-6}}{0.1\times 0.06}}\mathrm{m}=\sqrt{3}\times 10^{-2}\mathrm{m}$$

满足欧拉公式的条件是

$$\sigma_{cr}=\frac{\pi^2 E}{\lambda_2}=\frac{\pi^2 E}{\left(\frac{\mu l}{i}\right)^2}\leqslant \sigma_p$$

故最小杆长为

$$l\geqslant\sqrt{\frac{\pi^2 E i^2}{\mu^2\sigma_p}}=\sqrt{\frac{\pi^2\times 200\times 10^9\times 3\times 10^{-4}}{1^2\times 250\times 10^6}}\mathrm{m}=1.54\mathrm{m}$$

即当压杆的长度 $l>1.54$ m 时,其临界应力不超过材料的比例极限,可以用欧拉公式计算临界荷载和临界应力。

【例题点评】 对于不横截面对称的细长压杆来说,截面形心主惯性矩的大小决定着细长压杆的临界荷载。即在欧拉公式中应以最小截面形心主惯性矩 $I_{\min}$ 来决定其临界荷载。

6.2.3 中长杆的临界力计算 —— 经验公式、临界应力总图

1. 临界应力计算

工程中的压杆,除了细长杆(大柔度杆)以外,还有临界应力超过比例极限(即 $\lambda<\lambda_p$)的情况。这种压杆包括中长杆和短杆两大类。

在实际工程中,中长杆或中柔度杆应用最多,因而值得特别注意。从杆件破坏情况看,这类压杆与细长杆(大柔度杆)类似,主要是因失稳而破坏,不同之处是中长杆的临界应力已超出比例极限,欧拉公式已不适用。但考虑到其临界应力应该不超出材料的屈服极限或强度极限(极限应力),通常是采用根据大量试验结果而建立的经验公式来计算其临界应力。

(1) 直线型公式

直线型公式由试验整理得到

$$\sigma_{cr}=a-b\lambda \quad (\lambda_s<\lambda<\lambda_p) \tag{6.14}$$

式中 a、b—— 与材料有关的常数,由试验测出。

在式(6.11)中，令 $\sigma_{cr}=\sigma_u$(极限应力)，则相应的 λ 值为 λ_s，即

$$\lambda_s=\frac{a-\sigma_u}{b} \tag{6.15}$$

(2) 抛物线型公式

抛物线型临界应力公式的一般形式为

$$\sigma_{cr}=a_1-b_1\lambda^2 \quad (\lambda_s<\lambda<\lambda_p) \tag{6.16}$$

式中　a_1，b_1—— 与材料有关的常数。

应该指出，上述经验公式也应该用压杆的柔度限制其适用范围。最小柔度 λ_s 应用相应的极限应力 σ_u 来确定。例如对用塑性材料制成的压杆，λ_s 值应用材料的屈服极限 σ_s 确定。若压杆中的临界应力超过了材料的极限应力，则压杆在达到临界应力之前就会因强度不足而破坏。这类压杆一般称为小柔度杆(或短杆)。这种情况下的压杆不会因失稳而破坏，应属强度问题。

2. 临界应力总图

轴心受压直杆的临界应力 σ_{cr} 计算与压杆的柔度 $\lambda=\frac{\mu l}{i}$ 有关，压杆的类型也可以根据其柔度分为 3 大类，即：

(1) 当 $\lambda\geqslant\lambda_p$ 时，为细长杆或大柔度杆，其临界应力 $\sigma_{cr}\leqslant\sigma_p$，可用欧拉公式计算；

(2) 当 $\lambda_s<\lambda<\lambda_p$ 时，为中长杆或中柔度杆，其临界应力 $\sigma_p<\sigma_{cr}<\sigma_u$，$\sigma_{cr}$ 应用经验公式计算；

(3) 当 $\lambda\leqslant\lambda_s$ 时，为短粗杆或小柔度杆，其临界应力 $\sigma_{cr}=\sigma_u$，应按强度问题处理。

上述分析表明，临界应力 σ_{cr} 是关于压杆柔度 λ 的一个分段函数，在不同 λ 范围内，压杆的临界应力与柔度 λ 之间的变化关系曲线如图 6.10 所示，一般称之为压杆的临界应力总图。几种常见材料的 λ_p、λ_s 值见表 6.2。

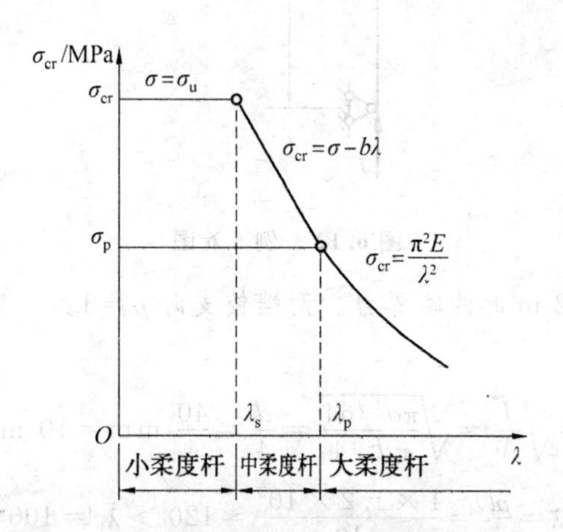

图 6.10　压杆临界应力总图(直线经验公式)

若采用抛物线型公式求中长杆的临界应力，同样也可以绘出 $\sigma_{cr}-\lambda$ 关系的临界应力总图。例如，由钢材制成的压杆，其抛物线型经验公式为

$$\sigma_{cr}=240-0.006\ 82\lambda^2$$

相应的临界应力总图如图 6.11 所示。图中 $ABCD$ 和 EC 分别代表欧拉公式和抛物线型经验公式的曲线，两段曲线平顺地相接于 C 点。点 C 的 $\lambda=\lambda_c=123$，相应的 $\sigma_{cr}=\sigma_C=136.8$ MPa。曲线 EC 在点 E 处的切线为一水平线，点 E 的坐标为 $\lambda=0$，$\sigma_{cr}=\sigma_s=240$ MPa。

由于在工程实际中压杆不可能处于理想的轴心受压情况，而由试验求得的曲线 EC 可以较好地反映压杆的实际工作情况，故在实用上并不一定要求用 σ_p 来作为区分细长杆与中长杆的交界点，而是用交点 C 相应的 σ_C 来分界。

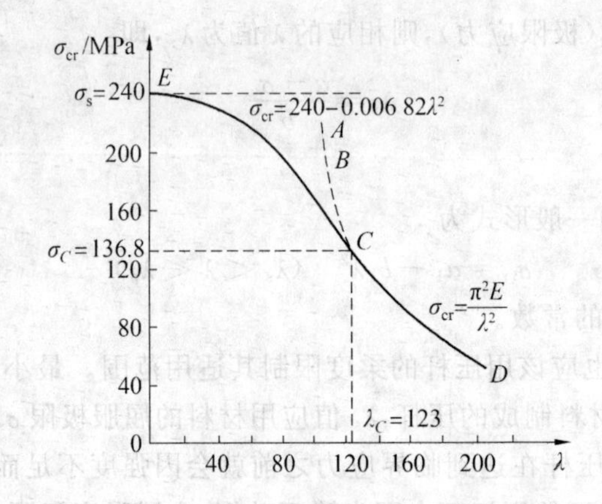

图 6.11　压杆临界应力总图(抛物线型经验公式)

【例 6.6】　图 6.12 所示为两端铰支的圆形截面受压杆,用 Q235 钢制成,材料的弹性模量 $E=200$ GPa,屈服点应力 $\sigma_s=235$ MPa,直径 $d=40$ mm,试分别计算下面 3 种情况下压杆的临界应力:(1) 杆长 $l=1.2$ m;(2) 杆长 $l=0.8$ m;(3) 杆长 $l=0.5$ m。

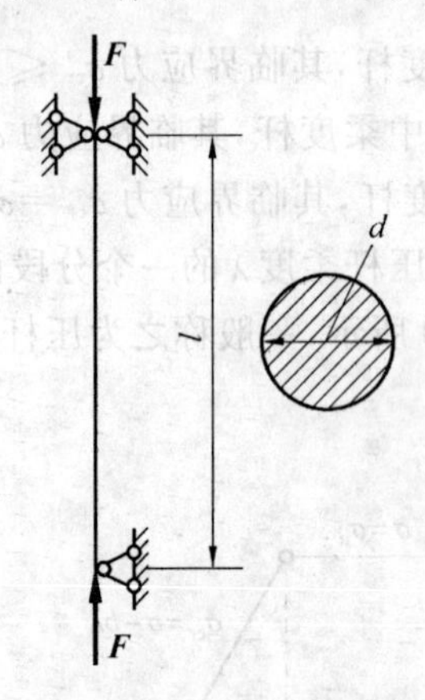

图 6.12　例 6.6 图

解　(1) 计算杆长 $l=1.2$ m 时的临界力。两端铰支时 $\mu=1$。

惯性半径为

$$i=\sqrt{\frac{I}{A}}=\sqrt{\frac{\pi d^4/64}{\pi d^2/4}}=\frac{d}{4}=\frac{40}{4}\text{ mm}=10\text{ mm}$$

柔度为

$$\lambda=\frac{\mu l}{i}=\frac{1\times 1.2\times 10^3}{10}=120>\lambda_p=100$$

所以是大柔度杆,应用欧拉公式计算临界力,即

$$F_{cr}=\sigma_{cr}A=\frac{\pi^2 E}{\lambda^2}\times\frac{\pi d^2}{4}=\frac{\pi^2\times 200\times 10^3\times 40^2}{4\times 120^2}\text{N}=$$

$$54.83\times 10^3\text{ N}=54.83\text{ kN}$$

(2) 计算杆长 $l=0.8$ m 时的临界力

$$\mu=1,\quad i=10\text{ mm}$$

$$\lambda=\frac{\mu l}{i}=\frac{1\times 0.8\times 10^3}{10}=80$$

查表 6.2 可得 $\lambda_s=62$,因为 $\lambda_s<\lambda<\lambda_p$,所以该杆为中长杆,应用直线经验公式来计算临界力。

查表 6.2,Q235 钢 $a=304$ MPa,$b=1.12$ MPa,则

$$F_{cr}=\sigma_{cr}A=(a-b\lambda)\frac{\pi d^2}{4}=\left[(304-1.12\times 80)\times\frac{\pi\times 40^2}{4}\right]\text{N}=269.4\times 10^3\text{ N}=269.4\text{ kN}$$

(3) 计算杆长 $l=0.5$ m 时的临界力

$$\mu=1,\quad i=10\ \text{mm}$$

$$\lambda=\frac{\mu l}{i}=\frac{1\times 0.5\times 10^3}{10}=50<\lambda_s=62$$

压杆为短粗杆(小柔度杆),其临界力为

$$F_{cr}=\sigma_s A=235\times\frac{\pi\times 40^2}{4}\text{N}=295.3\times 10^3\ \text{N}=295.3\ \text{kN}$$

【例题点评】 从此例中可以看到,材料、约束、截面相同的压杆,由于长度不同,杆件的失效形式也不一样。长杆的主要失效形式是失稳,因此必须进行稳定性的计算。

6.3 压杆的稳定性校核

6.3.1 压杆稳定许用应力的确定

为了保证受压杆件能安全地工作,不仅应考虑压杆的强度问题,更应该考虑压杆的稳定问题,要求工作应力不超出压杆的稳定许用应力。通常可以用两种方法来确定稳定许用应力的数值。

方法一:确定一个稳定安全系数 $n_w>1.0$,规定稳定许用应力为

$$[\sigma_{cr}]=\frac{\sigma_{cr}}{n_w} \tag{6.17}$$

通常稳定安全系数 n_w 与强度安全系数 n 是不同的,n_w 除应包含 n 所考虑的那些不利因素外,还应考虑荷载的偶然偏心等因素,故 n_w 比 n 要大些。例如,对一般钢构件,其强度安全系数 n 规定为 1.4～1.7,而稳定安全系数 n_w 规定为 1.5～2.2,甚至更大。一般说来,n_w 是随着压杆长细比 λ 的增大而增大的。

方法二:压杆的稳定许用应力 $[\sigma_{cr}]$ 等于材料的强度许用应力 $[\sigma]$ 乘以一个与压杆柔度 λ 有关的稳定系数 $\varphi=\varphi(\lambda)$,即

$$[\sigma_{cr}]=\varphi(\lambda)[\sigma] \tag{6.18}$$

这时 $\varphi(\lambda)$ 可以理解为 $[\sigma_{cr}]$ 与 $[\sigma]$ 之比:

$$\varphi(\lambda)=\frac{[\sigma_{cr}]}{[\sigma]}=\frac{\sigma_{cr}}{n_w}\cdot\frac{n}{\sigma_u} \tag{6.19}$$

由此可知 $\varphi(\lambda)<1.0$,并考虑了压杆的稳定安全系数 n_w 随压杆柔度而变化的因素,第二种确定 $[\sigma_{cr}]$ 的方法也可以理解为将 $[\sigma]$ 乘以系数 $\varphi(\lambda)<1.0$ 而得到,因此 $\varphi(\lambda)$ 也称为折减系数。

在新版《钢结构设计规范》(GBJ 17－88) 中,根据我国常用构件的截面形式、尺寸和加工条件,规定了相应的残余应力变化规律,并考虑了 $\frac{1}{1\,000}$ 的初始弯曲度,将压杆的承载能力相近的截面归并为表 6.3 所示的 a,b,c 3 类。再根据不同材料或加工方法分别给出 a,b,c 3 类截面在不同柔度 λ 下所对应的 $\varphi(\lambda)$,详见表 6.4～6.6,可供压杆设计时使用。其中 a 类的残余应力影响较小,稳定性较好;c 类的残余应力影响较大,或者压杆截面没有双对称轴,需要考虑扭转失稳的影响,其稳定性较差。除了 a 和 c 类以外的其他各种截面,多数情况可取作 b 类。

表 6.3 轴心受压直杆的截面分析

截面形式和对应轴				类别
	轧制，$b/h \leqslant 0.8$，对 x 轴		轧制，对任意轴	a 类
	轧制，$b/h \leqslant 0.8$，对 y 轴		轧制，$b/h \leqslant 0.8$，对 y、z 轴	b 类
	焊接，翼缘为焰切边，对 y、z 轴		焊接，翼缘为轧制或剪切边，对 z 轴	
	轧制，对 y、z 轴		轧制或焊接，对 z 轴	
	轧制(等边角钢)，对 y、z 轴		焊接，对任意轴	
	轧制或焊接，对 y 轴		轧制，对 y、z 轴	
			焊接，对 y、z 轴	
			格构式，对 y、z 轴	
	焊接，翼缘为轧制或剪切边，对 y 轴		轧制或焊接，对 y 轴	
	轧制或焊接，对 z 轴	无任何对称轴的截面，对任意轴		c 类
		板件厚度大于 40 mm 的焊接实腹截面，对任意轴		

注：当槽形截面用于格构式构件的分肢，计算分肢对垂直于腹板轴的稳定性时，应按 b 类截面考虑。

对于木制压杆的稳定系数 φ 值，我国最新修订的《木结构设计规范》(GBJ 5—88) 按照树种的强度等级(表 6.7) 分别给出了 φ 的两组计算公式，见表 6.8。更详细的树种强度等级及相应力学性能参见新版《木结构设计规范》(GBJ 5—88)。

表 6.4 Q235 钢 a 类轴心受压直杆的稳定系数 φ

λ	0	1.0	2.0	3.0	4.0	5.0	6.0	7.0	8.0	9.0
0	1.000	1.000	1.000	1.000	0.999	0.999	0.998	0.998	0.997	0.996
10	0.995	0.994	0.993	0.992	0.991	0.989	0.988	0.986	0.985	0.983
20	0.981	0.979	0.977	0.976	0.974	0.972	0.970	0.968	0.966	0.964
30	0.963	0.961	0.959	0.957	0.955	0.952	0.950	0.948	0.946	0.944
40	0.941	0.939	0.937	0.934	0.932	0.929	0.927	0.924	0.921	0.919
50	0.916	0.913	0.910	0.907	0.904	0.900	0.897	0.894	0.890	0.886.
60	0.883	0.879	0.875	0.871	0.867	0.863	0.858	0.851	0.849	0.844
70	0.830	0.834	0.829	0.824	0.818	0.813	0.807	0.801	0.795	0.789
80	0.788	0.776	0.770	0.763	0.757	0.750	0.743	0.736	0.728	0.721
90	0.714	0.706	0.699	0.691	0.684	0.676	0.668	0.661	0.653	0.645
100	0.638	0.630	0.622	0.615	0.607	0.600	0.592	0.585	0.577	0.570
110	0.563	0.555	0.548	0.541	0.534	0.527	0.520	0.514	0.507	0.500
120	0.494	0.488	0.481	0.475	0.469	0.463	0.457	0.451	0.445	0.440
130	0.434	0.429	0.423	0.418	0.412	0.407	0.402	0.397	0.392	0.387
140	0.383	0.378	0.373	0.369	0.364	0.360	0.356	0.351	0.347	0.343
150	0.339	0.335	0.331	0.327	0.323	0.320	0.316	0.312	0.309	0.305
160	0.302	0.298	0.295	0.292	0.289	0.285	0.282	0.279	0.276	0.273
170	0.270	0.267	0.264	0.262	0.259	0.256	0.253	0.251	0.248	0.246
180	0.243	0.241	0.238	0.236	0.233	0.231	0.229	0.226	0.224	0.222
190	0.220	0.218	0.215	0.213	0.211	0.209	0.207	0.205	0.203	0.201
200	0.199	0.198	0.196	0.194	0.192	0.190	0.189	0.187	0.185	0.183
210	0.182	0.180	0.179	0.177	0.175	0.174	0.172	0.171	0.169	0.168
220	0.166	0.165	0.164	0.162	0.161	0.159	0.158	0.157	0.155	0.154
230	0.153	1.152	0.150	0.149	0.148	0.147	0.146	0.144	0.143	0.142
240	0.141	0.140	0.139	0.138	0.136	0.135	0.134	0.133	0.132	0.131
250	0.130									

表 6.5 Q235 钢 b 类轴心受压直杆的稳定系数 φ

λ	0	1.0	2.0	3.0	4.0	5.0	6.0	7.0	8.0	9.0
0	1.000	1.000	1.000	0.999	0.999	0.998	0.997	0.996	0.995	0.994
10	0.992	0.991	0.989	0.987	0.985	0.983	0.981	0.978	0.976	0.973
20	0.970	0.967	0.963	0.960	0.957	0.953	0.950	0.946	0.943	0.939
30	0.936	0.932	0.929	0.925	0.922	0.918	0.914	0.910	0.906	0.903
40	0.899	0.895	0.891	0.887	0.882	0.878	0.874	0.870	0.865	0.861
50	0.856	0.852	0.847	0.842	0.838	0.833	0.828	0.823	0.818	0.813
60	0.807	0.802	0.797	0.791	0.786	0.780	0.774	0.769	0.763	0.757

续表 6.5

λ	0	1.0	2.0	3.0	4.0	5.0	6.0	7.0	8.0	9.0
70	0.751	0.745	0.739	0.732	0.726	0.720	0.714	0.707	0.701	0.694
80	0.688	0.681	0.675	0.668	0.661	0.655	0.648	0.641	0.635	0.628
90	0.621	0.614	0.608	0.601	0.594	0.588	0.581	0.575	0.568	0.561
100	0.555	0.549	0.542	0.536	0.529	0.523	0.517	0.511	0.505	0.499
110	0.493	0.487	0.481	0.475	0.470	0.464	0.458	0.453	0.447	0.442
120	0.437	0.432	0.426	0.421	0.416	0.411	0.406	0.402	0.397	0.392
130	0.387	0.383	0.378	0.374	0.370	0.365	0.361	0.357	0.353	0.349
140	0.345	0.341	0.337	0.333	0.329	0.326	0.322	0.318	0.315	0.311
150	0.308	0.304	0.301	0.298	0.265	0.921	0.288	0.285	0.282	0.279
160	0.276	0.273	0.270	0.267	0.265	0.262	0.259	0.256	0.254	0.251
170	0.249	0.246	0.244	0.241	0.239	0.236	0.234	0.232	0.229	0.227
180	0.225	0.223	0.220	0.218	0.216	0.214	0.212	0.210	0.208	0.206
190	0.204	0.202	0.200	0.198	0.197	0.195	0.193	0.191	0.190	0.188
200	0.186	0.184	0.183	0.181	0.180	0.178	0.176	0.175	0.173	0.172
210	0.170	0.169	0.167	0.166	0.165	0.163	0.162	0.160	0.159	0.158
220	0.156	0.155	0.154	0.153	0.151	0.150	0.149	0.148	0.146	0.145
230	0.144	0.143	0.142	0.141	0.140	0.138	0.137	0.136	0.135	0.134
240	0.133	0.132	0.131	0.130	0.129	0.128	0.127	0.126	0.125	0.124
250	0.123									

表 6.6 Q235 钢 c 类轴心受压直杆的稳定系数 φ

λ	0	1.0	2.0	3.0	4.0	5.0	6.0	7.0	8.0	9.0
0	1.000	1.000	1.000	0.999	0.999	0.998	0.997	0.996	0.995	0.993
10	0.992	0.990	0.988	0.986	0.983	0.981	0.978	0.976	0.973	0.970
20	0.966	0.959	0.953	0.947	0.940	0.934	0.928	0.921	0.915	0.909
30	0.902	0.896	0.890	0.884	0.877	0.871	0.865	0.858	0.852	0.846
40	0.839	0.833	0.826	0.820	0.814	0.807	0.801	0.794	0.788	0.781
50	0.775	0.768	0.762	0.755	0.748	0.742	0.735	0.729	0.722	0.715
60	0.709	0.702	0.695	0.689	0.682	0.676	0.669	0.662	0.656	0.649
70	0.643	0.636	0.629	0.623	0.616	0.610	0.604	0.597	0.591	0.584
80	0.578	0.572	0.566	0.559	0.553	0.547	0.541	0.535	0.529	0.523
90	0.517	0.511	0.505	0.500	0.494	0.488	0.483	0.477	0.472	0.467
100	0.463	0.458	0.454	0.449	0.445	0.441	0.436	0.432	0.428	0.428
110	0.419	0.415	0.411	0.407	0.403	0.399	0.395	0.391	0.387	0.383
120	0.379	0.375	0.371	0.367	0.364	0.360	0.356	0.353	0.349	0.346
130	0.342	0.339	0.335	0.332	0.328	0.325	0.322	0.319	0.315	0.312

续表 6.6

λ	0	1.0	2.0	3.0	4.0	5.0	6.0	7.0	8.0	9.0
140	0.309	0.306	0.303	0.300	0.297	0.294	0.291	0.288	0.285	0.282
150	0.280	0.277	0.274	0.271	0.269	0.266	0.264	0.261	0.258	0.256
160	0.254	0.251	0.249	0.246	0.244	0.242	0.239	0.237	0.235	0.233
170	0.230	0.228	0.226	0.224	0.222	0.220	0.218	0.216	0.214	0.212
180	0.210	0.208	0.206	0.205	0.203	0.201	0.199	0.197	0.196	0.194
190	0.192	0.190	0.189	0.187	0.186	0.184	0.182	0.181	0.179	0.178
200	0.176	0.175	0.173	0.172	0.170	0.169	0.168	0.166	0.165	0.163
210	0.162	0.161	0.159	0.158	0.157	0.156	0.154	0.153	0.152	0.151
220	0.150	0.148	0.147	0.146	0.145	0.144	0.143	0.142	0.140	0.139
230	0.138	0.137	0.136	0.135	0.134	0.133	0.132	0.131	0.130	0.129
240	0.128	0.127	0.126	0.125	0.124	0.124	0.123	0.122	0.121	0.120
250	0.119									

表 6.7 树种强度等级分类

代号	常见树种	抗剪强度 /MPa
TC17	柏树、东北落叶松等	17
TC15	红杉、云杉等	15
TC13	红松、马尾松等	13
TC1	西北云杉、冷杉等	11
TB20	栎木、桐木等	20
TB17	水曲柳等	17
TB15	栲木、桦木等	15

表 6.8 木制压杆稳定系数 φ 的计算

树种强度等级代号	由柔度 λ 分段求 φ 的公式
TC7,TC15,TB20	$\varphi=\begin{cases}\dfrac{1}{1+\left(\dfrac{\lambda}{80}\right)^2} & \lambda\leqslant 75\\ \dfrac{3\ 000}{\lambda^2} & \lambda>75\end{cases}$
TC13,TC11,TB17,TB15	$\varphi=\begin{cases}\dfrac{1}{1+\left(\dfrac{\lambda}{65}\right)^2} & \lambda>91\\ \dfrac{2\ 800}{\lambda^2} & \lambda\leqslant 91\end{cases}$

应当指出，轴心受压直杆的力学模型与实际压杆受力后的变形情况是有区别的。实际压杆可能出现的各种可能降低压杆临界荷载或临界应力的因素，如杆件的初始弯曲度、压力的偏心度，由于材料轧制、切割、焊接所引起的残余应力大小及其分布都会影响压杆的承载能力。压杆所能承受的极限应力总是随着压杆柔度的增大而降低，因此，设计压杆时所采用的稳定许用应力也应该随着压杆柔度

的增大而减小。合理地确定压杆的稳定许用应力是一个较复杂的问题，随着对压杆稳定研究的深入和工程实践经验的积累，$\varphi(\lambda)$ 的修正工作将越来越接近实际。

6.3.2 压杆的稳定条件

压杆的工作应力按照轴心受压的正应力公式计算，压杆的稳定条件为

$$\sigma=\frac{P}{A}\leqslant[\sigma_{cr}] \tag{6.20}$$

$[\sigma_{cr}]$ 可以按照式(6.15)、式(6.16)来确定，压杆稳定条件的具体形式为

$$\frac{P}{A}\leqslant\frac{\sigma_{cr}}{n_w} \tag{6.21a}$$

或

$$\frac{P}{A}\leqslant\varphi[\sigma] \tag{6.21b}$$

式中 P—— 压杆的轴向压力；

φ,n_w—— 压杆折减系数和安全系数；

A—— 压杆的横截面面积，当压杆由于钉孔或其他原因使横截面有局部削弱时，由于压杆的临界荷载是根据整根杆的失稳状态来确定的，所以在稳定计算中不考虑局部截面削弱的影响，仍以毛面积计算 A(但在强度计算中，危险截面为局部削弱截面，故应按净面积计算 A)；

σ_{cr}—— 临界应力；

$[\sigma]$—— 压杆材料的许用压应力，对于木材，$[\sigma]$ 应为顺纹抗压许用应力。

若压杆的横截面尺寸为已知或已根据经验而取值，则在进行稳定性校核时，采用以压杆轴心荷载 P 和临界荷载 P_{cr} 所表示的稳定条件比较方便，若令 K_w 为压杆的工作安全系数，则这时压杆的稳定条件为

$$K_w=\frac{P_{cr}}{P}\geqslant n_w \tag{6.21c}$$

根据压杆的稳定条件，可以解决压杆的稳定校核，确定轴心荷载和设计压杆截面这 3 类基本问题。其中稳定校核及轴心荷载确定易于计算，但采用稳定系数 $\varphi(\lambda)$ 建立稳定条件时，必须事先知道压杆的柔度 λ 和材料类型，才能选择合适的 φ 值。因此，在压杆横截面的设计中，确定 A 的过程一般应采用试算法。原因在于：若已知压杆杆长 l，约束系数 μ，杆的轴向压力 P 和材料的许用应力 $[\sigma]$，为了确定 A 必须知道 φ，但 φ 又取决于柔度 $\lambda=\frac{\mu l}{i}$，λ 与截面的最小惯性半径 i 有关，i 的计算必须知道横截面的尺寸和形状，即必须知道截面面积 A 和惯性矩 I，可见 A，I 与 φ 这几个量是相互联系的。

采用试算法设计压杆截面的一般步骤是：

(1) 先假定一个初值 φ(如 $\varphi=0.5$)，可初选压杆截面为

$$A\geqslant\frac{P}{\varphi[\sigma]}$$

(2) 根据 A 值，可以设计截面的尺寸或形状，利用已有的截面图表(表 6.9)或根据实践经验，选择型钢号码或计算截面的具体尺寸。

(3) 根据选定的截面尺寸，可以计算或直接查得截面的最小惯性半径 i，并计算出 $\lambda=\frac{\mu l}{i}$ 后，可以由其 λ 查表得出 φ' 值。若 φ 与 φ' 相差较大，则应在 φ 与 φ' 之间再选一个 φ 值，重复(1) ～(3) 步骤进行新的截面计算，直到假设的 φ 值与计算出的 φ' 值相等或比较接近为止。

(4) 根据最后选择的截面及 φ 值，进行稳定校核。若能满足要求，又不是过于安全，则所选择的截面就是设计截面；若不满足要求或过于安全，则应参考计算结果，对截面尺寸作适当的调整，直到满足要求为止。

表 6.9　截面惯性半径的近似值

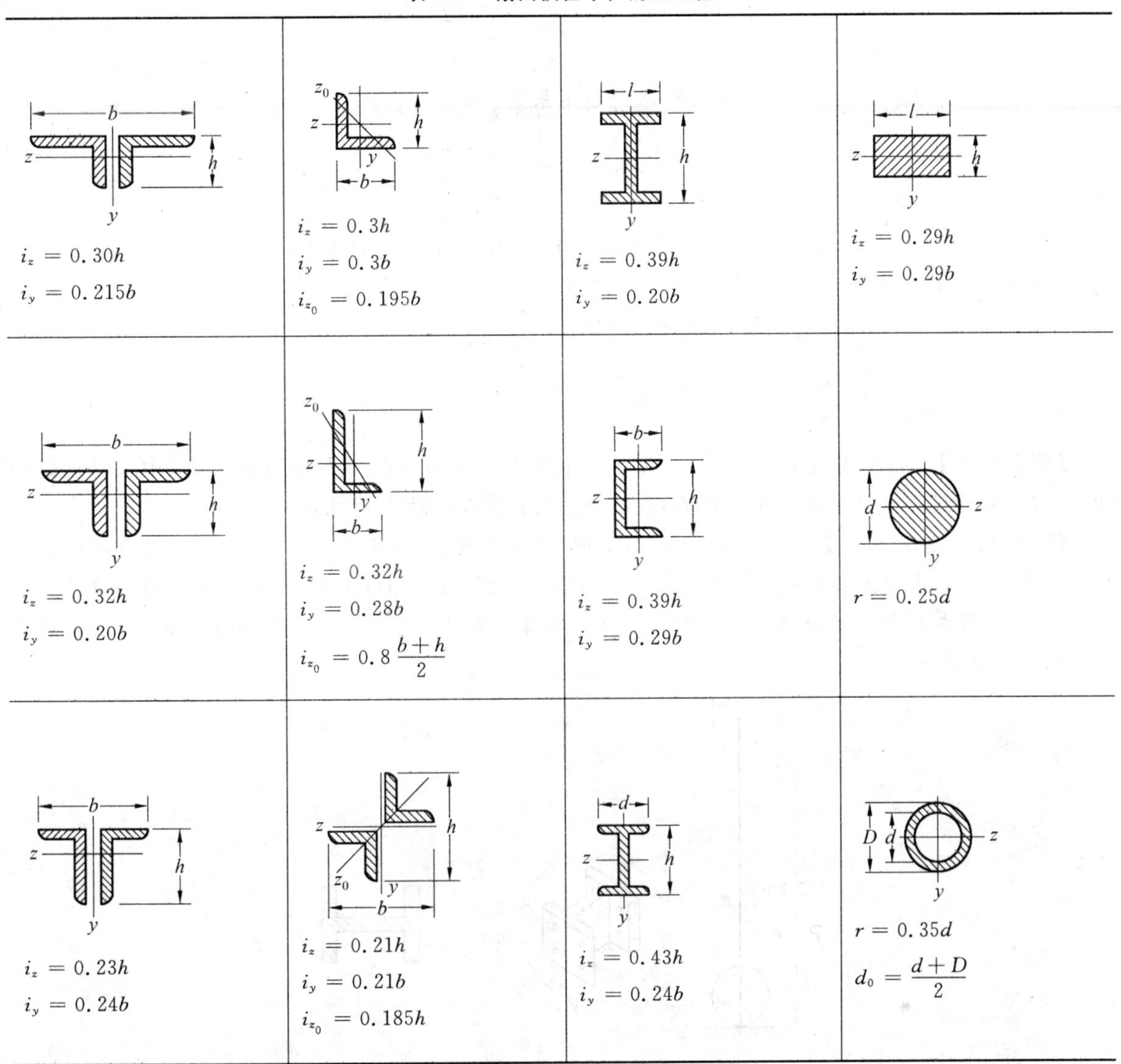

$i_z = 0.30h$ $i_y = 0.215b$	$i_z = 0.3h$ $i_y = 0.3b$ $i_{z_0} = 0.195b$	$i_z = 0.39h$ $i_y = 0.20b$	$i_z = 0.29h$ $i_y = 0.29b$
$i_z = 0.32h$ $i_y = 0.20b$	$i_z = 0.32h$ $i_y = 0.28b$ $i_{z_0} = 0.8\dfrac{b+h}{2}$	$i_z = 0.39h$ $i_y = 0.29b$	$r = 0.25d$
$i_z = 0.23h$ $i_y = 0.24b$	$i_z = 0.21h$ $i_y = 0.21b$ $i_{z_0} = 0.185h$	$i_z = 0.43h$ $i_y = 0.24b$	$r = 0.35d$ $d_0 = \dfrac{d+D}{2}$

注：表中的 y 轴和 z 轴都是截面的形心轴。

【例 6.7】　有一木屋架如图 6.13 所示，已知 AB 杆的长度 $l=3.6$ m，两端都可看作为铰接，轴心压力 $N=18.72$ kN，材料为 TC13 红松，其顺纹许用压应力 $[\sigma]=13$ MPa，采用圆木，其平均直径 $d=120$ mm。试对其中的压杆 AB 进行稳定校核。

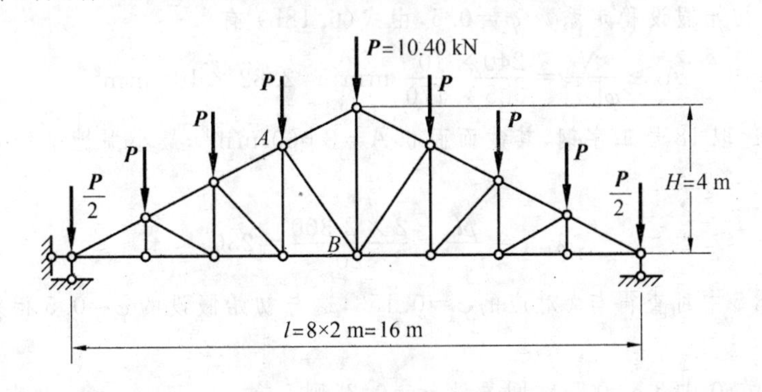

图 6.13　例 6.7 图

解　因杆端可看作两端铰接，可计算 AB 杆的长细比为

$$\lambda=\frac{\mu l}{i}=\frac{\mu l}{\frac{d}{4}}=\frac{1\times 3\ 600}{\frac{120}{4}}=120>91$$

由表 6.9 中计算公式计算 TC13 红松木的稳定系数，即

$$\varphi=\frac{2\ 800}{\lambda^2}=\frac{2\ 800}{120^2}=0.194$$

稳定许用应力为

$$[\sigma_{cr}]=\varphi[\sigma]=(0.194\times 13\times 10^6)\text{Pa}=2.52\text{ MPa}$$

AB 杆的工作应力为

$$\sigma=\frac{N}{A}=\frac{18.72\times 10^3}{\frac{\pi}{4}\times 120^2}\text{Pa}=1.66\text{ MPa}<[\sigma_{cr}]$$

故 AB 杆满足稳定条件。

【例题点评】 压杆稳定性计算中，需要通过长细比 λ 判断杆件属于哪种细长杆、中长杆还是短杆，其次还要通过 λ 来推求 φ 稳定性系数，这是稳定性计算中的固有步骤，缺一不可。

【例 6.8】 长 2.3 m 的工字钢截面压杆，下端固定，上端自由，受轴心压力 $P=N=240$ kN 作用，材料为 3 号钢，许用应力 $[\sigma]=170$ MPa，并符合《钢结构设计规范》(GBJ 17—88) 中 a 类轴心受压杆的要求，在固定端处压杆与支座接头部分的工字钢的翼缘上各有 4 个直径 $d=20$ mm 的螺栓孔，试选择此压杆工字钢的型号。

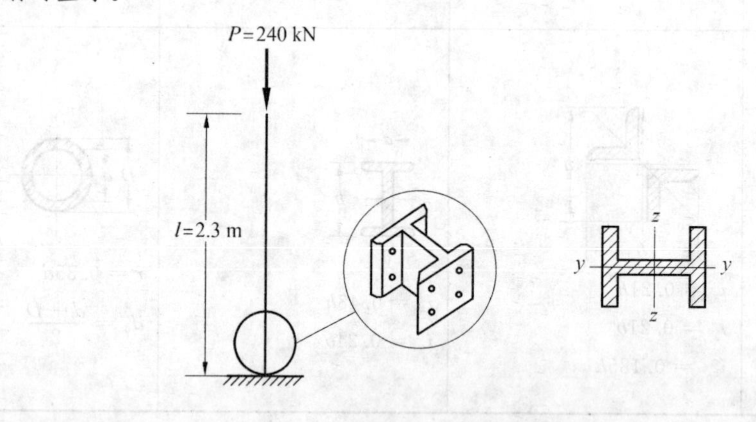

图 6.14　例 6.8 图

解　先按压杆稳定条件选择工字钢的截面型号，然后再按压杆轴向受压强度条件对被削弱了的横截面进行强度校核。

(1) 用试算法选择截面

第一次试算，初始假设稳定系数 $\varphi=0.5$，由式(6.18b) 有

$$A\geqslant\frac{N}{\varphi[\sigma]}=\frac{240\times 10^3}{0.5\times 170}\text{ mm}^2=2.82\times 10^3\text{ mm}^2$$

查工字型钢表，选取 18 号工字钢，其截面面积 $A=3\ 060\text{ mm}^2$，最小惯性半径 $i_{\min}=i_y=20$ mm。这时压杆的柔度为

$$\lambda_{\max}=\frac{\mu l}{i_{\min}}=\frac{2\times 2\ 300}{20}=230$$

由该柔度在表 6.5 中可查得与 λ 对应的 $\varphi=0.153$，这与初始假设的 $\varphi=0.5$ 相差较大，应作第二次试算。

第二次试算，在 0.153 ～ 0.5 之间另设 $\varphi=0.3$，则

$$A\geqslant\frac{N}{\varphi[\sigma]}=\frac{240\times 10^3}{0.3\times 170}\text{ mm}^2=4\ 705.9\text{ mm}^2$$

由型钢表选取 25a 工字钢，其 $A=4\ 850\text{ mm}^2$，$i_{\min}=i_y=24.03$ mm，这时该压杆的最大柔度为

$$\lambda_{\max}=\frac{\mu l}{i_{\min}}=\frac{2\times 2\,300}{24.03}=191$$

由表 6.5 查得上述柔度对应的 $\varphi=0.201$，与假设的 $\varphi=0.3$ 仍相差较大，再作第三次试算。

第三次试算，在 0.201 ～ 0.3 之间另设 $\varphi=0.24$，则

$$A\geqslant\frac{N}{\varphi[\sigma]}=\frac{240\times 10^3}{0.24\times 170}\ \mathrm{mm^2}=5\,882\ \mathrm{mm^2}$$

由型钢表选取 28b 工字钢，其 $A=6\,105\ \mathrm{mm^2}$，$i_{\min}=24.93$，故压杆的最大柔度为

$$\lambda_{\max}=\frac{\mu l}{i_{\min}}=\frac{2\times 2\,300}{24.93}=184$$

查表 6.5，对应于上述 λ 的 $\varphi=0.233$，这与假设的 $\varphi=0.24$ 相当接近。故取 $\varphi=0.233$ 进行稳定校核，这时

$$[\sigma_{\mathrm{cr}}]=\varphi[\sigma]=0.233\times 170\ \mathrm{MPa}=39.61\ \mathrm{MPa}$$

压杆的工作应力为

$$\sigma=\frac{N}{A}=\frac{240\times 10^3}{6\,105}\ \mathrm{MPa}=39.33\ \mathrm{MPa}<[\sigma_{\mathrm{cr}}]=39.61\ \mathrm{MPa}$$

故选 28b 工字钢可以满足稳定条件。

(2) 压杆的强度校核

对被螺栓孔削弱的截面进行压杆强度校核。由型钢表查得 28b 工字钢的翼缘的平均厚度 $t=13.7\ \mathrm{mm}$，故在螺栓孔处的截面净面积为

$$A_{\mathrm{j}}=A-4dt=(6\,105-4\times 20\times 13.7)\ \mathrm{mm^2}=5\,009\ \mathrm{mm^2}$$

进行强度校核如下：

$$\sigma=\frac{N}{A_{\mathrm{j}}}=\frac{240\times 10^3}{5\,009}\ \mathrm{MPa}=47.91\ \mathrm{MPa}<[\sigma]=170\ \mathrm{MPa}$$

可见，选用 28b 工字钢的截面即使被螺栓削弱了，仍能满足强度条件。

【例题点评】 例题中涉及了压杆的稳定性计算、强度计算。实际工作构件要安全可靠地工作必须满足强度、刚度、稳定性的要求。因此，在今后的学习、工作中一定要全面考虑强度、刚度、稳定性对构件的要求。

【例 6.9】 厂房有一高 4 m，上、下两端均固定的立柱，材料为 Q235 钢，用两根 10 号槽钢组成如图 6.15 所示的组合截面，符合《钢结构设计规范》(GBJ 17—88) 中的实腹式 b 类截面轴心受压杆的要求。许用应力 $[\sigma]=140\ \mathrm{MPa}$，试求此主柱的许可荷载。

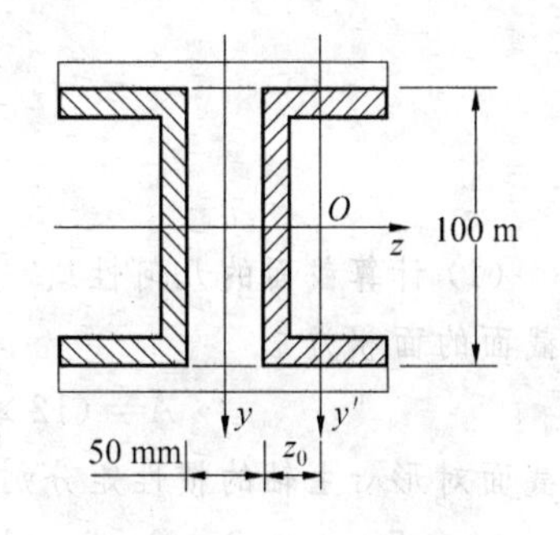

图 6.15　例 6.9 图

解　由型钢表查得 10 号槽钢的惯性矩、截面面积以及形心位置为

$$I_z=198.3\times 10^4\ \mathrm{mm^4}$$
$$I_y=25.6\times 10^4\ \mathrm{mm^4}$$
$$A=12.74\times 10^2\ \mathrm{mm^2}$$
$$z_0=15.2\ \mathrm{mm}$$

求得组合截面的惯性矩为

$$I_z=(2\times 198.3\times 10^4)\mathrm{mm^4}=396.6\times 10^4\ \mathrm{mm^4}$$

$$I_y=[2\times 25.6\times 10^4+2\times 12.74\times 10^2\times (25+15.2)^2]\ \mathrm{mm^4}=463\times 10^4\ \mathrm{mm^4}$$

从理论上说，设计的组合截面应使 I_z 与 I_y 相等，但实际上很难保证缀板能使两根槽钢联合得像一个整体，故应使槽钢截面对垂直于缀板主轴的惯性矩比另一主轴的惯性矩稍大一些，即应使 $I_y>I_z$。现在由：

$$i_{\min}=i_z=\sqrt{\frac{396.6\times10^4}{2\times12.74\times10^2}}\ \text{mm}=39.4\ \text{mm}$$

可计算该立柱的柔度为

$$\lambda_{\max}=\frac{\mu l}{i_{\min}}=\frac{0.5\times4\,000}{39.4}\approx51$$

再查表6.6得相应的$\varphi=0.852$，于是稳定许用应力为

$$[\sigma_{\text{cr}}]=\varphi[\sigma]=(0.852\times140)\ \text{MPa}=119.3\ \text{MPa}$$

最后得到此立柱的许可荷载为

$$[P]=A[\sigma_{\text{cr}}]=(2\times12.74\times10^2\times119.3)\text{N}=303.98\ \text{kN}$$

故该立柱可承受的最大轴心压力约为340 kN。

【例题点评】 例题是压杆稳定性计算的变形，通过稳定性条件反向推求构件所能承受的最大荷载。这在之前学习的轴向受拉(受压)、扭转和弯曲的强度以及刚度计算中我们都遇到过。

【例6.10】 由Q235钢加工的工字形截面连杆，其两端为圆柱铰，即在xy平面内失稳时，杆端约束情况可视为两端铰支；而在xz平面内失稳时，杆端约束情况可视为两端固定，如图6.16所示。若已知此杆在工作时所承受的最大轴心压力为$P=70$ kN，材料的强度许用应力$[\sigma]=170$ MPa，并符合《钢结构设计规范》(GBJ 17—88)中a类轴心受压杆的要求，试校核其稳定性。

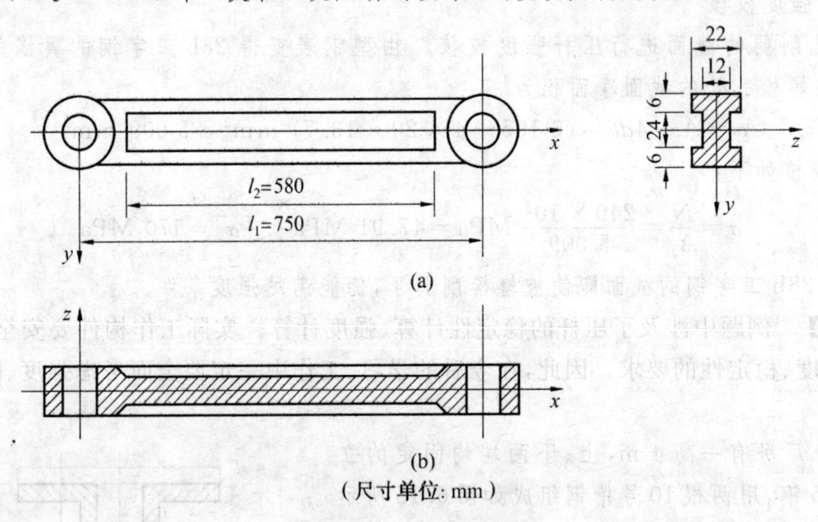

图6.16 例6.10图

解 (1)计算截面的几何性质

横截面的面积为

$$A=(12\times24+2\times6\times22)\ \text{mm}^2=552\ \text{mm}^2$$

横截面对形心主轴的惯性矩分别为

$$I_z=\left[\frac{1}{12}\times12\times24^3+2\left(\frac{1}{12}\times22\times6^3+22\times6\times15^2\right)\right]\text{mm}^4=7.40\times10^4\,\text{mm}^4$$

$$I_y=\left(\frac{1}{12}\times24\times12^3+2\times\frac{1}{12}\times6\times22^3\right)\text{mm}^4=1.41\times10^4\,\text{mm}^4$$

横截面对z轴和y轴的惯性半径分别为

$$r_z=\sqrt{\frac{I_z}{A}}=\sqrt{\frac{7.40\times10^4}{552}}\ \text{mm}=11.58\ \text{mm}$$

$$r_y=\sqrt{\frac{I_y}{A}}=\sqrt{\frac{1.41\times10^4}{552}}\ \text{mm}=5.05\ \text{mm}$$

(2)计算连杆的柔度

因为连杆在其主惯性平面内的约束条件、杆的长度及惯性半径均不同，应分别计算其柔度，然后

选其中较大者作为连杆的计算柔度。

$$\lambda_z = \frac{\mu_z l_1}{i_z} = \frac{1.0 \times 750}{11.58} = 64.8$$

$$\lambda_y = \frac{\mu_y l_2}{i_y} = \frac{0.5 \times 580}{5.05} = 57.4$$

故取 $\lambda_{max} = 64.8$。

(3) 求稳定许用应力并进行稳定校核

由表 6.5，并采用内插法求 $\lambda = 64.8$ 的折减系数为

$$\varphi = 0.867 + \frac{8}{10} \times (0.863 - 0.867) = 0.864$$

连杆的稳定许用应力为

$$[\sigma_{cr}] = \varphi[\sigma] = (0.864 \times 170)\ \text{MPa} = 146.9\ \text{MPa}$$

连杆工作应力为

$$\sigma = \frac{P}{A} = \frac{70 \times 10^3}{552}\text{MPa} = 126.8\ \text{MPa} < [\sigma_{cr}]$$

故此连杆满足稳定性要求。

【例题点评】 例题中的构件横截面对于 y 轴和 z 轴的形心主轴的惯性矩不同，这也就要求我们必须考虑杆件对于 y 轴和 z 轴的柔度系数是不同的。在稳定性计算中应该选择其中较大者作为连杆折减系数 φ 的依据，进而进行稳定性计算。读者可以按照 $\lambda_{min} = 57.4$ 来重新校核杆件的稳定性要求，比较与上述结论的不同。

【例 6.11】 图 6.17 所示水平梁 AB 在其跨中 C 处设有一立柱 CD 与之铰链连接，已知梁和柱的弹性模量 $E = 210$ GPa，比例极限 $\sigma_p = 200$ MPa。立柱的截面为内径 $d = 60$ mm 和外径 $D = 80$ mm 的圆环，梁的截面为矩形，尺寸为 $A = b \times h = 200\ \text{mm} \times 300\ \text{mm}$，若立柱的长度与梁的跨度均为 $2l = 3$ m(图6.17(a))，立柱的稳定安全系数 $n_w = 3.07$，试按立柱的稳定条件设计梁上的许用分布荷载 q。

解 先按柱 CD 的稳定条件计算其最大的轴向压力，然后解超静定结构，求梁上的许用分布荷载。

(1) 求立柱内的最大轴心压力 N_{max}

立柱的杆端约束条件为空间球铰，有 $\mu = 1.0$，惯性半径为

$$i = \sqrt{\frac{I}{A}} = \sqrt{\frac{\frac{}{64}(D^4 - d^4)}{\frac{}{4}(D^2 - d^2)}} = \frac{\sqrt{D^2 + d^2}}{4} = \frac{\sqrt{80^2 + 60^2}}{4}\ \text{mm} = 25\ \text{mm}$$

立柱的柔度为

$$\lambda = \frac{\mu l}{i} = \frac{1 \times 3\,000}{25} = 120$$

而该立柱的 λ_p 为

$$\lambda_p = \sqrt{\frac{^2 E}{\sigma_p}} = \sqrt{\frac{^2 \times 210 \times 10^3}{200}} = 99.1$$

因此，$\lambda > \lambda_p$，立柱 CD 可以按欧拉公式计算其临界荷载，因此立柱内的最大轴心压力 N_{max} 应满足稳定条件：

$$N_{max} \leqslant \frac{P_{cr}}{n_w} = \frac{^2 EI}{n_w(\mu l)^2} = \frac{^2 \times 210 \times 10^9 \times \frac{(80^4 - 60^4)}{64} \times 10^{-12}}{3.07 \times (1 \times 3\,000)^2 \times 10^{-6}}\text{N} = 103\ \text{kN}$$

故可以取 $N_{max} = 103$ kN 为最大轴心压力。

(2) 解超静定问题并求分布荷载 q

取基本结构如图 6.17(b) 所示，梁跨中挠度与立柱之间的变形协调条件为

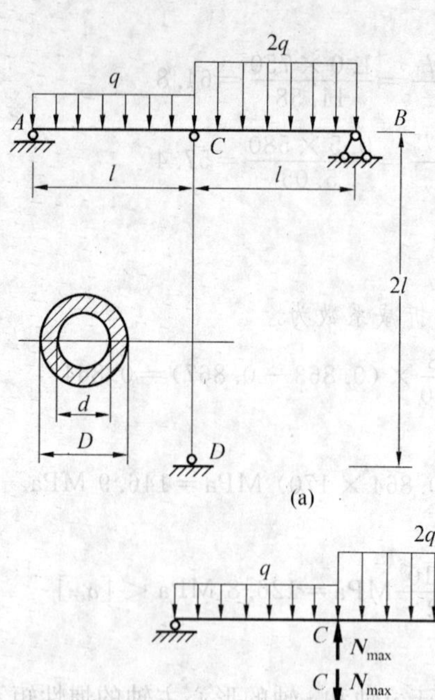

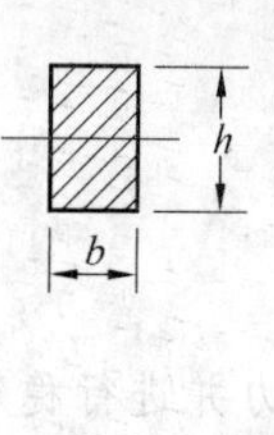

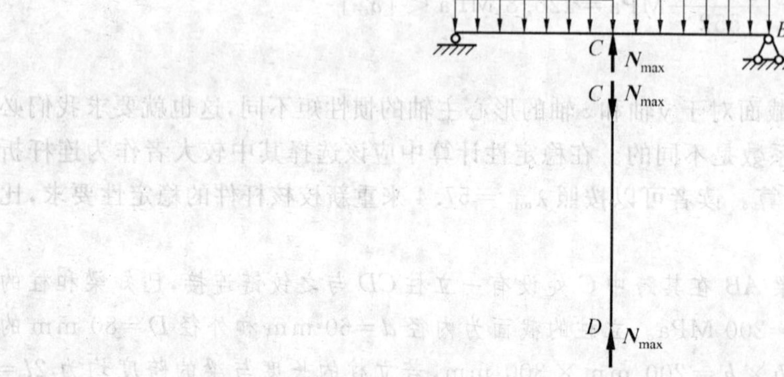

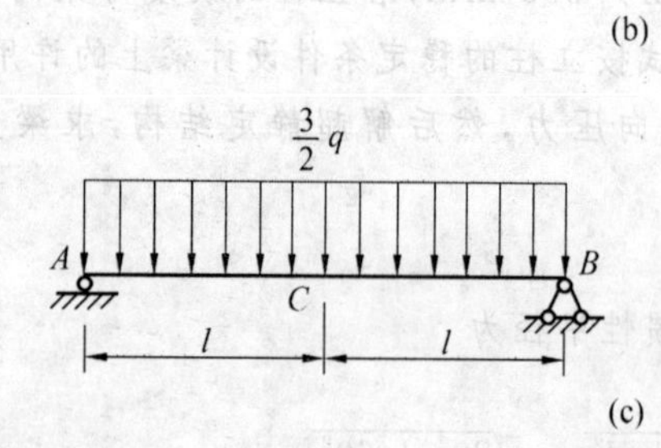

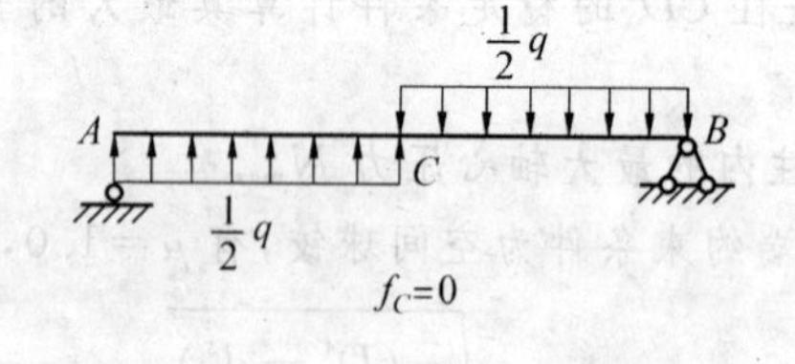

图 6.17　例 6.11 图

$$f_C^q = \ l_{CD}$$

$$f_C = f_C^q + f_C^N$$

如图 6.17(c)，将 q、$2q$ 分解为对称荷载 $\frac{3}{2}q$ 和反对称荷载 $\frac{1}{2}q$，在反对称荷载作用下，$f_C^q = 0$。$\frac{3}{2}q$ 引起的挠度为

$$f_C^q = \frac{5\left(\frac{3}{2}q\right)(2l)^4}{384EI}$$

而 $N_{\max}$ 对梁跨中产生的挠度为

$$f_C^N = \frac{N_{\max}(2l)^3}{48EI}$$

且立柱的轴向变形为

$$l_{CD} = \frac{N_{\max}(2l)}{EA}$$

故

$$\frac{5\left(\frac{3}{2}q\right)(2l)^4}{384EI}-\frac{N_{\max}(2l)^3}{48EI}=\frac{N_{\max}(2l)}{EA}$$

再将 $I=\frac{6}{12}h^3=(\frac{200}{12}\times 300^3)\ \text{mm}^4$，$A=\frac{\ }{4}(80^2-60^2)\ \text{mm}^2$，$2l=3\ 000\ \text{mm}$，$N_{\max}=103\ \text{kN}$ 分别代入其中，即得到

$$3.52\times 10^3 q-1.25\times 103\times 10^3=1.405\times 10^3\times 10^2$$

解出许用分布荷载为

$$q=76.5\ \text{kN/m}$$

【例题点评】 本例是比较复杂的工程实际问题，不但涉及压杆的稳定性计算，还涉及梁的弯曲变形和超静定问题的求解。正确求解需要掌握轴向受压杆件的拉(压）变形计算公式、梁的挠度计算公式以及稳定性计算的一系列计算公式，在受力形式和杆件截面形式上也需要特别注意。

6.4 提高压杆稳定性的措施

由临界荷载和临界应力的计算公式可知，影响压杆稳定性的主要因素是压杆的柔度或长细比，一般来说，压杆的柔度越大，其临界应力越低。因此，可以从压杆的截面形状、长度、杆端约束条件以及压杆的材料性能等方面着手，在设计允许的条件下，采取一些工程措施，尽量提高压杆抗稳定的能力。

6.4.1 选择合理的截面形状

无论是从欧拉公式、经验公式还是从表 6.4～6.6 均可以看出，柔度 λ 增大，临界应力 σ_{cr} 将降低。由于柔度 $\lambda=\frac{\mu l}{i}$，所以在压杆截面积不变的前提下，若能有效地增大截面的惯性半径就能减小 λ 的数值。可见，如果不增加截面面积，尽可能地把材料放在距离截面形心较远处，以得到较大的 I 和 r，就相当于提高了临界荷载。由此可知，若实心圆截面与空心环形截面面积相等，则后者的 I 和 r 要比前者大得多，空心环形截面就比实心圆截面更为合理（图 6.18）。同理，若用 4 根等边角钢组成起重机臂的组合截面（图 6.19），应将 4 根角钢分散放置在组合截面的四角上（图 6.19(b)），而不是集中地放置在截面形心附近（图 6.19(c)）。由型钢组成的桥梁桁架中的压杆或厂房等建筑物中的立柱，也都是将型钢分开放置（图 6.20(a)）。但应注意，用型钢组成的压杆，应用足够的缀条或缀板将若干分开放置的型钢连接成一个整体构件（图 6.20(b)），应保证（一般钢结构设计规范有具体规定）组合截面的整体稳定性为控制条件，否则，各独立型钢将可能因单独压杆局部失稳而破坏。类似地，若用环形截面，也不能因增大 I 和 r 而无限地增加环形截面的平均直径，使壁变得很薄，这种薄壁管柱也将可能引起局部失稳，发生局部屈曲，从而使整个压杆失去承载能力。

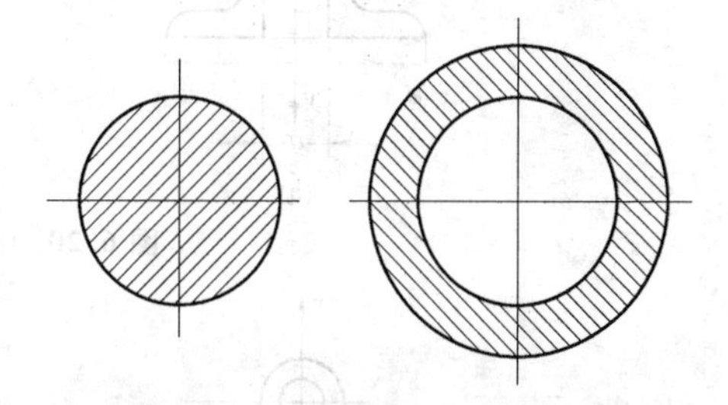

图 6.18　面积相同，抗稳定能力比较

由于压杆的失稳平面必然发生在某截面的最小惯性平面内，如果压杆的各平面内的计算杆长 μl 相等，应使截面对任一形心轴的 r 相等，或接近相等。这样在任一平面内压杆的柔度 λ 都相等或接近相等，以保证压杆在各平面内有大致相同的稳定性，例如圆形、环形、正多边形及正多边形薄壁截面都可以满足这一要求。组合截面也应尽量使截面对其形心主轴的惯性矩 I_y 与 I_z 相等，这样也使 λ_z 与 λ_y 相等（图 6.19(b) 和图 6.19(c)）以保证组合截面在主惯性平面内有大致相同的稳定性。相反，某些压杆在不同的平面内，其计算长度 μl 难以保持相同，而不同平面内的约束条件也可能不相同。例如，发

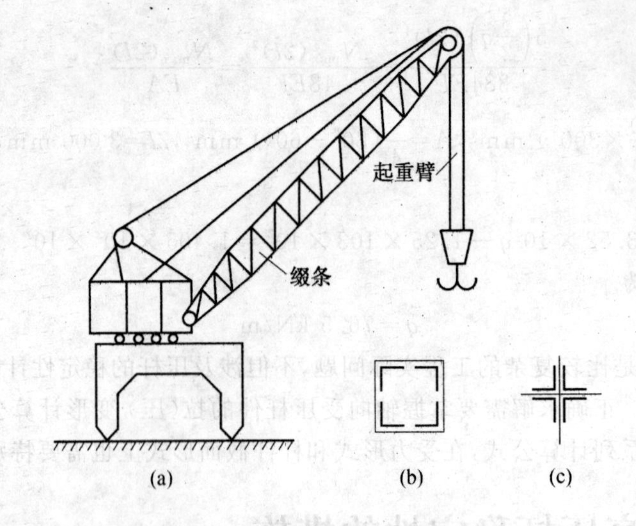

图 6.19　提高压杆稳定性的措施之一

动机的边杆，在摆动平面内，两端可简化为铰支座(图 6.21(a))，$\mu_z=1.0$，而在垂直摆动的平面内，两端可简化为固定端(图 6.21(b))，$\mu_y=0.5$。这时可以使连杆截面对其形心主轴 y 和 z 有不同的 r_y 和 r_z，同时，两个平面杆长 $l_1 \neq l_2$，这样仍然可以满足 $\lambda_y=\dfrac{\mu_y l_2}{r_y}$ 与 $\lambda_z=\dfrac{\mu_z l_1}{r_z}$ 接近相等，使连杆在两个主惯性平面内仍然有接近相等的稳定性。

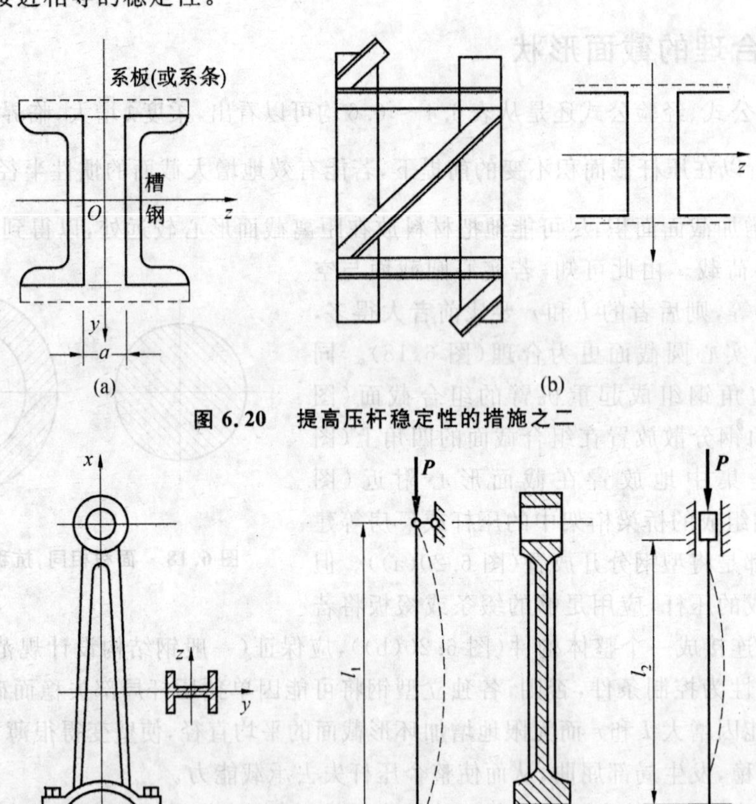

图 6.20　提高压杆稳定性的措施之二

图 6.21　不同平面内的杆端约束

6.4.2 设法改变压杆的约束条件

杆端约束条件直接影响压杆的柔度，一般来说，杆端约束条件越好，其临界应力或临界荷载越大，在条件允许的前提下，增加压杆的约束，可以大大提高压杆的稳定性。例如，长为 l，两端铰支的细长压杆（图 6.22(a)），若在压杆的中点增加一个中间铰支座（图 6.22(b)），或者将两端改为固定端（图 6.22(c)），则压杆的计算长度将减少一半，临界荷载将变为原来的 4 倍。

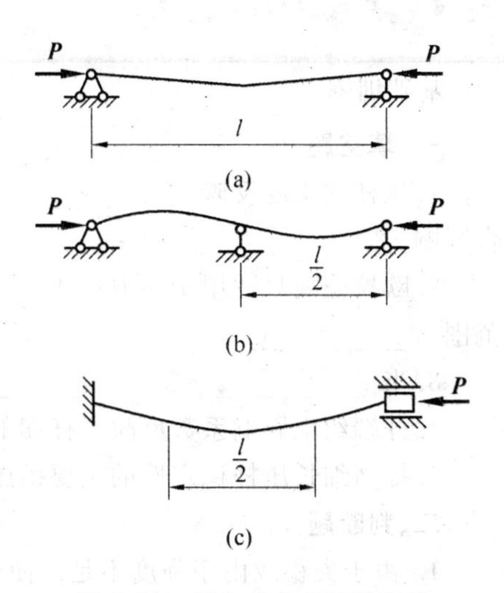

图 6.22 增加约束提高稳定性

6.4.3 合理选择压杆的材料

对于 $\lambda>\lambda_p$ 的细长压杆，临界荷载和临界应力由欧拉公式计算，材料的强性模量对临界荷载有影响，由于各种钢材的 E 大致相同，所以选用优质钢材或普通钢材对于提高细长压杆的临界荷载效果不明显。对于中长杆，无论是由经验公式或理论分析，临界应力与材料的强度有关，优质钢对提高临界应力的数值有一定效果。至于柔度很小的短粗杆，稳定问题不突出，可按压杆的强度问题处理，选用高强度优质钢效果自然明显。

【重点串联】

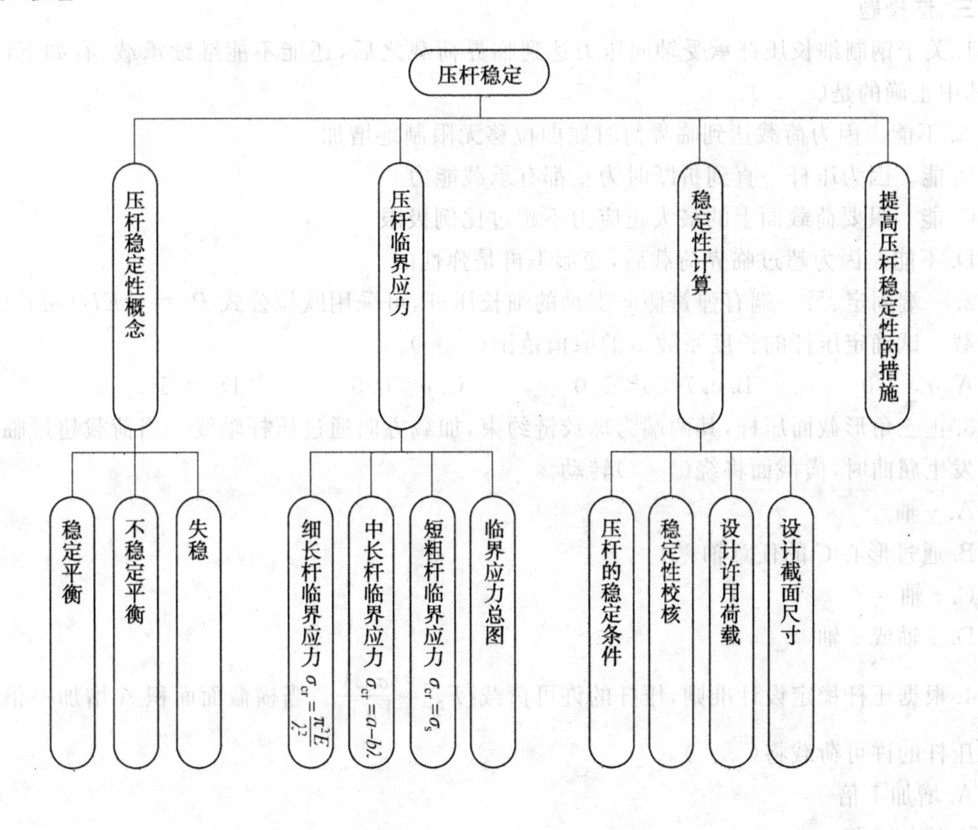

拓展与实训

基础训练

一、填空题

1. 压杆的柔度反映了______、______、______等因素对临界应力的综合影响。

2. 欧拉公式只适用于应力小于______的情况；若用柔度来表示，则欧拉公式的适用范围为______。

3. 当______ < < ______时，称为中长杆或中柔度杆。

4. 杆端约束影响系数反映了杆端的______对临界力的影响。

5. 提高细长压杆稳定性的主要措施有______、______和______。

二、判断题

1. 由于失稳或由于强度不足而使构件不能正常工作，两者之间的本质区别在于：前者构件的平衡是不稳定的，而后者构件的平衡是稳定的。( )

2. 压杆的临界压力(或临界应力)与作用荷载大小有关。( )

3. 压杆的临界应力值与材料的弹性模量成正比。( )

4. 同种材料制成的细长压杆，其柔度越大越容易失稳。( )

5. 两根材料、长度、截面面积和约束条件都相同的压杆，则其临界压力也必定相同。( )

三、选择题

1. 关于钢制细长压杆承受轴向压力达到临界荷载之后，还能不能继续承载，有如下四种答案，其中正确的是( )。

A. 不能。因为荷载达到临界值时屈曲位移无限制地增加

B. 能。因为压杆一直到折断时为止都有承载能力

C. 能。只要荷载面上的最大正应力不超过比例极限

D. 不能。因为超过临界荷载后，变形不再是弹性的

2. 一端固定、另一端有弹簧侧向支承的细长压杆，可采用欧拉公式 $P_{cr}= {}^2EI/(\mu l)^2$ 计算临界荷载。试确定压杆的长度系数 的取值范围( )。

A. $\mu>2.0$　　B. $0.7<\mu<2.0$　　C. $\mu<0.5$　　D. $0.5<\mu<0.7$

3. 正三角形截面压杆，其两端为球铰链约束，加载方向通过压杆轴线。当荷载超过临界值，压杆发生屈曲时，横截面将绕( )转动。

A. y 轴

B. 通过形心 C 的任意轴

C. z 轴

D. y 轴或 z 轴

4. 根据压杆稳定设计准则，压杆的许可荷载 $[F_p]=\dfrac{\sigma_{cr}A}{[n]_{st}}$。当横截面面积 A 增加一倍时，试分析压杆的许可荷载将( )。

A. 增加 1 倍

B. 增加 2 倍

C. 增加 1/2 倍

D. 压杆的许可荷载随着 A 的增加呈线性变化

四、画图题

图 6.23(a)　(f)所示两端为球形铰支的细长压杆，如有下列形式的横截面，试画出截面的失稳轴线。

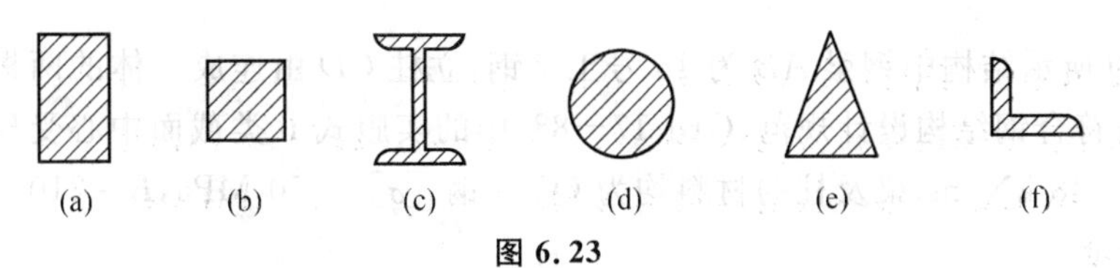

图 6.23

五、计算题

1. 两根直径为 d 的立柱，上、下端分别与强劲的顶、底块刚性连接，如图 6.24 所示。试根据杆端的约束条件，分析在总压力 P 作用下，立柱可能产生的几种失稳情况下的挠曲线形状，分别写出对应的总压力 P 之临界值的计算式(按细长杆考虑)，确定最小临界力 P_{cr} 的计算式。

2. 压杆长 6 m，由两根 10 号槽钢组成，顶端铰支，底端固定。已知：材料的弹性模量 $E=200$ GPa，比例极限 $\sigma_p=200$ MPa。若杆的横截面形状如图 6.25 所示，问：

(1)距离 a 为多大时压杆的临界荷载 P_{cr} 最大？

(2)最大临界荷载 P_{cr} 为多少？

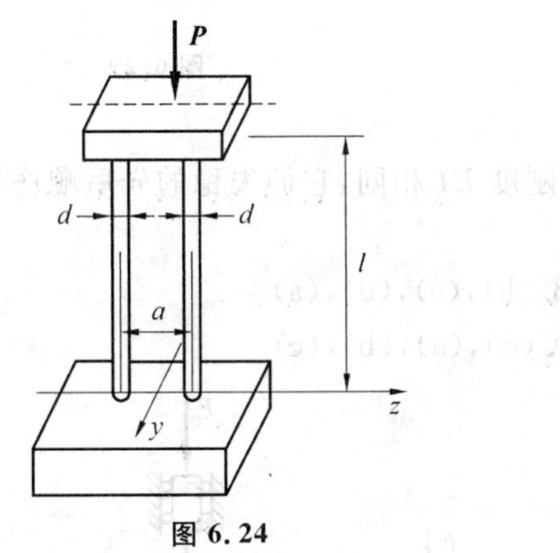

图 6.24

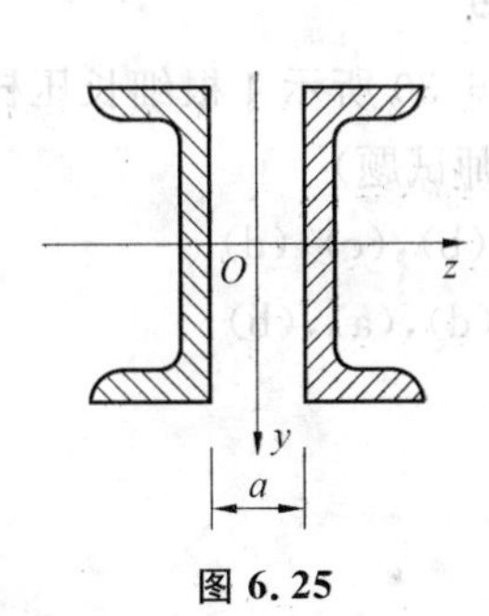

图 6.25

3. 一支柱由 4 根 80×80×6 的等边角钢组成(图 6.26)，并符合《结构设计规范》(GBJ 17—88)中实腹式 b 类截面中心受压杆的要求。支柱的两端为铰支，柱长 $l=6$ m，压力为 450 kN。若材料为 3 号钢，强度许用应力$[\sigma]=170$ MPa，试求支柱横截面边长 a 的尺寸。

4. 某塔架的横撑杆长 6 m，截面形式如图 6.27 所示，材料为 3 号钢，$E=210$ GPa，稳定安全系数 $n_w=1.75$。若按一端固定、一端铰支细长压杆考虑，试求此杆所能承受的最大轴向安全压力。若将组合截面改为图 6.33 所示方式，则最大轴向安全压力提高多少？(取 $a=2\times75$mm，中长杆 $\sigma_{cr}=240-0.008\,8\lambda^2$)

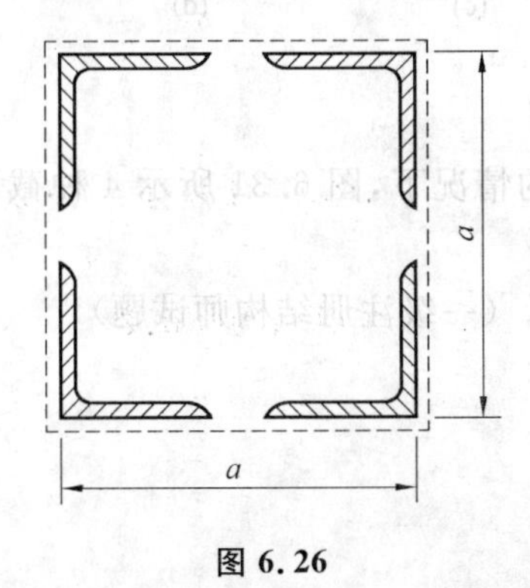

图 6.26

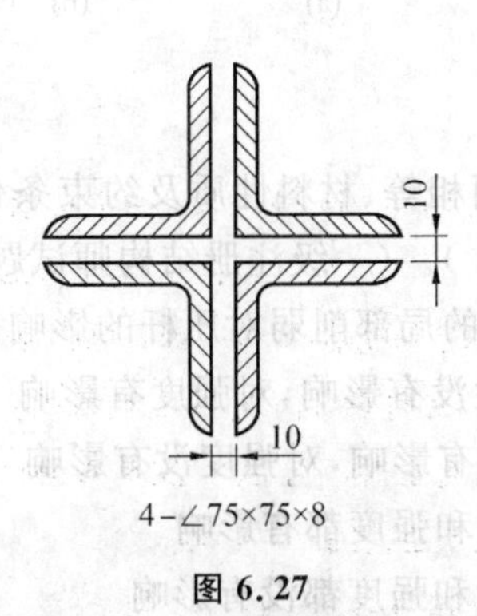

图 6.27

5. 如图 6.28 所示，已知该结构用 5 号钢制成，$E=205$ GPa，$\sigma_s=275$ MPa，$\sigma_{cr}=338-1.21\lambda$，$\lambda_p=90$，$\lambda_0=50$，安全系数 $n=2$，稳定安全系数 $n_w=3$。试求图示结构上荷载 P 的容许值。

6. 图 6.29 所示结构中钢梁 AB 为 16 号工字钢，立柱 CD 由连成一体的两根 63×63×5 角钢制成，CD 杆符合钢结构设计规范(GBJ 17－88)中的实腹式 b 类截面中心受压杆的要求。均布荷载集度 $q=48$ kN/m，梁及柱的材料均为 Q235 钢，$[\sigma]=170$ MPa，$E=210$ GPa。试验算梁和立柱是否安全。

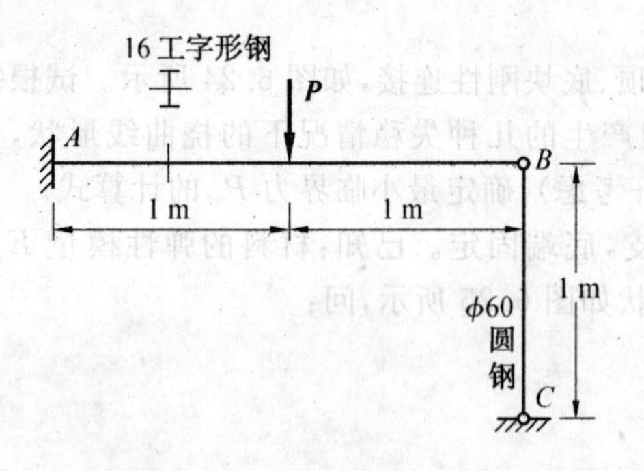

图 6.28

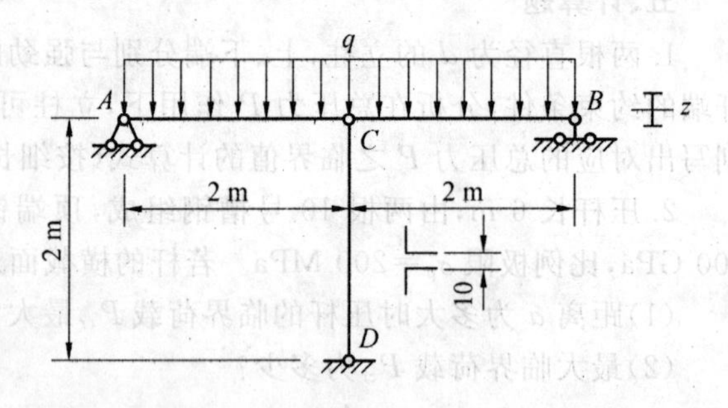

图 6.29

链接执考

1. 如图 6.30 所示 4 根细长压杆的抗弯刚度 EI 相同，它们失稳的先后顺序是(　　)。(一级注册结构师试题)

A. (a)，(b)，(c)，(d)　　　　B. (b)，(c)，(d)，(a)

C. (c)，(d)，(a)，(b)　　　　D. (d)，(a)，(b)，(c)

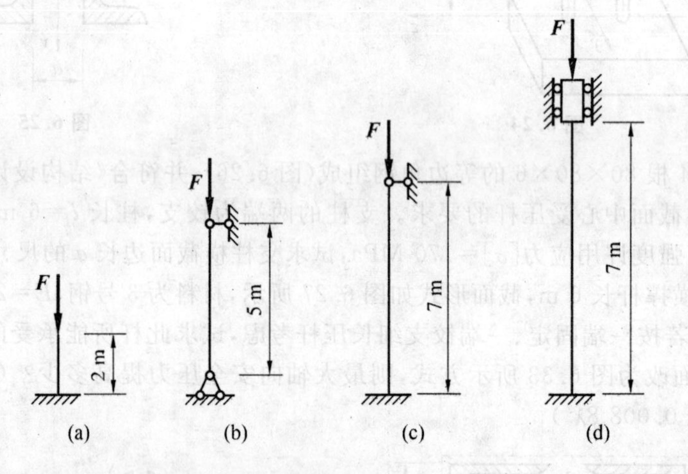

图 6.30

2. 在横截面相等、材料性质及约束条件相同的情况下，图 6.31 所示 4 种截面形状中稳定性最好的是(　　)。(一级注册结构师试题)

3. 细长压杆的局部削弱对压杆的影响是(　)。(一级注册结构师试题)

A. 对稳定性没有影响，对强度有影响

B. 对稳定性有影响，对强度没有影响

C. 对稳定性和强度都有影响

D. 对稳定性和强度都没有影响

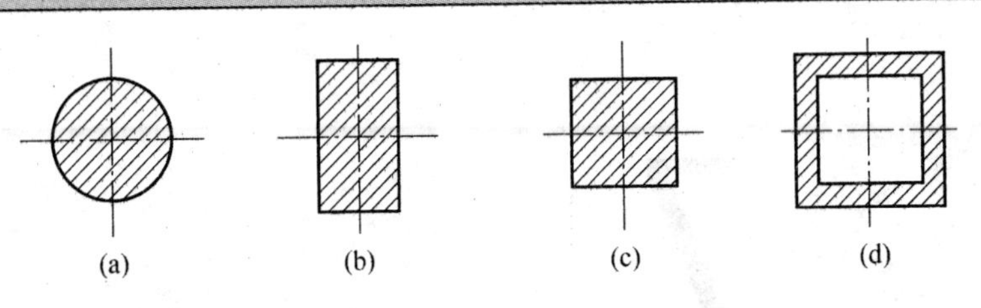

图 6.31

4. 直径为 d 的圆截面压杆，杆长为 L，一端固定，一端铰支，其柔度为(　　)。(一级注册结构师试题)

A. $2L/d$　　　　B. L/d

C. $2.8L/d$　　　　D. $8L/d$

5. 正方形截面压杆，当杆的横截面边长 a 与杆长 L 成比例增加时，其柔度 λ(　　)。(一级注册结构师试题)

A. 成比例增加　　　　B. 保持不变

C. 按 L/a^2 变化　　　　D. 按 a^2/L 变化

6. 两根细长压杆，材料及约束情况均相同，截面尺寸分别如图 6.32(a)、(b)所示，则图 6.32(b)压杆的临界荷载是图 6.32(a)的(　　)。(一级注册结构师试题)

A. 2 倍　　　　B. 4 倍

C. 8 倍　　　　D. 16 倍

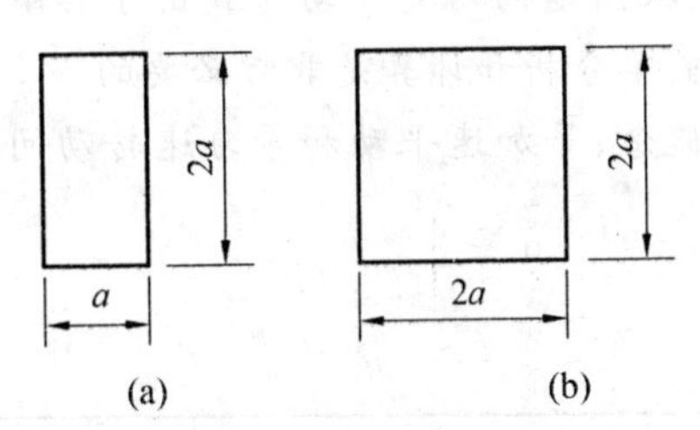

图 6.32

7. 矩形截面细长压杆尺寸如图 6.33 所示。材料的弹性模量 $E=210$ GPa。两端为柱型铰链约束。在正视图 6.33(a)平面内相当于铰链约束，在俯视图 6.33(b)平面内相当于固定端约束，则此杆的临界力为(　　)。(一级注册结构师试题)

A. 884 kN　　　　B. 451 kN

C. 221 kN　　　　D. 448 kN

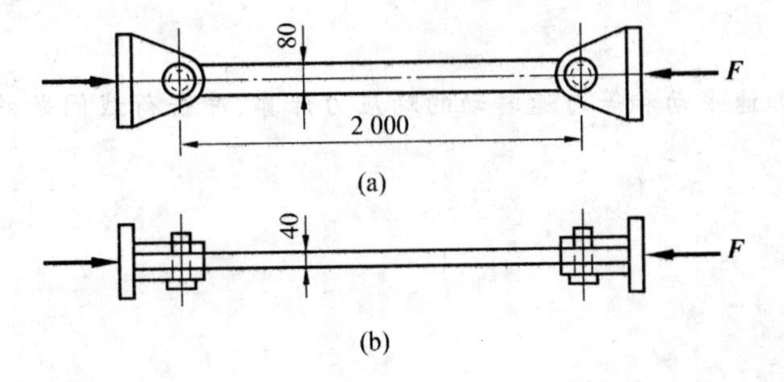

图 6.33

模块7

动荷载作用下的动应力计算

【模块概述】

塔科马海峡桥位于美国华盛顿州，1940 年建成，同年 11 月在 19 m/s 低风速下颤振而破坏，震动了世界桥梁界，从而引发了桥梁风振问题的研究。动荷载由于其瞬时性，容易给结构造成意外破坏，因此学习和掌握动荷载作用下的简单分析和计算是非常必要的。

本模块主要讲述了动荷载的概念、等加速平动和等匀速转动问题、冲击荷载问题、交变荷载和疲劳等问题。

【学习目标】

知识目标	能力目标
1. 掌握动荷载的定义； 2. 了解等加速平动和等匀速转动问题的动应力计算； 3. 计算冲击荷载问题的动应力计算； 4. 了解交变应力和疲劳破坏。	具有初步分析解决实际工程中的动荷载问题的能力。

【学习重点】

动荷载的定义、等加速平动和等匀速转动的动应力计算、冲击荷载问题的动应力计算以及交变应力和疲劳等相关概念。

【课时建议】

2 4课时

7.1 概　　述

前面几个模块讨论了构件在静荷载作用下的应力、应变及位移计算问题。一般地，静荷载是指构件所承受的荷载从零开始缓慢地增加到最终值。因加载缓慢，加载过程中构件上各点的加速度很小，可认为构件始终处于平衡状态，加速度影响可略去不计。而动荷载是指荷载引起构件质点的加速度较大，不能忽略它对变形和应力的影响。如高速旋转的飞轮和加速提升的物体；还有些构件的速度在极短的时间内发生急剧的变化，如锻压汽锤的锤杆、紧急制动的转轴；也有些构件因工作条件而引起振动，使构件内各点的应力在不断地变化。

工程中常见的动荷载问题主要有以下 3 类：

(1)构件等加速平动和等匀速转动问题。例如，起重机在起吊重物时吊索受到的惯性力。

(2)冲击荷载问题。例如，土木工程中打夯机对地基的冲击力。

(3)交变荷载问题。各类旋转轴受到的弯曲交变荷载。

构件由动荷载所引起的应力和变形分别称为动应力和动变形。构件在动荷载作用下同样有强度、刚度和稳定性问题。试验表明：在静荷载作用下服从胡克定律的材料，在动荷载作用下，只要动应力不超过材料的比例极限，胡克定律仍然适用。

本模块将研究等加速平动或等匀速转动和冲击荷载问题，最后对交变应力和疲劳破坏概念做一简单介绍。

7.2 构件等加速平动和等匀速转动问题

对加速运动物体，其上作用的主动力、约束反力与惯性力组成平衡力系，其中惯性力为 $F=-ma$，数值等于加速度与质量的乘积，方向与加速度方向相反。

物体加上惯性力后，将动力学问题通过静力平衡的方法求解 —— 动静法。动静法是指把动荷载问题转化为静荷载问题求解的方法，即先求出构件内各点的加速度，并在构件上假想地附加相应的惯性力，使构件在外力、约束反力和惯性力共同作用下处于假想的平衡状态，再利用静荷载的方法计算构件的内力、应力、变形等，进而计算构件的强度和刚度。

7.2.1 构件等加速平动

【例 7.1】 如图 7.1 所示两吊索提拉 10 号工字钢以等加速度 10 m/s² 上升，求构件内最大动应力 σ_{dmax}。

解 (1) 求动荷载。根据动静法，将集度为 q_{d} 的惯性力加在工字钢上，使工字钢上的起吊力与其重量和惯性力假想地组成平衡力系。若工字钢单位长度的重量记为 q_{st}，则惯性力集度为 $q_{\mathrm{d}}=q_{\mathrm{st}}\dfrac{a}{g}$。

则工字钢上总的均布力集度为

$$q=q_{\mathrm{st}}+q_{\mathrm{d}}=q_{\mathrm{st}}\left(1+\frac{a}{g}\right)=k_{\mathrm{d}}q_{\mathrm{st}}$$

其中动荷系数为

$$K_{\mathrm{d}}=1+\frac{a}{g}$$

(2) 求动应力。应力计算就等于动荷系数 K_{d} 与静荷载情况下应力的乘积。所以：

$$\sigma_{\mathrm{dmax}}=K_{\mathrm{d}}\cdot\frac{M_{\max}}{W}=\left(1+\frac{a}{g}\right)\cdot\frac{M_{\max}}{W}$$

由弯矩图(图 7.1) 可知：

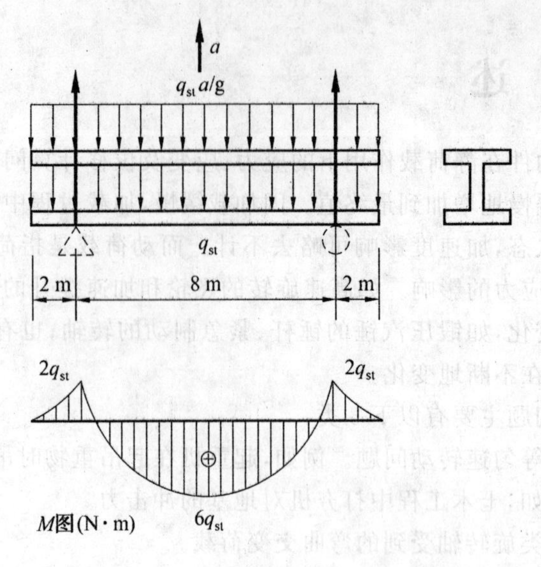

图 7.1

$$M_{\max}=6q_{st}$$

由型钢表查得

$$q_{st}=11.2\ \mathrm{kg/m}=109.76\ \mathrm{N/m}$$
$$W=49\times10^{-6}\ \mathrm{m}^3$$

所以

$$\sigma_{\max}=2.02\times\frac{6\times109.76}{49\times10^{-6}}\ \mathrm{MPa}=27.15\ \mathrm{MPa}$$

7.2.2 构件等匀速转动

图 7.2(a) 圆环以等角速度 ω 旋转，厚度 $t\ll D$(平均直径)，环横截面积为 A，比重为 γ，确定动应力。

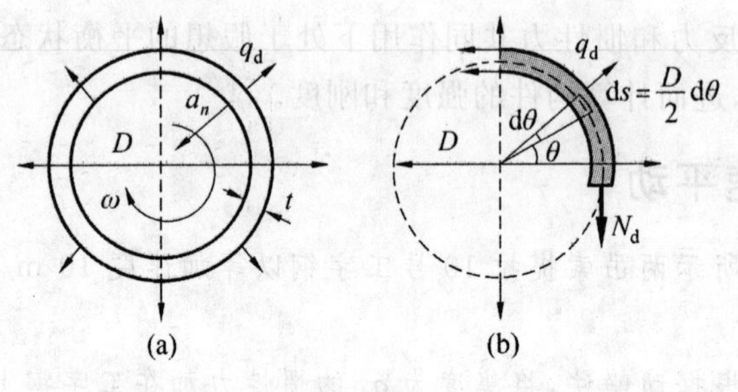

图 7.2

(1) 动荷载

可认为质量集中在环中线各质点的惯性力沿环圆周线均布因圆环匀速转动，所以

$$a_n=\frac{D\omega^2}{2}$$

则

$$q_d=ma_n=\left(A\frac{\gamma}{g}\right)\left(\frac{D\omega^2}{2}\right)=\frac{\gamma}{2g}AD\omega^2$$

(2) 动内力

环各向对称，仅截取 1/4 环分析。如图 7.2(b) 所示，由 $\sum F_y=0$，得

$$N_d=\int_0^{\frac{\pi}{2}} q_d \frac{D}{2}d\theta \cdot \sin\theta=\frac{\gamma A}{g}\frac{\omega^2 D^2}{4}=\frac{\gamma A}{g}v^2$$

式中，$v=\frac{D\omega}{2}$ 为圆环中线上的各点的线速度。

(3) 动应力

圆环横截面上的动应力为

$$\sigma_d=\frac{N_d}{A}=\frac{\gamma}{g}v^2$$

7.3 冲击荷载问题

当运动中的物体作用到静止的物体上时，在相互接触的极短时间内，运动物体的速度急剧下降到零，从而使静止的物体受到很大的作用力，这种现象称为冲击。例如，汽锤打桩、冲杆、锤杆所受工件和基座的反冲击力，车辆急刹车、砂轮制动对轴的冲击等如图 7.3 所示。

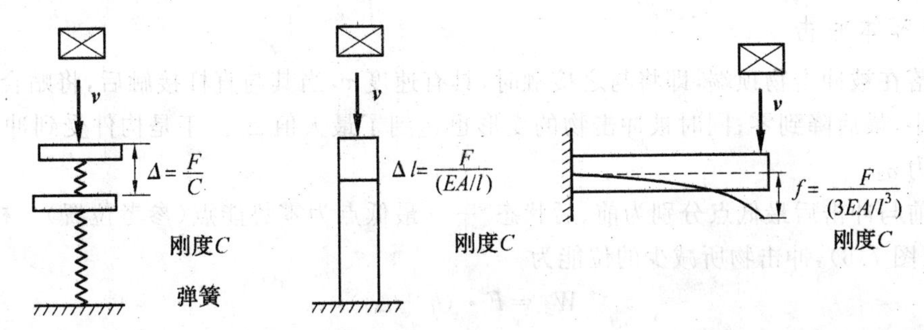

图 7.3

冲击对象一般为弹性构件，故共同特点：受力与变形成正比（杆、轴、梁 ……），仅弹簧刚度 C（常数）因情况不同而异。其静荷状态和动荷状态如图 7.4 所示。

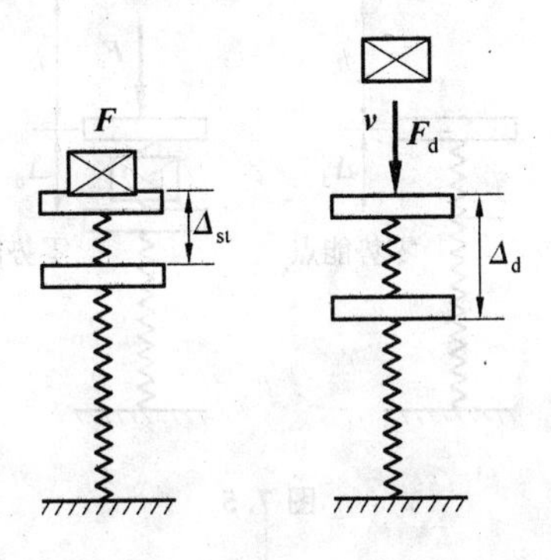

图 7.4

计算动荷因数：

$$K_d=\frac{\Delta_d}{\Delta_{st}}=\frac{F_d}{F}=\frac{\sigma_d}{\sigma_{st}}=\frac{\bar{\Delta}_d}{\bar{\Delta}_{st}}$$

线弹性范围内，荷载与应力、位移成正比：

$$F_d=K_dF$$

$$\sigma_d=K_d\sigma_{st}$$

$$\bar{\Delta}_d=K_d\bar{\Delta}_{st}$$

求出 K_d，则冲击转化为静力计算。强度条件：$\sigma_{dmax}=K_d\sigma_{stmax}\leqslant[\sigma]$。

精确分析冲击力、冲击过程问题相当困难，工程中常用偏于安全的能量法解决冲击问题，以下介绍求解冲击问题的能量法。

1. 能量法基本假定

不计冲击物的变形；

冲击物与构件(被冲击物)接触后无回弹，二者合为一个运动系统；

构件的质量与冲击物相比很小，可略去不计，冲击应力瞬时传遍整个构件；

材料服从胡克定律；

冲击过程中，声、热等能量损耗很小，可略去不计。

2. 能量法的基本方程

根据机械能守恒定律：冲击过程中冲击物减少的动能 T_k 与势能 W_p 之和，等于被冲击物增加的应变能 V，即

$$T_k + W_p = V$$

3. 自由落体冲击

冲击物落在被冲击物顶端，即将与之接触时，具有速度 v，当其与直杆接触后，将贴合在一起运动，速度迅速减小，最后降到零；同时被冲击物的变形也达到了最大值 Δ_d。于是构件受到冲击荷载 F_d 并产生冲击应力 σ_d。

取下落前与冲击后最低点分别为前、后状态 —— 最低点为零势能点(参考位置)。杆由顶端降到最低位置时(图 7.5)，冲击物所减少的位能为

$$W_1 = F \cdot (h + \Delta_d)$$

冲击物的初速度和末速度都为零，所以动能无变化，即 $T_1 = 0$。

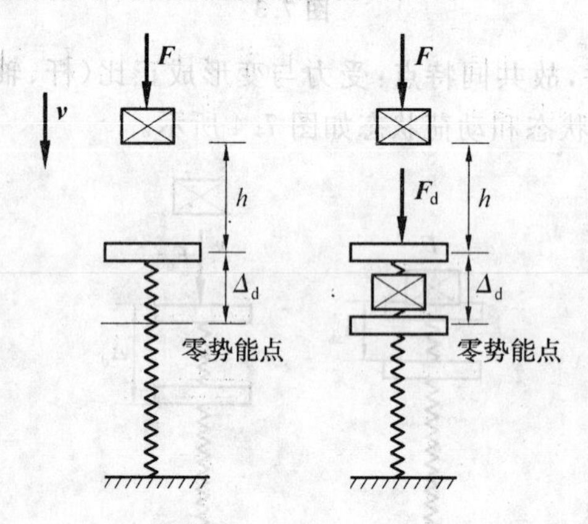

图 7.5

在冲击过程中被冲击物所增加的应变能，可通过冲击荷载 F_d 与位移 Δ_d 做的功来计算。由胡克定律有：

$$V = \frac{1}{2} F_d \Delta_d$$

冲击前后能量守恒，所以

$$h + \Delta_d = \frac{\Delta_d^2}{2\Delta_{st}} \quad \left(因为\frac{F_d}{F} = \frac{\Delta_d}{\Delta_{st}}\right)$$

$$\Delta_d^2 - (2\Delta_{st})\Delta_d - 2h\Delta_{st} = 0$$

$$\Delta_d = \Delta_{st}\left(1 + \sqrt{1 + \frac{2h}{\Delta_{st}}}\right)$$

故有

$$K_d=1+\sqrt{1+\frac{2h}{\Delta_{st}}}$$

K_d 为冲击动荷系数。于是冲击应力表达式可写为

$$\sigma_d=\frac{F_d}{A}=K_d\,\frac{F}{A}=K_d\sigma_{st}$$

由上式可以看出:冲击位移、冲击荷载和冲击应力均等于将冲击物的重量 F 作为静荷载作用时,相应的量乘以一个冲击动荷系数 K_d,由此可见,冲击荷载问题计算的关键在于确定冲击动荷系数 K_d。

【例 7.2】 如图 7.6 所示,钢杆的下端有一固定圆盘上放置弹簧。已知:弹簧有 1 kN 静载下缩短 0.625 mm,钢杆直径 $d=40$ mm,$l=4$ m,$E=200$ GPa,$[\sigma]=120$ MPa 。若有重为 15 kN 的重物自由落下,求其容许高度 h。

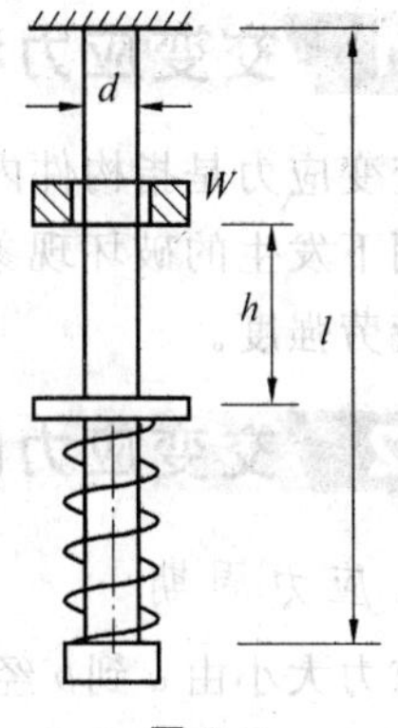

图 7.6

解 根据强度条件:

$$\sigma_d=K_d\cdot\sigma_{st}\leqslant[\sigma]$$

有

$$\left(1+\sqrt{1+\frac{2h}{\Delta_{st}}}\right)\cdot\sigma_{st}\leqslant 120$$

其中

$$\Delta_{st}=Wc\,\frac{Wl}{EA}=15\times 0.625\times 10^{-3}+\frac{15\times 10^3\times 4\times 4}{200\times 10^9\times\ \times 40^2\times 10^{-6}}\ \text{m}=9.6\times 10^{-3}\ \text{m}$$

$$\Delta_{st}=\frac{W}{A}=\frac{4\times 15\times 10^3}{3.14\times d^2}=12\ \text{MPa}$$

解得

$$h\leqslant 0.384\ \text{m}=384\ \text{mm}$$

【例题点评】 冲击响应等于静响应与冲击动荷系数之积。因此关键是冲击动荷系数的求解。

【例 7.3】 如图 7.7 所示,直径 0.3 m 的木桩受自由落锤冲击,落锤重 5 kN,$E=10$ GPa,求桩的最大动应力。

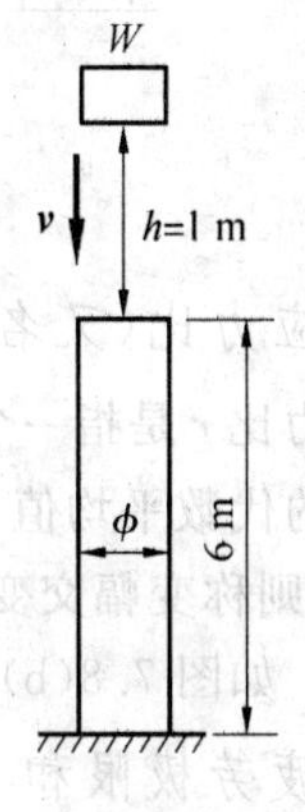

图 7.7

解 (1) 求静应变

$$\Delta_{st}=\frac{NL}{EA}=\frac{WL}{EA}=425\ \text{mm}$$

(2) 动荷系数

$$K_d=1+\sqrt{1+\frac{2h}{\Delta_{st}}}=1+\sqrt{1+\frac{2\times 1\,000}{425}}=217.9$$

(3) 求动应力

静应力:

$$\sigma_{st}=\frac{W}{A}=0.07\ \text{MPa}$$

动应力:

$$\sigma_d=K_d\sigma_{st}=15.25\ \text{MPa}$$

4. 提高构件抗冲击能力的一些措施

从冲击动荷载系数公式可知,在满足构件强度的前提下,增加构件的静位移是提高抗冲击能力的根本途径。具体措施有:

设置缓冲装置。目的在于增大静位移降低冲击的动荷系数(例如,电梯井坑所设的缓冲装置,

又如火车轮架与轮轴之间安装压缩弹簧等)。

适当设计构件的长度。例如当材料和截面面积相同时,适当增大构件的长度,实际上也就增大了静位移,降低冲击荷载系数,从而减小冲击应力。但对压杆,要注意避免因杆过长导致出现失稳的问题。

选用弹性模量较低的材料。弹性模量较低的材料,可以增大静位移,但需注意强度问题。

7.4 交变荷载问题和疲劳破坏

7.4.1 交变应力和疲劳破坏

交变应力是指构件内随时间做周期性变化的应力。结构的构件或机械、仪表的零部件在交变应力作用下发生的破坏现象,称为疲劳破坏,简称疲劳。在循环应力作用下,材料抵抗疲劳破坏的能力称为疲劳强度。

7.4.2 交变应力的基本参数

1. 应力周期

应力大小由 a 到 b 经历了一个全过程变化又回到原来的数值,称为一个应力循环。完成一个应力循环所需的时间 t,称为一个周期,如图 7.8(a) 所示。

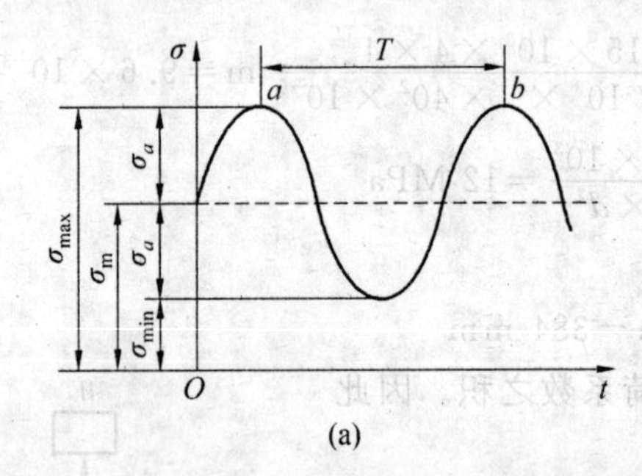

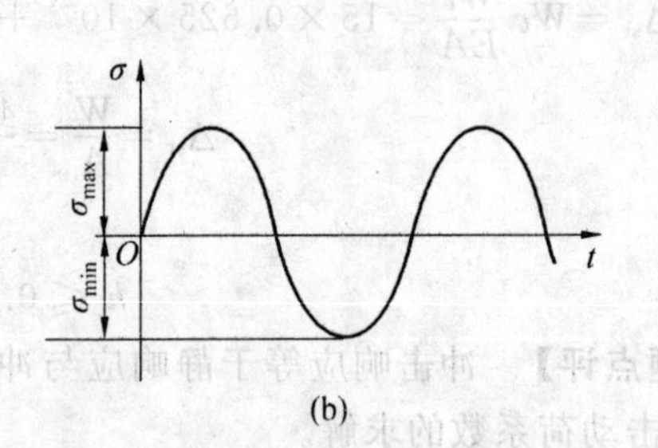

图 7.8

2. 应力比(又名应力特征)

应力比 r 是指一个应力循环中最小应力 $\sigma_{\min}$ 与最大应力 $\sigma_{\max}$ 的比值;平均应力是指最大应力与最小应力的代数平均值;应力幅是指最大应力与最小应力之差。不随时间变化的交变应力称恒幅交变应力,否则称变幅交变应力。如果最大应力与最小应力大小相等、符号相反,此时的应力循环称为对称循环。如图 7.8(b) 所示。

3. 疲劳极限和 $S-N$ 曲线

疲劳极限(或强度极限):标准试件在一定的循环特征 R 下,经过“无穷多次”应力循环而不发生破坏时的最大应力值,称为该材料在循环特征 R 时的疲劳极限。

如图 7.9 所示。试件分为若干组,各组承受不同的应力水平,使最大应力值由高到低,让每组试件经历无数次应力循环,直至破坏。记录每根试件中的最大应力(疲劳极限)及发生破坏时的应力循环次数(又称寿命),即可得应力寿命曲线,简称 $S-N$ 曲线。

所谓无数次应力循环,在试验中是难以实现的,工程中通常规定:对于 $S-N$ 曲线有水平渐近线的材料,经历 10^7 次应力循环而不破坏,即认为可承受无数次应力循环。对于 $S-N$ 曲线没有水平渐近线的材料,规定某一循环次数下不破坏时的最大应力为条件疲劳极限。

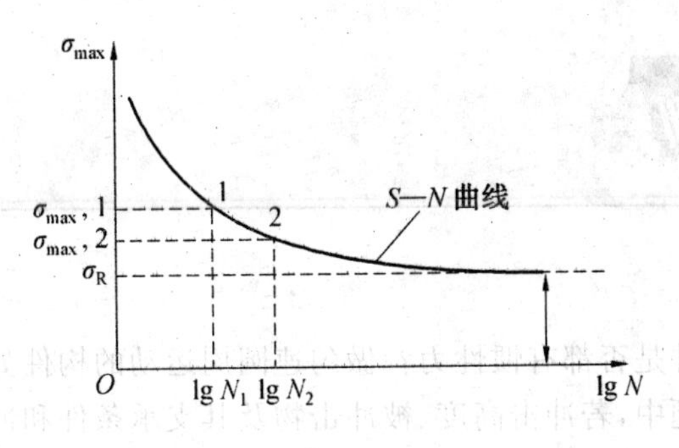
σ_{max}
$\sigma_{max,1}$
$\sigma_{max,2}$
σ_R
1
2
S—N 曲线
O
lg N_1
lg N_2
lg N

图 7.9

【重点串联】

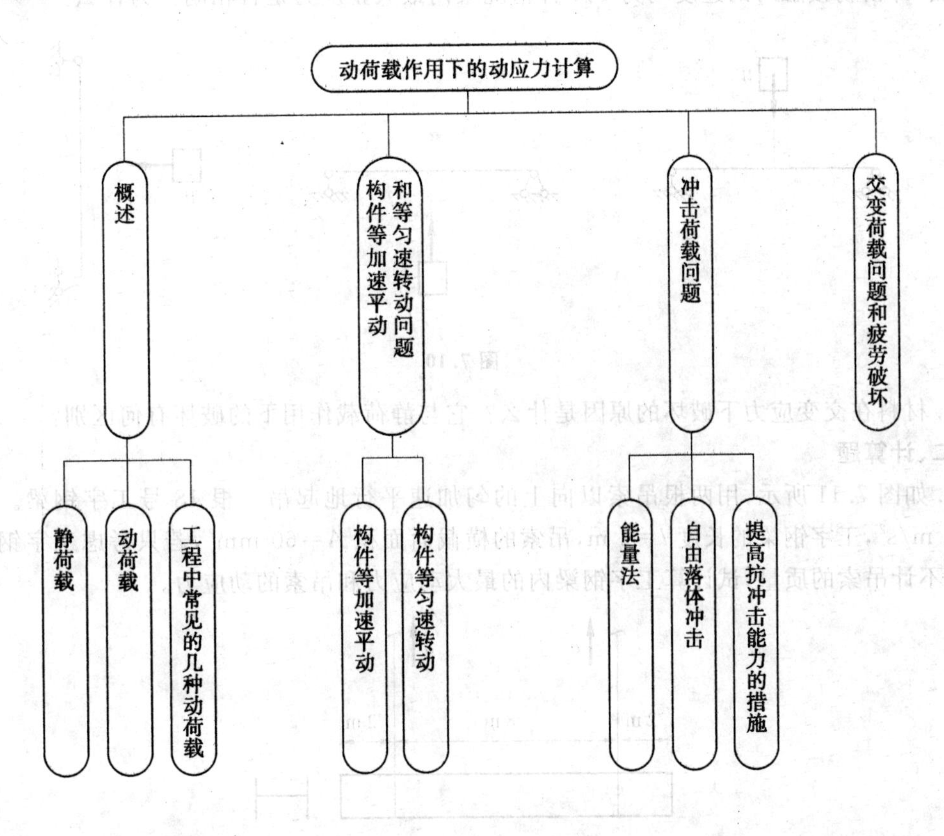
动荷载作用下的动应力计算
概述
构件等加速平动和等匀速转动问题
冲击荷载问题
交变荷载问题和疲劳破坏
静荷载
动荷载
工程中常见的几种动荷载
构件等加速平动
构件等匀速转动
能量法
自由落体冲击
提高抗冲击能力的措施

拓展与实训

基础训练

一、简答题

1. 凡是运动着的构件是否都有惯性力？做匀速圆周运动的构件如何计算惯性力？

2. 在一竖向冲击问题中，若冲击高度、被冲击物及其支承条件和冲击点均相同，问冲击物的重量增加 1 倍时，冲击应力增加多少倍？

3. 如图 7.10 所示 3 种情况，重 W 的冲击物分别从上方、下方和水平方向冲击相同的简支梁中点，冲击物接触时的速度均为 v，3 种情况梁内最大正应力是否相同？为什么？

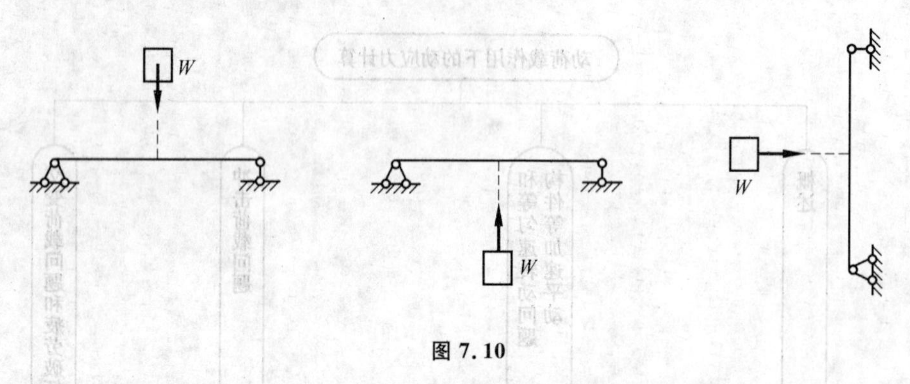

图 7.10

4. 材料在交变应力下破坏的原因是什么？它与静荷载作用下的破坏有何区别？

二、计算题

1. 如图 7.11 所示，用两根吊索以向上的匀加速平行地起吊一根 18 号工字钢梁。加速度 $a=10\ \text{m/s}^2$，工字钢梁的长度 $l=2$ m，吊索的横截面面积 $A=60\ \text{mm}^2$，若只考虑工字钢梁的质量，而不计吊索的质量，试计算工字钢梁内的最大动应力和吊索的动应力。

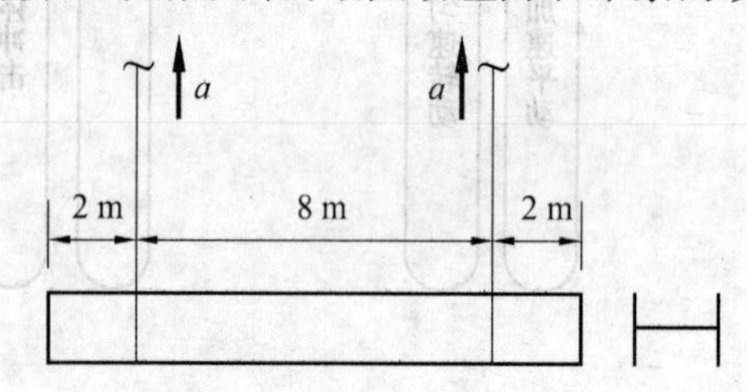

图 7.11

2. 如图 7.12 所示，一重量为 150 N 的物体，从高 $h=75$ mm 处自由落下，冲击在简支梁的点 C。已知梁长 $l=2$ m，截面为边长 $a=50$ mm 的正方形，$E=200$ GPa。试求梁的最大冲击应力。（不计梁的自重）

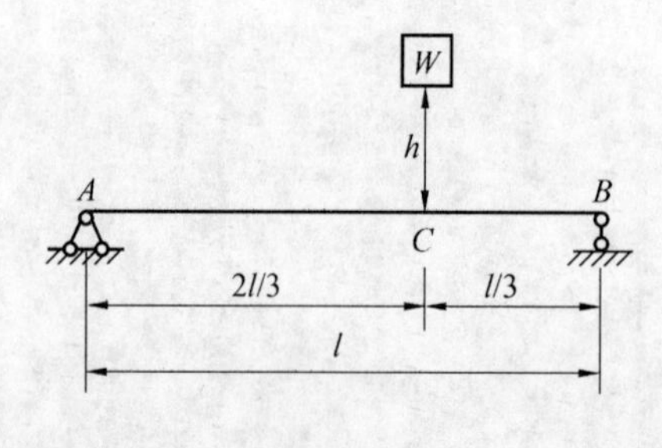

图 7.12

3. 试求图 7.13 所示 4 种交变应力的最大应力 $\sigma_{\max}$、最小应力 $\sigma_{\min}$、循环特征 r 和应力幅 σ。

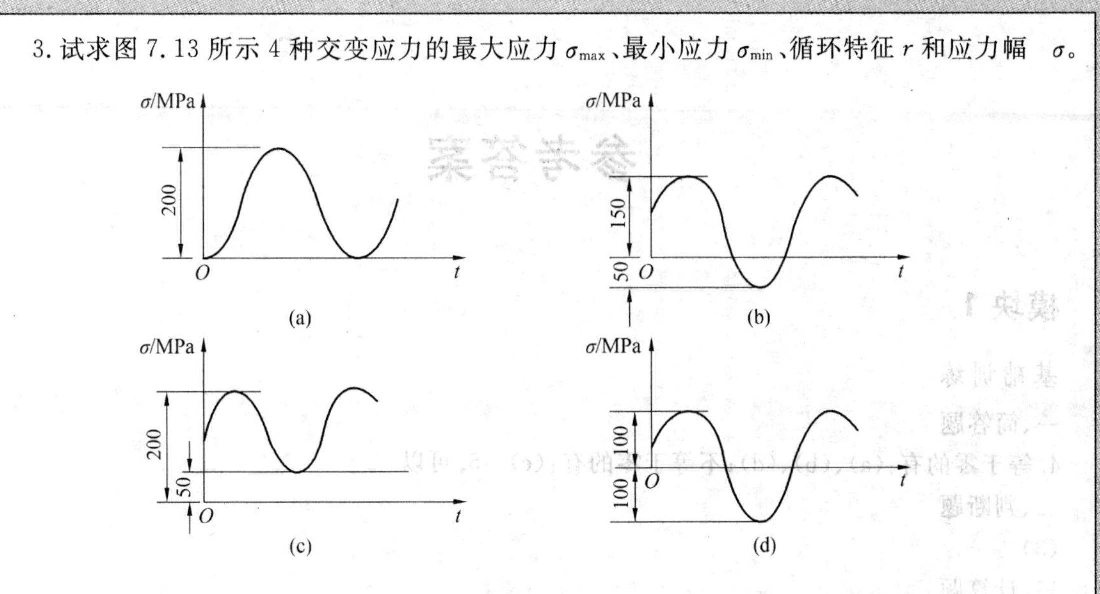

图 7.13

参考答案

模块 1

基础训练

一、简答题

4. 等于零的有：(a)、(b)、(d)；不等于零的有：(c)　5. 可以

二、判断题

(3)

三、计算题

1. (a)24 000　(b)42 250　2. (a)$y_C=123.6$，$z_C=0$　(b)$y_C=23$，$z_C=53$

3. (a)1 408 000　(b)148 437.5　4. $I_z=\frac{bh^3}{12}-\frac{d^4}{64}=\frac{a^4}{12}-\frac{R^4}{4}$

5. $I_{z_C}=\frac{bh^3}{36}$，$I_{z_2}=\frac{bh^3}{4}$

6. (a)$y_C=183.3$ mm，$I_z=1.729\times10^9$ mm^4　(b)$y_C=-33.3$ mm，$I_z=5.02\times10^9$ mm^4

7. $2\bar{\alpha}=56.98°$，$\bar{\alpha}=28.49°\approx28.5°$，$I_{\bar{y}}=2.13\times10^{-7}$ m^4 $=2.13\times10^5$ mm^4，$I_{\bar{z}}=9.83\times10^{-7}$ m^4 $=9.83\times10^5$ mm^4

链接执考

1. B　2. B　3. C　4. C

模块 2

基础训练

一、计算题

1. (a)1－1：＋20 kN　2－2：－20 kN　(b)1－1：＋20 kN　2－2：－20 kN　3－3：＋20 kN
(c)1－1：＋40 kN　2－2:2.0 kN　3－3：＋20 kN　(d)1－1：－40 kN　2－2：－30 kN
3－3：－10 kN

2. (1)AB：＋2 kN·m　BC：－3 kN·m　(2)AB：－3 kN·m　BC:0 kN·m
(3)AB：＋3 kN·m　BC：－5 kN·m　CD：＋4 kN·m
(4)AB：＋3 kN·m　BC：＋2 kN·m　CD：＋1 kN·m

3. AB：＋3 000 N·m　BC：＋1 000 N·m　CD：＋5 000 N·m

4. (1)$Q_n=0$　$M_n=\frac{F\cdot l}{3}$　(2)$Q_n=-\frac{3}{2}$ kN　$M_n=2$ kN·m

(3)$Q_n=-5$ kN　$M_n=9$ kN·m　(4)$Q_n=-\frac{ql}{8}$　$M_n=\frac{ql^2}{24}$

5. (1)$Q_{AB}=0$　$M_{AB}=-8$ kN·m　(2)$Q_{BL}=-8$ kN　$Q_{BR}=0$　$M_{max}=14.4$ kN·m，距 A 点2.4 m

(3)$Q_{AC}=+10$ kN　$Q_{CB}=-10$ kN　$M_{AB}=-8$ kN·m

(4)$Q_{BL}=-10$ kN　$Q_{BR}=+17$ kN　$M_{max}=\frac{49}{12}$ kN·m，距 C 点$\frac{7}{6}$m

链接执考

1.B　2.D

模块 3

基础训练

一、填空题

1. 45°　2.零　3.塑性　4. 45°　5.正比　6.中性层

二、选择题

1.C　2.D　3.A　4.A　5.B　6.A

三、判断题

1.×　2.×　3.√　4.√　5.√

四、计算题

1. $\sigma_{AB}=168.78$ MPa　$\sigma_{BC}=8.33$ MPa

2. $\sigma_1=47.77$ MPa　$\sigma_2=69.07$ MPa

3. (1) $\sigma_1=-0.69$ MPa　$\sigma_2=-0.88$ MPa

(2) A 截面的位移：$y_A=-1.85$ mm　B 截面的位移：$y_B=-1.16$ mm

4. $\sigma_{\max}=150$ MPa　$\tau_{\max}=0.98$ MPa

5. $\sigma_{\max}^{+}=16.44$ MPa　$\sigma_{\max}^{-}=10.46$ MPa

链接执考

1.A　2.B　3.B

模块 4

基础训练

一、填空题

1. $\sigma_{r1}=\sigma_1$　$\sigma_{r2}=\sigma_1-\nu(\sigma_2+\sigma_3)$

$\sigma_{r3}=\sigma_1-\sigma_3$　$\sigma_{r4}=\sqrt{\frac{1}{2}[(\sigma_1-\sigma_2)^2+(\sigma_2-\sigma_3)^2+(\sigma_3-\sigma_1)^2]}$

2.拉应力　压应力

二、判断题

1.√。

2.×。理由：在最大、最小正应力作用面上剪应力一定为零；在最大剪应力作用面上正应力不一定为零。例如拉伸变形时，最大正应力发生在横截面上，在横截面上剪应力为零；最大剪应力发生在45°角的斜截面上，在此斜截面上正应力为 /2。

3.×。理由：无论几向应力状态均有 3 个主平面，单向应力状态中有一个主平面上的正应力不为零；二向应力状态中有两个主平面上的正应力不为零。

4.√。

5.√。

三、计算题

1. $$\left.\begin{matrix}\sigma_1\\ \sigma_3\end{matrix}\right\}=\left(-\frac{20}{2}\pm\sqrt{\left(\frac{20}{2}\right)^2+(50)^2}\right)\text{MPa}=(-10\pm51)\ \text{MPa}=\left.\begin{matrix}41\ \text{MPa}\\ -61\ \text{MPa}\end{matrix}\right\}$$

2.拉杆横截面上的正应力：$\sigma=\frac{20\times10^3}{20\times10}$ MPa$=100$ MPa

斜截面上的应力：$\sigma_{30^\circ}=\sigma\ (\cos 30^\circ)^2=75$ MPa

$\sigma_{-60^\circ}=\sigma[\cos(-60^\circ)]^2=25\ \mathrm{MPa}$

由广义胡克定律：$\varepsilon_{30^\circ}=\frac{1}{E}[\sigma_{30^\circ}-\mu\sigma_{-60^\circ}]\times 3.25\times 10^{-4}=\frac{1}{210\times 10^3}[75-\mu\times 25]$

3. $\left.\begin{matrix}\sigma_1\\ \sigma_3\end{matrix}\right\}=(130/2\pm\sqrt{(130/2)^2+(70)^2})\ \mathrm{MPa}=(65\pm 95.5)\mathrm{MPa}=\left.\begin{matrix}160.5\ \mathrm{MPa}\\ -30.5\ \mathrm{MPa}\end{matrix}\right\}$

链接执考

1. A　2. B

模块 5

基础训练

一、填空题

1. 弹性阶段　塑性阶段　强化阶段　颈缩阶段　2. $n_s=1.2$　2.5　$n_b=2$　3.5(3　9)

3. 比例极限　塑性　4. 强度校核 截面尺寸设计 确定许可荷载　5. 距中性轴最远的上下边缘

6. 挠度　转角　7. $I=\frac{d^4}{32}$

二、判断题

1. √　2. ×　3. √　4. √　5. ×　6. ×　7. ×

三、计算题

1. $\sigma=180\ \mathrm{MPa}\leqslant[\sigma]$，满足强度要求

2. $\frac{\sqrt{3}}{3}[\sigma]\cdot S$

3. 60 kN

4. $[q]=5.76\ \mathrm{kN/m}$

5. $\tau=0.2\ \mathrm{MPa}<[\tau]=2\ \mathrm{MPa}$

链接执考

1. C　2. A　3. C　4. C

模块 6

基础训练

一、填空题

1. 约束条件　压杆长度　杆件截面形式

2. σ_p，$\lambda\geqslant\lambda_p$

3. $\lambda_s<\lambda<\lambda_p$

4. 约束条件

5. 选择合理的截面形状　设法改变压杆的约束条件　合理选择压杆的材料

二、判断题

1. ×　2. ×　3. ×　4. ×　5. ×

三、选择题

1. C　2. B　3. B　4. D

四、画图题

(b)、(d)为任一形心轴；(a)、(c)、(e)和(f)为最小形心主惯性轴

五、计算题

1. 面外失稳最小，$P_{cr}=\frac{{}^{2}d^{4}E}{128l^{2}}$

2. (1)$I_z=I_y$ 时，P_{cr}最大，$a=43.24$ mm (2)$P_{cr}=444$ kN

3. $a=191$ mm，$\varphi=\frac{\sigma}{[\sigma]A}=0.70$

4. $[P]=377.8$ kN；$[P]=511.0$ kN，增大约 1.35 倍

5. $P=51.5$ kN

6. $N_{CD}=120$ kN，$\lambda_{CD}=130$，$\varphi[\sigma]=91.1$ MPa

链接执考

1. B 2. D 3. A 4. C 5. B 6. C 7. A

模块 7

基础训练

二、计算题

1. 梁 $\sigma_{dmax}=110$ MPa，吊索 $\sigma_d=47.7$ MPa

2. $\sigma_{dmax}=93.1$ MPa

3. (a)$r=0$，$\sigma=200$ MPa (b)$r=-1$，$\sigma_3=200$ MPa

(c)$r=1$，$\sigma_4=150$ MPa (b)$r=-1$，$\sigma=200$ MPa

附录　型钢规格表

附表 1.1　热轧等边角钢(GB 9787—88)

符号意义：

b— 边宽度；I— 惯性矩；d— 边厚度；i— 惯性半径；r— 内圆弧半径；W— 截面系数；r_1— 边端内圆弧半径；z_0— 重心距离

角钢号数	尺寸/mm			截面面积	理论重量	外表面积	参考数值										z_0
							$x-x$			x_0-x_0			y_0-y_0			x_1-x_1	
	b	d	r	/cm²	/(kg·m⁻¹)	/(m²·m⁻¹)	I_x /cm⁴	i_x /cm	W_x /cm³	I_{x0} /cm⁴	i_{x0} /cm	W_{x0} /cm³	I_{y0} /cm⁴	i_{y0} /cm	W_{y0} /cm³	I_{x1} /cm⁴	/cm
2	20	3	3.5	1.132	0.889	0.078	0.40	0.59	0.29	0.63	0.75	0.45	0.17	0.39	0.20	0.81	0.60
		4		1.459	1.145	0.077	0.50	0.58	0.36	0.78	0.73	0.55	0.22	0.38	0.24	1.09	0.64
2.5	25	3	3.5	1.432	1.124	0.098	0.82	0.76	0.46	1.29	0.95	0.73	0.34	0.49	0.33	1.57	0.73
		4		1.859	1.459	0.097	1.03	0.74	0.59	1.62	0.93	0.92	0.43	0.48	0.40	2.11	0.76
3.0	30	3	4.5	1.749	1.373	0.117	1.46	0.91	0.68	2.31	1.15	1.09	0.61	0.59	0.51	2.71	0.85
		4		2.276	1.786	0.117	1.84	0.90	0.87	2.92	1.13	1.37	0.77	0.58	0.62	3.63	0.89
3.6	36	3	4.5	2.109	1.656	0.141	2.58	1.11	0.99	4.09	1.39	1.61	1.07	0.71	0.76	4.68	1.00
		4		2.756	2.163	0.141	3.29	1.09	1.28	5.22	1.38	2.05	1.37	0.70	0.93	6.25	1.04
		5		3.382	2.654	0.141	3.95	1.08	1.56	6.24	1.36	2.45	1.65	0.70	1.09	7.84	1.07
4.0	40	3	5	2.359	1.852	0.157	3.59	1.23	1.23	2.69	1.55	2.01	1.49	0.79	0.96	6.41	1.09
		4		3.086	2.422	0.157	4.60	1.22	1.60	7.29	1.54	2.58	1.91	0.79	1.19	8.56	1.13
		5		3.791	2.976	0.156	5.53	1.21	1.96	8.76	1.52	3.01	2.30	0.78	1.39	10.74	1.17
4.5	45	3	5	2.659	2.088	0.177	5.17	1.40	1.58	8.20	1.76	2.58	2.14	0.90	1.24	9.12	1.22
		4		3.486	2.736	0.177	6.65	1.38	2.05	10.56	1.74	3.32	2.75	0.89	1.54	12.18	1.26
		5		4.292	3.369	0.176	8.04	1.37	2.51	12.74	1.72	4.00	3.33	0.88	1.81	15.25	1.30
		6		5.076	3.985	0.176	9.33	1.36	2.95	14.76	1.70	4.64	3.89	0.88	2.06	18.36	1.33

续附表 1.1

角钢号数	尺寸/mm			截面面积	理论重量	外表面积	参考数值										z_0
							$x-x$			x_0-x_0			y_0-y_0			x_1-x_1	
	b	d	r	/cm²	/(kg·m⁻¹)	/(m²·m⁻¹)	I_x /cm⁴	i_x /cm	W_x /cm³	I_{x0} /cm⁴	i_{x0} /cm	W_{x0} /cm³	I_{y0} /cm⁴	i_{y0} /cm	W_{y0} /cm³	I_{x1} /cm⁴	/cm
5	50	3	5.5	2.971	2.332	0.197	7.18	1.55	1.96	11.70	1.96	3.22	2.98	1.00	1.57	12.50	1.34
		4		3.897	3.059	0.197	9.26	1.54	2.56	14.70	1.94	4.16	3.82	0.99	1.96	16.69	1.38
		5		4.803	3.770	0.196	11.21	1.53	3.13	17.79	1.92	5.03	4.64	0.98	2.31	20.90	1.42
		6		5.688	4.465	0.196	13.05	1.52	3.68	20.68	1.91	5.85	5.42	0.98	2.63	25.14	1.46
5.6	56	3	6	3.343	3.624	0.221	10.19	1.75	2.48	16.14	2.20	4.08	4.24	1.13	2.02	17.56	1.48
		4		4.390	3.446	0.220	13.18	1.73	3.24	20.92	2.18	5.28	5.45	1.11	2.52	23.43	1.53
		5		5.415	4.251	0.220	16.02	1.72	3.97	25.42	2.17	6.42	6.61	1.10	2.98	29.33	1.57
		8		8.367	6.568	0.219	23.63	1.68	6.03	37.37	2.11	9.44	9.89	1.09	4.16	47.24	1.68
6.3	63	4	7	4.978	3.907	0.248	19.03	1.96	4.13	30.17	2.46	6.78	7.89	1.26	3.29	33.35	1.70
		5		6.143	4.822	0.248	23.17	1.94	5.08	36.77	2.45	8.25	9.57	1.25	3.90	41.73	1.74
		6		7.288	5.721	0.247	27.12	1.93	6.00	43.03	2.43	9.66	11.20	1.24	4.46	50.14	1.78
		8		9.515	7.469	0.247	34.46	1.90	7.75	54.56	2.40	12.25	14.33	1.23	5.47	67.11	1.85
		10		11.657	9.151	0.246	41.09	1.86	9.39	64.85	2.36	14.56	17.33	1.22	6.36	84.31	1.93
7.0	70	4	8	5.570	4.372	0.275	26.39	2.18	5.14	41.80	2.74	8.44	10.99	1.40	4.17	45.74	1.86
		5		6.875	5.397	0.275	32.21	2.16	6.32	51.08	2.73	10.32	13.34	1.39	4.96	57.21	1.91
		6		8.160	6.406	0.275	37.77	2.15	7.48	59.93	2.71	12.11	15.61	1.38	5.67	68.73	1.95
		7		9.424	7.398	0.275	43.09	2.14	8.59	68.35	2.69	13.81	17.82	1.38	6.34	80.29	1.99
		8		10.667	8.373	0.274	48.17	2.12	9.68	76.37	2.68	15.43	19.98	1.37	6.98	91.29	2.03
7.5	75	5	9	7.367	5.818	0.295	39.97	2.33	7.32	63.30	2.92	11.94	16.63	1.50	5.77	70.56	2.04
		6		8.797	6.905	0.294	46.95	2.31	8.64	74.38	2.90	14.02	19.51	1.49	6.67	84.55	2.07
		7		10.160	7.976	0.294	53.57	2.30	9.93	84.96	2.89	16.02	22.18	1.48	7.44	98.71	2.11
		8		11.503	9.030	0.294	59.96	2.28	11.20	95.07	2.88	17.93	24.86	1.47	8.19	112.97	2.15
		10		14.126	11.089	0.293	71.98	2.26	13.64	113.92	2.84	21.48	30.05	1.46	9.56	141.71	2.22

续附表 1.1

角钢号数	尺寸/mm			截面面积/cm^2	理论重量/($kg\cdot m^{-1}$)	外表面积/($m^2\cdot m^{-1}$)	参考数值										
							$x-x$			x_0-x_0			y_0-y_0			x_1-x_1	z_0
	b	d	r				I_x/cm^4	i_x/cm	W_x/cm^3	I_{x0}/cm^4	i_{x0}/cm	W_{x0}/cm^3	I_{y0}/cm^4	i_{y0}/cm	W_{y0}/cm^3	I_{x1}/cm^4	/cm
8.0	80	5	9	7.912	6.211	0.315	48.79	2.48	8.34	77.33	3.13	13.67	20.25	1.60	6.66	85.36	2.15
		6		9.397	7.376	0.314	57.35	2.47	9.87	90.98	3.11	16.08	23.72	1.59	7.65	102.50	2.19
		7		10.860	8.525	0.314	68.58	2.46	11.37	104.07	3.10	18.40	27.09	1.58	8.58	119.70	2.23
		8		12.303	9.658	0.314	73.49	2.44	12.83	116.60	3.08	20.61	30.39	1.57	9.46	136.97	2.27
		10		15.126	11.874	0.313	88.43	2.42	15.64	140.09	3.04	24.76	36.77	1.56	11.08	171.74	2.35
9.0	90	6	10	10.637	8.350	0.354	82.77	2.79	12.61	131.26	3.51	20.63	34.28	1.80	9.95	145.87	2.44
		7		12.301	9.656	0.354	94.83	2.78	14.54	150.47	3.50	23.64	39.18	1.78	11.19	170.30	2.48
		8		13.944	10.946	0.353	106.47	2.76	16.62	168.97	3.48	26.55	43.97	1.78	12.35	194.80	2.52
		10		17.167	13.476	0.353	128.58	2.74	20.07	203.90	3.45	32.04	53.26	1.76	14.52	244.07	2.59
		12		20.306	15.940	0.352	149.22	2.71	23.57	236.21	3.41	37.12	62.22	1.75	16.49	293.76	2.67
10	100	6	12	11.932	9.366	0.393	114.95	3.01	15.68	181.98	3.90	25.74	47.92	2.00	12.69	200.07	2.67
		7		13.796	10.830	0.393	131.86	3.09	18.10	208.97	3.89	29.55	54.74	1.99	14.26	233.54	2.71
		8		15.638	12.276	0.393	148.24	3.08	20.47	235.07	3.88	33.24	61.41	1.98	15.75	267.09	2.76
		10		19.261	15.120	0.392	179.51	3.05	25.06	284.68	3.84	40.26	74.35	1.96	18.54	334.48	2.84
		12		22.800	17.898	0.391	208.90	3.03	29.48	330.95	3.81	46.80	86.84	1.95	21.08	402.34	2.91
		14		26.256	20.611	0.391	236.53	3.00	33.73	374.06	3.77	52.90	99.00	1.94	23.44	470.75	2.99
		16		29.627	23.257	0.390	262.53	2.98	37.82	411.16	3.74	58.57	110.89	1.94	25.63	539.80	3.06
11	110	7	12	15.196	11.928	0.433	177.16	3.41	22.05	280.94	4.30	36.12	73.38	2.20	17.51	310.64	2.96
		8		17.238	13.532	0.433	199.46	3.40	24.95	316.49	4.28	40.69	82.42	2.19	19.39	355.20	3.01
		10		21.261	16.690	0.432	242.19	3.38	30.60	384.39	4.25	49.42	99.98	2.17	22.91	444.65	3.09
		12		25.200	19.782	0.431	282.55	3.35	36.05	448.17	4.22	57.62	116.93	2.15	26.15	534.60	3.16
		14		29.056	22.809	0.431	320.71	3.32	41.31	508.01	4.18	65.31	133.40	2.14	29.14	625.16	3.24
12.5	125	8	14	19.750	15.504	0.492	297.03	3.88	32.52	470.89	4.88	43.28	123.16	2.50	25.86	521.01	3.37
		10		24.373	19.133	0.491	361.67	3.85	39.97	573.89	4.85	64.93	149.46	2.48	30.62	651.93	3.45
		12		28.912	22.696	0.491	423.16	3.83	41.17	671.44	4.82	75.96	174.88	2.46	35.03	783.42	3.53
		14		33.367	26.193	0.490	481.65	3.80	54.16	763.73	4.78	86.41	199.57	2.45	39.13	915.61	3.61

续附表 1.1

角钢号数	尺寸/mm			截面面积	理论重量	外表面积	参考数值										z_0
							$x-x$			x_0-x_0			y_0-y_0			x_1-x_1	
	b	d	r	$/cm^2$	$/(kg\cdot m^{-1})$	$/(m^2\cdot m^{-1})$	I_x $/cm^4$	i_x /cm	W_x $/cm^3$	I_{x0} $/cm^4$	i_{x0} /cm	W_{x0} $/cm^3$	I_{y0} $/cm^4$	i_{y0} /cm	W_{y0} $/cm^3$	I_{x1} $/cm^4$	/cm
14	140	10	14	27.373	21.488	0.551	514.65	4.34	50.58	817.27	5.46	82.56	212.04	2.78	39.20	915.11	3.82
		12		32.512	25.522	0.551	603.68	4.31	59.80	958.79	5.43	96.85	248.57	2.76	45.02	1 099.28	3.90
		14		37.557	29.490	0.550	688.81	4.28	68.75	1 093.56	5.40	110.47	284.06	2.75	50.45	1 284.22	3.98
		16		42.539	33.393	0.549	770.24	4.26	77.46	1 221.81	5.36	123.42	318.67	2.74	55.55	1 470.07	4.06
16	160	10	16	31.502	24.729	0.630	779.53	4.98	66.70	1 237.30	6.27	109.36	321.76	3.20	52.76	1 365.33	4.31
		12		37.441	29.391	0.630	916.58	4.95	78.98	1 455.68	6.24	128.67	377.49	3.18	60.74	1 639.57	4.39
		14		43.296	33.987	0.629	1 048.36	4.92	90.95	1 665.02	6.20	147.17	431.70	3.16	68.244	1 914.68	4.47
		16		49.067	38.518	0.629	1 175.08	4.89	102.63	1 865.57	6.17	164.89	484.59	3.14	75.31	2 190.82	4.55
18	180	12	16	42.241	33.159	0.710	1 321.35	5.59	100.82	2 100.10	7.05	165.00	542.61	3.58	78.41	2 332.80	4.89
		14		48.896	38.388	0.709	1 514.48	5.56	116.25	2 407.42	7.02	189.14	625.53	3.56	88.38	2 723.48	4.97
		16		55.467	43.542	0.709	1 700.99	5.54	131.13	2 703.37	6.98	212.40	698.60	3.55	97.83	3 115.29	5.05
		18		61.955	48.634	0.708	1 875.12	5.50	145.64	2 988.24	6.94	234.78	762.01	3.51	105.14	3 502.43	5.13
20	200	14	18	54.642	42.894	0.788	2 103.55	6.20	144.70	3 343.26	7.82	236.40	863.83	3.98	111.82	3 734.10	5.46
		16		62.013	48.680	0.788	2 366.15	6.18	163.65	3 760.89	7.79	265.93	971.41	3.96	123.96	4 270.39	5.54
		18		69.301	54.401	0.787	2 620.64	6.15	182.22	4 164.54	7.75	294.48	1 076.74	3.94	135.52	4 808.13	5.62
		20		76.505	60.056	0.787	2 867.30	6.12	200.42	4 554.55	7.72	322.06	1 180.04	3.93	146.55	5 347.51	5.69
		24		90.661	71.168	0.785	3 338.25	6.07	236.67	5 294.97	7.64	374.41	1 381.53	3.90	166.55	6 457.16	5.87

注：截面图中的 $r_1=\frac{1}{3}d$ 及表中 r 值的数据用于孔型设计，不作交货条件。

附表 1.2 热轧不等边角钢(GB 9788—88)

符号意义：

I— 惯性矩；i— 惯性半径；B— 长边宽度；b— 短边宽度；d— 边厚度；r— 内圆弧半径；r_1— 边端内圆弧半径；W— 截面系数；x_0— 重心距离；y_0— 重心距离

角钢号数	尺寸 /mm				截面面积	理论重量	外表面积	参考数值													
								$x-x$			$y-y$			x_1-x_1		y_1-y_1		$u-u$			
	B	b	d	r	/cm²	/(kg·m⁻¹)	/(m²·m⁻¹)	I_x /cm⁴	i_x /cm	W_x /cm³	I_y /cm⁴	i_y /cm	W_y /cm³	I_{x1} /cm⁴	y_0 /cm	I_{y1} /cm⁴	x_0 /cm	I_u /cm⁴	i_u /cm	W_u /cm³	$\tan\alpha$
2.5/1.6	25	16	3	3.5	1.620	0.912	0.080	0.70	0.78	0.43	0.22	0.44	0.19	1.56	0.86	0.43	0.42	0.14	0.34	0.16	0.392
			4		1.499	1.176	0.079	0.88	0.77	0.55	0.27	0.43	0.24	2.09	0.90	0.59	0.46	0.17	0.34	0.20	0.381
3.2/2	32	20	3	3.5	1.492	1.171	0.102	1.53	1.01	0.72	0.46	0.55	0.30	3.27	1.08	0.82	0.49	0.28	0.43	0.25	0.382
			4		1.939	1.522	0.101	1.93	1.00	0.93	0.57	0.54	0.39	4.37	1.12	1.12	0.53	0.35	0.42	0.32	0.374
4/2.5	40	25	3	4	1.890	1.484	0.127	3.08	1.28	1.15	0.93	0.70	0.49	6.39	1.32	1.59	0.59	0.56	0.54	0.40	0.386
			4		2.467	1.936	0.127	3.93	1.26	1.49	1.18	0.69	0.63	8.53	1.37	2.14	0.63	0.71	0.54	0.52	0.381
4.5/2.8	45	28	3	5	2.149	1.687	0.143	4.45	1.44	1.47	1.34	0.79	0.62	9.10	1.47	2.23	0.64	0.80	0.61	0.51	0.383
			4		2.806	2.203	0.143	5.69	1.42	1.91	1.70	0.78	0.80	12.13	1.51	3.00	0.68	1.02	0.60	0.66	0.380
5/3.2	50	32	3	5.5	2.431	1.908	0.161	6.24	1.60	1.84	2.02	0.91	0.82	12.49	1.60	3.31	0.73	1.20	0.70	0.68	0.404
			4		3.177	2.494	0.160	8.02	1.59	2.39	2.58	0.90	1.06	16.65	1.65	4.45	0.77	1.53	0.69	0.87	0.402
5.6/3.6	56	36	3	6	2.743	2.153	0.181	8.88	1.80	2.32	2.92	1.03	1.05	17.54	1.78	4.70	0.80	1.73	0.79	0.87	0.408
			4		3.590	2.818	0.180	11.45	1.79	3.03	3.76	1.02	1.37	23.39	1.82	6.33	0.85	2.23	0.79	1.13	0.408
			5		4.415	3.466	0.180	13.86	1.77	3.71	4.49	1.01	1.65	29.25	1.87	7.94	0.88	2.67	0.78	1.36	0.404

续附表 1.2

角钢号数	尺寸/mm				截面面积	理论重量	外表面积	参考数值													
								$x-x$			$y-y$			x_1-x_1		y_1-y_1		$u-u$			
	B	b	d	r	/cm²	/(kg·m⁻¹)	/(m²·m⁻¹)	I_x /cm⁴	i_x /cm	W_x /cm³	I_y /cm⁴	i_y /cm	W_y /cm³	I_{x1} /cm⁴	y_0 /cm	I_{y1} /cm⁴	x_0 /cm	I_u /cm⁴	i_u /cm	W_u /cm³	$\tan\alpha$
6.3/4	63	40	4	7	4.058	3.185	0.202	16.49	2.02	3.87	5.23	1.14	1.70	33.30	2.04	8.63	0.92	3.12	0.88	1.40	0.398
			5		4.993	3.920	0.202	20.02	2.00	4.74	6.31	1.12	2.71	41.63	2.08	10.86	0.95	3.76	0.87	1.71	0.396
			6		5.908	4.638	0.201	23.36	1.96	5.59	7.29	1.11	2.43	49.98	2.12	13.12	0.99	4.34	0.86	1.99	0.393
			7		6.802	5.339	0.201	26.53	1.98	6.40	8.24	1.10	2.78	58.07	2.15	15.47	1.03	4.97	0.86	2.29	0.389
7/4.5	70	45	4	7.5	4.547	3.570	0.226	23.17	2.26	4.86	7.55	1.29	2.17	45.92	2.24	12.26	1.02	4.40	0.98	1.77	0.410
			5		5.609	4.403	0.225	27.95	2.23	5.92	9.13	1.28	2.65	57.10	2.28	15.39	1.06	5.40	0.98	2.19	0.407
			6		6.647	5.218	0.225	32.54	2.21	6.95	10.62	1.26	3.12	68.35	2.32	18.58	1.09	6.35	0.98	2.59	0.404
			7		7.657	6.011	0.225	37.22	2.20	8.03	12.01	1.25	3.57	79.99	2.36	21.84	1.13	7.16	0.97	2.94	0.402
(7.5/5)	75	50	5	8	6.125	4.808	0.245	34.86	2.39	6.83	12.61	1.44	3.30	70.00	2.40	21.04	1.17	7.41	1.10	2.74	0.435
			6		7.260	5.699	0.245	41.12	2.38	8.12	14.70	1.42	3.88	84.30	2.44	25.37	1.21	8.54	1.08	3.19	0.435
			8		9.467	7.431	0.244	52.39	2.35	10.52	18.53	1.40	4.99	112.5	2.52	34.23	1.29	10.87	1.07	4.10	0.429
			10		11.59	9.098	0.244	62.71	2.33	12.79	21.96	1.38	6.04	140.8	2.60	43.43	1.36	13.10	1.06	4.99	0.423
8/5	80	50	5	8	6.375	5.005	0.255	41.96	2.56	7.78	12.82	1.42	3.32	85.21	2.60	21.06	1.14	7.66	1.10	2.74	0.388
			6		7.560	5.935	0.255	49.49	2.56	9.25	14.95	1.41	3.91	102.5	2.65	25.41	1.18	8.85	1.08	3.20	0.387
			7		8.724	6.848	0.255	56.16	2.54	10.58	16.96	1.39	4.48	119.3	2.69	29.82	1.21	10.18	1.08	3.70	0.384
			8		9.867	7.745	0.254	62.83	2.52	11.92	18.85	1.38	5.03	136.4	2.73	34.32	1.25	11.38	1.07	4.16	0.381
9/5.6	90	56	5	9	7.212	5.661	0.287	60.45	2.90	9.92	18.32	1.59	4.21	121.32	2.91	29.53	1.25	10.98	1.23	3.49	0.385
			6		8.557	6.717	0.286	71.03	2.88	11.74	21.42	1.58	4.96	145.59	2.95	35.58	1.29	12.90	1.23	4.12	0.384
			7		9.880	7.756	0.286	81.01	2.86	13.49	24.36	1.57	5.70	169.66	3.00	41.71	1.33	14.67	1.22	4.72	0.382
			8		11.18	8.779	0.286	91.03	2.85	15.27	27.15	1.56	6.41	194.17	3.04	47.93	1.36	16.34	1.21	5.29	0.380
10/6.3	100	63	6	10	9.617	7.550	0.320	99.06	3.21	14.64	30.94	1.79	6.35	199.71	3.24	50.50	1.43	18.42	1.38	5.25	0.394
			7		11.11	8.722	0.320	113.45	3.29	16.88	35.26	1.78	7.29	233.00	3.28	59.14	1.47	21.00	1.38	6.02	0.393
			8		12.58	9.878	0.319	127.37	3.18	19.08	39.39	1.77	8.21	266.32	3.32	67.88	1.50	23.50	1.37	6.78	0.391
			10		15.46	12.14	0.310	153.81	3.15	23.32	47.12	1.44	9.98	333.06	3.40	85.73	1.58	28.33	1.35	8.24	0.387

续附表 1.2

角钢号数	尺寸/mm				截面面积	理论重量	外表面积	参考数值														
								$x-x$			$y-y$			x_1-x_1		y_1-y_1		$u-u$			
	B	b	d	r	/cm^2	/(kg·m^{-1})	/(m^2·m^{-1})	I_x /cm^4	i_x /cm	W_x /cm^3	I_y /cm^4	i_y /cm	W_y /cm^3	I_{x1} /cm^4	y_0 /cm	I_{y1} /cm^4	x_0 /cm	I_u /cm^4	i_u /cm	W_u /cm^3	tan α
10/8	100	80	6	10	10.63	8.350	0.354	107.04	3.17	15.19	61.24	2.40	10.16	199.83	2.95	102.68	1.97	31.65	1.72	8.37	0.627
			7		12.30	9.656	0.354	122.73	3.16	17.52	70.08	2.39	11.71	233.20	3.00	119.98	2.01	36.17	1.72	9.60	0.626
			8		13.94	10.94	0.353	137.92	3.14	19.81	78.58	2.37	13.21	266.61	3.04	137.37	2.05	40.58	1.71	10.80	0.625
			10		17.16	13.47	0.353	166.87	3.12	24.24	94.65	2.35	16.12	333.63	3.12	172.48	2.13	49.10	1.69	13.12	0.622
11/7	110	70	6	10	10.67	8.350	0.354	133.37	3.54	17.85	42.92	2.01	7.90	265.78	3.53	69.08	1.57	25.36	1.54	6.53	0.403
			7		12.30	9.656	0.354	153.00	3.53	20.60	49.01	2.00	9.09	310.07	3.57	80.82	1.61	28.95	1.53	7.50	0.402
			8		13.94	10.94	0.353	172.04	3.51	23.30	54.87	1.98	10.25	354.39	3.62	92.70	1.65	32.45	1.53	8.45	0.401
			10		17.16	13.47	0.353	208.30	3.48	28.54	65.88	1.96	12.48	443.13	3.70	116.83	1.72	39.20	1.51	10.29	0.397
12.5/8	125	80	7	11	14.09	11.06	0.403	227.98	4.02	26.86	74.42	2.30	12.01	454.99	4.01	120.32	1.80	43.81	1.76	9.92	0.408
			8		15.98	12.55	0.403	256.77	4.01	30.41	83.49	2.28	13.56	519.99	4.06	137.85	1.84	49.15	1.75	11.18	0.407
			10		19.71	15.47	0.402	312.04	3.98	37.33	100.67	2.26	16.56	650.09	4.14	173.40	1.92	59.45	1.74	13.64	0.404
			12		23.35	18.33	0.402	364.41	3.95	44.01	116.67	2.24	19.43	780.39	4.22	209.67	2.00	69.35	1.72	16.01	0.400
14/9	140	90	8	12	18.038	14.160	0.453	365.64	4.50	38.48	120.69	2.59	17.34	730.53	4.50	195.79	2.04	70.83	1.98	14.10	0.411
			10		22.261	17.475	0.452	445.50	4.47	47.31	146.03	2.56	21.22	913.20	4.58	245.92	2.12	85.82	1.96	17.48	0.409
			12		26.400	20.724	0.451	521.19	4.44	55.87	169.79	2.54	24.95	1 096.09	4.66	296.89	2.19	100.21	1.95	20.54	0.406
			14		30.465	23.908	0.451	594.10	4.42	64.18	192.10	2.51	28.54	1 279.26	4.74	348.82	2.27	114.13	1.94	23.52	0.403
16/10	160	100	10	13	25.315	19.872	0.512	668.69	5.14	62.13	205.03	2.85	26.56	1 362.89	4.25	336.59	2.28	121.74	2.19	21.92	0.390
			12		30.054	23.592	0.511	784.91	5.15	73.49	239.06	2.82	31.28	1 635.56	5.32	405.94	2.36	142.33	2.17	25.79	0.388
			14		34.709	27.247	0.510	896.30	5.08	84.56	271.20	2.80	35.83	1 908.50	5.40	476.42	2.43	162.20	2.16	29.56	0.385
			16		39.281	30.835	0.510	1 003.04	5.05	95.33	301.60	2.77	40.24	2 181.79	5.48	548.22	2.51	182.57	2.16	33.44	0.382

续附表 1.2

角钢号数	尺寸/mm				截面面积	理论重量	外表面积	参考数值													
								$x-x$			$y-y$			x_1-x_1		y_1-y_1		$u-u$			
	B	b	d	r	/cm^2	/(kg·m^{-1})	/(m^2·m^{-1})	I_x /cm^4	i_x /cm	W_x /cm^3	I_y /cm^4	i_y /cm	W_y /cm^3	I_{x1} /cm^4	y_0 /cm	I_{y1} /cm^4	x_0 /cm	I_u /cm^4	i_u /cm	W_u /cm^3	tan α
18/11	180	110	10	14	28.373	22.273	0.571	956.25	5.08	78.96	278.11	3.13	32.49	1 940.40	5.89	447.22	2.44	166.50	2.42	26.88	0.376
			12		33.712	26.464	0.571	1 124.72	5.78	93.53	325.03	3.10	38.32	2 328.38	5.98	538.94	2.52	194.87	2.40	31.66	0.374
			14		38.967	30.589	0.570	1 286.91	5.75	107.76	369.55	3.08	43.97	2 716.60	6.06	631.92	2.59	222.30	2.39	36.32	0.372
			16		44.139	34.649	0.569	1 443.06	5.72	121.64	411.85	3.06	49.44	3 105.15	6.17	726.46	2.67	248.94	2.38	40.87	0.369
20/12.5	200	125	12	14	37.912	29.761	0.641	1 570.90	6.44	116.73	483.16	3.57	49.99	3 193.85	6.54	787.74	2.83	285.79	2.74	41.23	0.392
			14		43.867	34.436	0.640	1 800.97	6.41	134.65	550.83	3.54	57.44	3 726.17	6.62	922.47	2.91	326.58	2.73	47.34	0.390
			16		49.739	39.045	0.396	2 023.35	6.38	152.18	615.44	3.52	64.69	4 258.86	6.70	1 058.86	2.99	366.21	2.71	53.32	0.388
			18		55.526	43.588	0.396	2 238.30	6.35	169.33	677.19	3.49	71.74	4 792.00	6.78	1 197.13	3.06	404.83	2.70	59.18	0.385

注：1. 括号内型号不推荐使用；

2. 截面图中的 $r_1=\frac{1}{3}d$ 及表中 r 值的数据用于孔型设计，不作交货条件。

附表 1.3　热轧工字钢(GB 706—88)

符号意义：

h— 高度；r_1— 腿端圆弧半径；b— 腿宽度；I— 惯性矩；d— 腰厚度；W— 截面系数；t— 平均腿厚度；i— 惯性半径；r— 内圆弧半径；S— 半截面的静距

型号	尺寸/mm						截面面积	理论重量	参考数值						
									$x-x$				$y-y$		
	h	b	d	t	r	r_1	/cm²	/(kg·m⁻¹)	I_x /cm⁴	W_x /cm³	i_x /cm	$I_x : S_x$ /cm	I_y /cm⁴	W_y /cm³	i_y /cm
10	100	68	4.5	7.6	6.5	3.3	14.3	11.2	245	49	4.14	8.59	33	9.72	1.52
12.6	126	74	5	8.4	7	3.5	18.1	14.2	488.43	77.529	5.195	10.58	46.906	12.677	1.609
14	140	80	5.5	9.1	7.5	3.8	21.5	16.9	712	102	5.76	12	64.4	16.1	1.73
16	160	88	6	9.9	8	4	26.1	20.5	1 130	141	6.58	13.8	93.1	21.2	1.89
18	180	94	6.5	10.7	8.5	4.3	30.6	24.1	1 660	185	7.36	15.4	122	26	2
20a	200	100	7	11.4	9	4.5	35.5	27.9	2 370	237	8.15	17.2	158	31.5	2.12
20b	200	102	9	11.4	9	4.5	39.5	31.1	2 500	250	7.96	16.9	169	33.1	2.06
22a	220	110	7.5	12.3	9.5	4.8	42	33	3 400	309	8.99	18.9	225	40.9	2.31
25a	250	116	8	13	10	5	48.5	38.1	5 023.54	401.88	10.8	21.58	280.046	47.283	2.403
25b	250	118	10	13	10	5	53.5	42	5 283.96	422.72	9.938	21.27	309.297	52.423	2.404
28a	280	122	8.5	13.7	10.5	5.3	55.45	43.4	7 114.14	508.15	11.32	24.62	345.051	56.565	2.495
28b	280	124	10.5	13.7	10.5	5.3	61.05	47.9	7 480	534.29	11.08	24.24	379.496	61.209	2.493
32a	320	130	9.5	15	11.5	5.8	67.05	52.7	11 075.5	692.2	12.84	27.46	459.93	70.758	2.619
32b	320	132	11.5	15	11.5	5.8	73.45	57.7	11 621.4	726.33	12.58	27.09	501.53	75.989	2.614
32c	320	134	13.5	15	11.5	5.8	79.95	62.8	12 167.5	760.49	12.34	26.77	543.81	81.166	2.608

续附表 1.3

型号	尺寸 /mm						截面面积 /cm²	理论重量 /(kg·m⁻¹)	参考数值						
									$x-x$				$y-y$		
	h	b	d	t	r	r_1			I_x /cm⁴	W_x /cm³	i_x /cm	$I_x:S_x$ /cm	I_y /cm⁴	W_y /cm³	i_y /cm
36a	360	136	10	15.8	12	6	76.3	59.9	15 760	875	14.4	30.7	552	81.2	2.69
36b	360	138	12	15.8	12	6	83.5	65.6	16 530	919	14.1	30.3	582	84.3	2.64
36c	360	140	14	15.8	12	6	90.7	71.2	17 310	962	13.8	29.9	612	87.4	2.6
40a	400	142	10.5	16.5	12.5	6.3	86.1	67.6	21 720	1 090	15.9	34.1	660	93.2	2.77
40b	400	144	12.5	16.5	12.5	6.3	94.1	73.8	22 780	1 140	15.6	33.6	692	96.2	2.71
40c	400	146	14.5	16.5	12.5	6.3	102	80.1	23 850	1 190	15.2	33.2	727	99.6	2.65
45a	450	150	11.5	18	13.5	6.8	102	80.4	32 240	1 430	17.7	38.6	855	144	2.89
45b	450	152	13.5	18	13.5	6.8	111	87.4	33 760	1 500	17.4	38	894	118	2.84
45c	450	154	15.5	18	13.5	6.8	120	94.5	35 280	1 570	17.1	37.6	938	122	2.79
50a	500	158	12	20	14	7	119	93.6	46 470	1 860	19.7	42.8	1120	142	3.07
50b	500	160	14	20	14	7	129	101	48 560	1 940	19.4	42.4	1170	146	3.01
50c	500	162	16	20	14	7	139	109	50 640	2 080	19	41.8	1 220	151	2.96
56a	560	166	12.5	21	14.5	7.3	135.25	106.2	65 585.6	2 342.31	22.02	47.73	1 370.16	165.08	3.182
56b	560	168	14.5	21	14.5	7.3	146.45	115	68 512.5	2 446.69	21.63	47.17	1 486.75	174.25	3.162
56c	560	170	16.5	21	14.5	7.3	157.85	123.9	71 439.4	2 551.41	21.27	46.66	1 558.39	183.34	3.158
63a	630	176	13	22	15	7.5	154.9	121.6	93 916.2	2 981.47	24.62	54.17	1 700.05	193.24	3.314
63b	630	178	15	22	15	7.5	167.5	131.5	98 083.6	3 163.98	24.2	53.51	1 812.07	203.6	3.289
63c	630	180	17	22	15	7.5	180.1	141	102 251.1	3 298.42	23.82	52.92	1 924.91	213.88	3.268

注：截面图和表中标注的圆弧半径 r、r_1 的数据用于孔型设计，不作交货条件。

附表 1.4 热轧槽钢(GB 707—88)

符号意义：

h—高度；r_1—腿端圆弧半径；b—腿宽度；I—惯性矩；d—腰厚度；W—截面系数；t—平均腿厚度；i—惯性半径；r—内圆弧半径；z—$y-y$ 轴与 y_1-y_1 轴间距

型号	尺寸 /mm						截面面积 /cm²	理论重量 (kg·m⁻¹)	参考数值							
									$x-x$			$y-y$			y_1-y_1	
	h	b	d	t	r	r_1			W_x /cm³	I_x /cm⁴	i_x /cm	W_y /cm³	I_y /cm⁴	i_y /cm	I_{y1} /cm⁴	z_0 /cm
5	50	37	4.5	7	7	3.5	6.93	5.44	10.4	26	1.94	3.55	8.3	1.1	20.9	1.35
6.3	63	40	4.8	7.5	7.5	3.75	8.444	6.63	16.123	50.786	2.453	4.5	11.872	1.185	28.38	1.36
8	80	43	5	8	8	4	10.24	8.04	25.3	101.3	3.15	5.79	56.6	1.27	37.4	1.43
10	100	48	5.3	8.5	8.5	4.25	12.74	10	39.7	198.3	3.95	7.8	25.6	1.41	54.9	1.52
12.6	126	53	5.5	9	9	4.5	15.69	12.37	62.137	391.466	4.953	10.242	37.99	1.567	77.09	1.59
14a	140	58	6	9.5	9.5	4.75	18.51	14.53	80.5	563.7	5.52	13.01	53.2	1.7	107.1	1.71
14	140	60	8	9.5	9.5	4.75	21.31	16.73	87.1	609.4	5.35	14.12	61.1	1.69	120.6	1.67
16a	160	63	6.5	10	10	5	21.95	17.23	108.3	866.2	6.28	16.3	73.3	1.83	144.1	1.8
16	160	65	8.5	10	10	5	25.15	19.74	116.8	934.5	6.1	17.55	83.4	1.82	160.8	1.75
18a	180	68	7	10.5	10.5	5.25	25.69	20.17	141.4	1 272.7	7.04	20.03	98.6	1.96	189.7	1.88
18	180	70	9	10.5	10.5	5.25	29.29	22.99	152.2	1 369.9	6.85	21.52	111	1.95	210.1	1.84
20a	200	73	7	11	11	5.5	28.83	22.63	178	1 780.4	7.86	24.2	128	2.11	244	2.01
20	200	75	9	11	11	5.5	32.83	25.77	191.4	1 913.7	7.64	25.88	143.6	2.09	268.4	1.95
22a	220	77	7	11.5	11.5	5.75	31.84	24.99	217.6	2 393.9	8.67	28.17	157.8	2.23	298.2	2.1
22	220	79	9	11.5	11.5	5.75	36.24	28.45	233.8	2 571.4	8.42	30.05	176.4	2.21	326.3	2.03

续附表 1.4

型号	尺寸 /mm						截面面积 /cm²	理论重量 (kg·m⁻¹)	参考数值							
									$x-x$			$y-y$			y_1-y_1	
	h	b	d	t	r	r_1			W_x /cm³	I_x /cm⁴	i_x /cm	W_y /cm³	I_y /cm⁴	i_y /cm	I_{y1} /cm⁴	z_0 /cm
25a	250	78	7	12	12	6	34.91	27.47	269.597	3 369.62	9.823	30.607	175.529	2.243	322.3	2.065
25b	250	80	9	12	12	6	39.91	31.39	282.402	3 530.04	9.405	32.657	196.421	2.218	353.2	1.982
25c	250	82	11	12	12	6	44.91	35.32	295.236	3 690.45	9.065	35.926	218.415	2.206	384.1	1.921
28a	280	82	7.5	12.5	12.5	6.25	40.02	31.42	340.328	4 764.59	10.91	35.718	217.989	2.333	387.66	2.097
28b	280	84	9.5	12.5	12.5	6.25	45.62	35.81	366.46	5 130.45	10.6	37.929	242.144	2.304	427.69	2.016
28c	280	86	11.5	12.5	12.5	6.25	51.22	40.21	392.594	5 496.32	10.35	40.301	267.602	2.286	426.60	1.951
32a	320	88	8	14	14	7	48.7	38.22	474.879	7 598.06	12.49	46.473	304.787	2.502	552.31	2.242
32b	320	90	10	14	14	7	55.1	43.25	509.012	8 144.2	12.15	49.157	336.332	2.471	592.93	2.158
32c	320	92	12	14	14	7	61.5	48.28	543.145	8 690.33	11.88	52.642	374.175	2.467	643.30	2.092
36a	360	96	9	16	16	8	60.89	74.8	659.7	11 874.2	13.97	63.54	455	2.73	818.4	2.44
36b	360	98	11	16	16	8	68.09	53.45	702.9	12 651.8	13.63	66.85	496.7	2.7	880.4	2.37
36c	360	100	13	16	16	8	75.29	50.1	746.1	13 429.4	13.36	70.02	536.4	2.67	947.9	2.34
40a	400	100	10.5	18	18	9	75.05	58.91	878.9	17 577.9	15.30	78.83	592	2.81	1 067.6	2.49
40b	400	102	12.5	18	18	9	83.05	65.19	932.2	18 644.5	14.98	52.52	640	2.78	1 135.6	2.44
40c	400	104	14.5	18	18	9	91.05	71.47	985.6	19 711.2	14.71	86.19	687.8	2.75	1 220.7	2.42

注：截面图和表中标注的圆弧半径 r、r_1 的数据用于孔型设计，不作交货条件。

附表 1.5　热轧 L 角钢(GB/T 706－2008)

符号意义：

B—长边宽度；

b—短边宽度；

D—长边厚度；

d—短边厚度；

r—内圆弧半径；

r_1—边端圆弧半径；

Y_1—重心距离。

型号	截面尺寸/mm						截面面积	理论重量	惯性矩 I_x	重心距离 Y_c
	B	b	D	d	r	r_1	/cm^2	kg/m	/cm^4	/cm
L250×90×9×13	250	90	9	13	15	7.5	33.4	26.2	2190	8.64
L250×90×10.5×15			10.5	15			38.5	30.3	2510	8.76
L250×90×11.5×16			11.5	16			41.7	32.7	2710	8.90
L300×100×10.5×15	300	100	10.5	15	20	10	45.3	35.6	4290	10.6
L300×100×11.5×16			11.5	16			49.0	38.5	4630	10.7
L350×120×10.5×16	350	120	10.5	16			54.9	43.1	7110	12.0
L350×120×11.5×18			11.5	18			60.4	47.4	7780	12.0
L400×120×11.5×23	400	120	11.5	23			71.6	56.2	11900	13.3
L450×120×11.5×25	450	120	11.5	25			79.5	62.4	16800	15.1
L500×120×12.5×33	500	120	12.5	33			98.6	77.4	25500	16.5
L500×120×13.5×35			13.5	35			105.0	82.8	27100	16.6

参考文献

[1] 单辉祖.材料力学[M].4版.北京:高等教育出版社,1999.
[2] 单辉祖.材料力学(I、II)[M].2版.北京:高等教育出版社,2004.
[3] 单辉祖.材料力学教程[M].北京:高等教育出版社,2004.
[4] 孙训方.材料力学(I、II)[M].4版.北京:高等教育出版社,2002.
[5] 范钦珊.材料力学[M].北京:高等教育出版社,2000.
[6] 孙训芳,方孝淑,关来泰.材料力学[M].北京:高等教育出版社,2009.
[7] 申向东.材料力学[M].北京.中国水利水电出版社,2012.
[8] 戴景军,郭少春.材料力学[M].北京:中国水利水电出版社,2009.
[9] 张如三 ,王天明.材料力学[M].北京:中国建筑工业出版社,2005.
[10] 刘鸿文.材料力学(I、II)[M].4版.北京:高等教育出版社,2004.
[11] 蒋丽珍,王爱兰.工程力学[M].2版.郑州:黄河水利出版社,2012.
[12] 陈栩.工程力学[M].北京:北京化学工业出版社,2010.
[13] 王桂林,陈辉.工程力学[M].北京:航空工业出版社,2012.